第Ⅱ章　熱

●比熱と熱容量

$$Q=C\varDelta T=mc\varDelta T$$

Q…熱量　C…熱容量　$\varDelta T$…温度変化　m…質量　c…比熱

●熱力学の第１法則

$$\varDelta U=Q+W$$

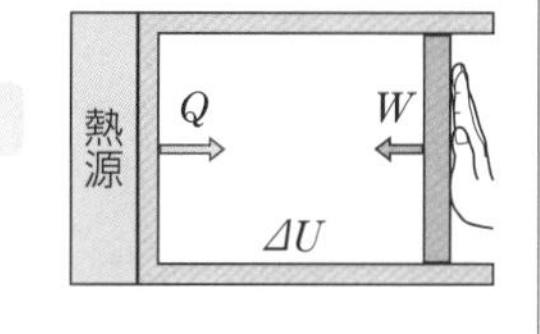

$\varDelta U$…内部エネルギーの変化
Q…外部から加えられた熱
W…外部からされた仕事

●熱効率

$$e=\frac{W'}{Q_1}=\frac{Q_1-Q_2}{Q_1}$$

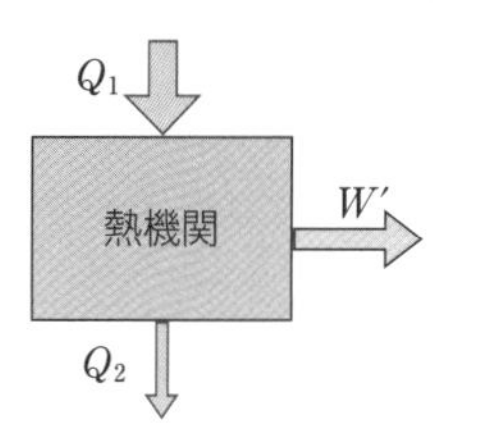

e…熱効率　W'…外部にする仕事
Q_1…高温の熱源から得た熱量
Q_2…低温の熱源に捨てる熱量

第Ⅲ章　波動

●波の要素

$$f=\frac{1}{T}$$

$$v=\frac{\lambda}{T}=f\lambda$$

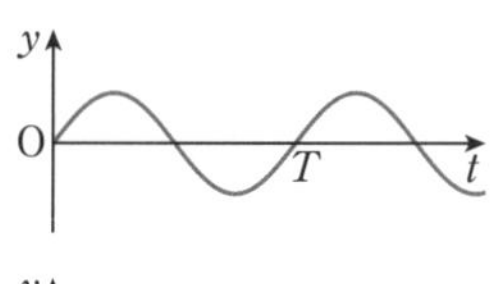

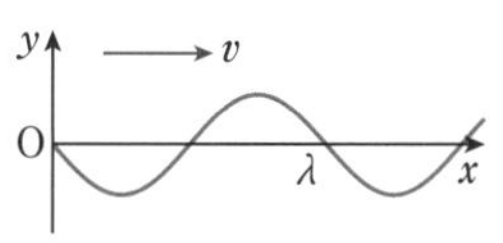

f…振動数　T…周期
v…速さ　λ…波長

●うなり

$$f=|f_1-f_2|$$

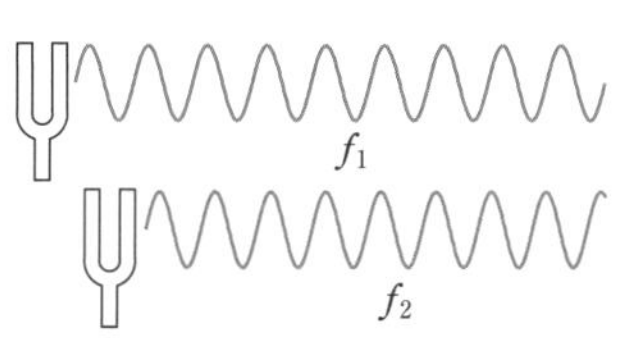

f…うなりの回数
f_1, f_2…振動数

●固有振動

【弦の固有振動】

$$\lambda_m=\frac{2L}{m},\quad f_m=\frac{m}{2L}v$$

【閉管の固有振動】

$$\lambda_m=\frac{4L}{2m-1},\quad f_m=\frac{2m-1}{4L}V$$

【開管の固有振動】

$$\lambda_m=\frac{2L}{m},\quad f_m=\frac{m}{2L}V$$

弦（$m=2$ の場合）

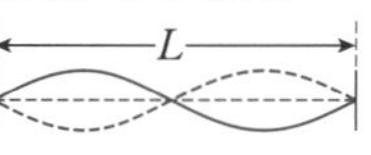

閉管（$m=2$ の場合）

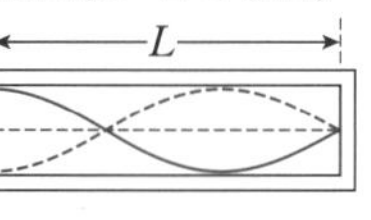

開管（$m=2$ の場合）

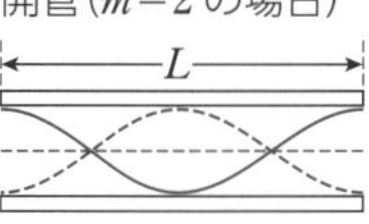

λ_m…波長　f_m…振動数　m…整数
L…弦もしくは気柱の長さ
v…弦を伝わる波の速さ　V…音速

第Ⅳ章　電気

●電荷と電流

$$I=\frac{q}{t}$$

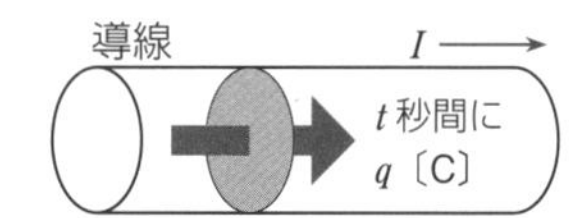

I…電流　q…電荷　t…時間

●オームの法則

$$I=\frac{V}{R}\qquad V=RI$$

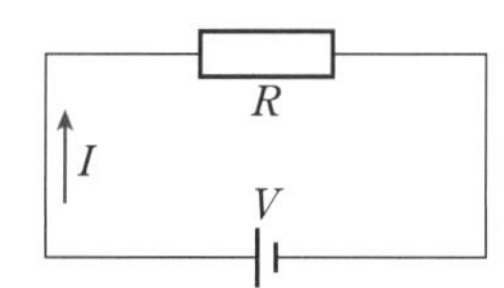

I…電流　V…電圧　R…抵抗

●抵抗率

$$R=\rho\frac{L}{S}$$

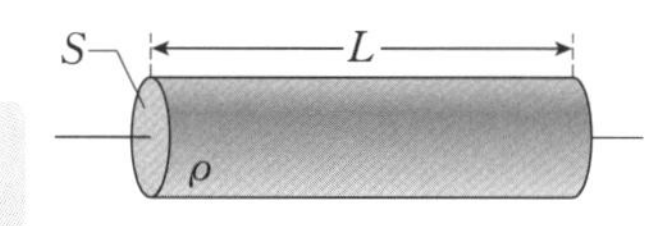

R…抵抗　ρ…抵抗率　L…長さ　S…断面積

●合成抵抗

【直列接続】

$$R=R_1+R_2$$

【並列接続】

$$\frac{1}{R}=\frac{1}{R_1}+\frac{1}{R_2}$$

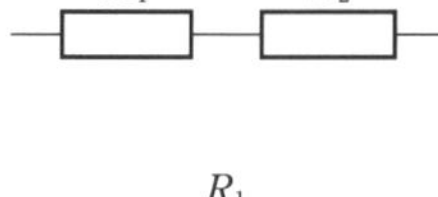

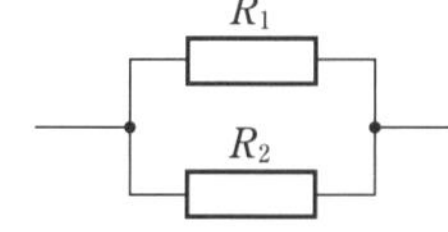

R…合成抵抗　R_1, R_2…抵抗

●ジュールの法則

$$Q=VIt=RI^2t=\frac{V^2}{R}t$$

Q…ジュール熱　V…電圧　I…電流　R…抵抗　t…時間

●電力量と電力

$$W=VIt=RI^2t=\frac{V^2}{R}t$$

$$P=\frac{W}{t}=VI=RI^2=\frac{V^2}{R}$$

W…電力量　V…電圧　I…電流　R…抵抗　t…時間　P…電力

Contents

◆本書の構成と利用法

本書は，高等学校「物理基礎」に対応した記入式の問題集です。標準的な学力を確実に身につけられるよう，特に留意して編集してあります。**知識・技能の育成に資する問題には，知識 のマークを付し，思考力・判断力・表現力の育成に資する問題には，思考** のマークを付し，利用しやすくしています。

本書では，「チェック」，「基本問題」には，関連する「まとめ」の項目番号を示しました。また，必要に応じて，高等学校「物理」で扱われる内容も取り上げています。それらの学習事項には  のマークを添えました。

各問題にはチェック欄を設け，複数回の学習に役立つようにしています。

記入例　正解を導けなかった問題 …… ⧄
少しひっかかった問題 …… ☒
容易に正解を導けた問題 …… ■

まとめ	重要事項をわかりやすく整理し，特に重要なポイントは赤字で示しました。
チェック	公式の使い方など，基礎的事項を確認する問題を取り上げました。
例題	基本的な問題の解法の「指針」と「解説」を丁寧に示しました。
基本問題	学習事項の定着に効果のある基本的な問題を取り上げました。
標準問題	標準的な学力を養成するため，やや骨のある問題を取り上げました。
章末問題	思考力・判断力・表現力を養成するための問題を取り上げました。
解答	別冊解答編には，すべてのチェック，問題を詳しく解説しています。

学習支援サイト プラスウェブ のご案内　スマートフォンやタブレット端末機などを使い，学習記録用のポートフォリオをダウンロードできます。https://dg-w.jp/b/8b10001
［注意］コンテンツの利用に際しては，一般に，通信料が発生します。

序章 指数と有効数字

学習日	学習時間
／	分

➡解答編 p.1

1 指数

$10 \times 10 = 10^2$, $10 \times 10 \times 10 = 10^3$, …のように，10を$n$個かけあわせたものを$10^n$とかき，$n$を$10^n$の指数という。$n$を正の整数として，$10^0$，$10^{-n}$は次のように定められる。

$$10^0 = 1 \quad \cdots ① \qquad 10^{-n} = \frac{1}{10^n} \quad \cdots ②$$

m，nを整数として，次の関係が成り立つ。

$$10^m \times 10^n = 10^{m+n} \quad \cdots ③$$
$$10^m \div 10^n = 10^{m-n} \quad \cdots ④$$
$$(10^m)^n = 10^{m \times n} \quad \cdots ⑤$$

2 有効数字

測定で得られた意味のある数字。有効数字の桁数を明確にするため，物理量の数値は，$\square \times 10^n$ の形で表される$(1 \leqq \square < 10)$。

【例】$3067 \rightarrow 3.067 \times 10^3$　　$0.0150 \rightarrow 1.50 \times 10^{-2}$

3 測定値の計算

(1) **足し算・引き算** 計算結果の末位を，最も末位の高いものにそろえる。

【例】$11.5 + 0.25 = 11.75 \rightarrow 11.8$
小数第2位の「5」を四捨五入。

(2) **掛け算・割り算** 計算結果の桁数を，有効数字の桁数が最も少ないものにそろえる。

【例】$2.9 \times 1.55 = 4.495 \rightarrow 4.5$
小数第2位の「9」を四捨五入。
小数第3位の「5」は考慮しない。

(3) **定数を含む計算** πや$\sqrt{2}$*のような定数は，測定値の桁数よりも1桁多くとって計算する。

【例】$\pi \times 2.0 = 3.14 \times 2.0 = 6.28 \rightarrow 6.3$
小数第2位の「8」を四捨五入。

＊物理の数値計算では，平方根が出てくることがあり，その扱いに慣れる必要がある。

基本問題

1. 指数の計算 次の指数の計算をせよ。📖知識 ➡1

(1) $10^2 \times 10^4$　(2) $10^{16} \times 10^{-17}$　(3) $10^9 \div 10^{-6}$　(4) $(10^3)^4$

答　答　答　答

2. 有効数字の桁数 次の数値について，有効数字の桁数を示せ。📖知識 ➡2

(1) 1.5　(2) 1.50　(3) 0.0048　(4) 6.40×10^9

答　答　答　答

3. 有効数字 有効数字の桁数に注意し，次の測定値を $\square \times 10^n$ の形で表せ$(1 \leqq \square < 10)$。📖知識 ➡2

(1) 5000.0　(2) 0.00005　(3) 365　(4) 0.00140

答　答　答　答

4. 測定値の計算 有効数字の桁数に注意して，次の測定値の計算をせよ。📖知識 ➡3

(1) $5.2 + 3.46$　(2) $7.2 - 0.76$　(3) 6.2×1.4　(4) $4.00 \div 6.00$

答　答　答　答

5. 定数を含む計算 有効数字の桁数に注意して，次の測定値の計算をせよ。$\pi = 3.1415\cdots$，$\sqrt{2} = 1.4142\cdots$とする。📖知識 ➡3

(1) $3.0 \times \pi$　(2) $\sqrt{2} \times 5.00$　(3) $2.0 \times \sqrt{8}$

答　答　答

速度

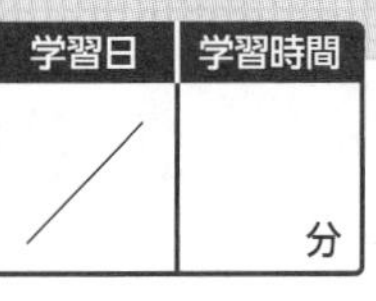

➡解答編 p.2~3

1 速さ

単位時間あたりの移動距離。距離 x[m] を時間 t[s] で移動する物体の速さ v[m/s] は,

$$v=\frac{x}{t}\quad\left(\text{速さ[m/s]}=\frac{\text{移動距離[m]}}{\text{経過時間[s]}}\right)\quad\cdots①$$

平均の速さ…式①で計算される値。

瞬間の速さ…スピードメーターで示されるような各瞬間における値。

2 等速直線運動

一定の速さで直線上を進む運動。 $x=vt\quad\cdots②$

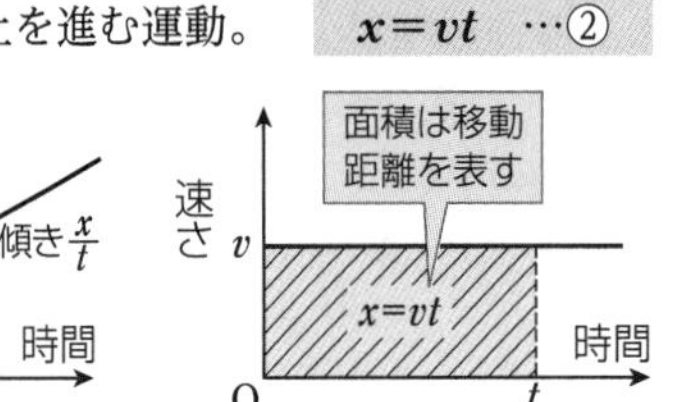

3 速度

速度…速さ(大きさ)と向きをあわせもつ量。

大きさと向きをあわせもつ量をベクトルという。

位置…基準点からの向きと距離(大きさ)。

変位…位置の変化。

4 平均の速度と瞬間の速度

平均の速度 $\overline{v}$ は,単位時間あたりの変位。物体が x 軸上を運動しており,変位を Δx[m],経過時間を Δt[s] とすると,

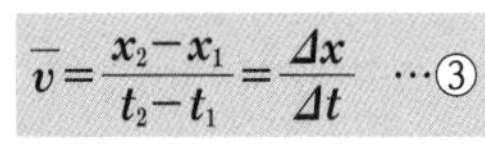

$$\overline{v}=\frac{x_2-x_1}{t_2-t_1}=\frac{\Delta x}{\Delta t}\quad\cdots③$$

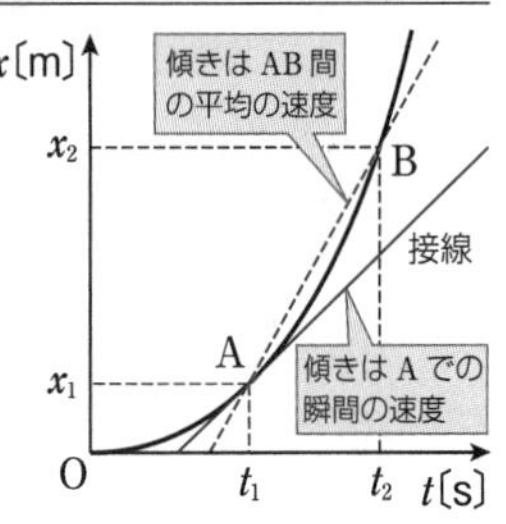

瞬間の速度は,Δt をきわめて小さくしたときの値。

チェック 次の各問に答えよ。

❶物体が 30s 間で 60m 移動したとき,その間の平均の速さは何 m/s か。 (⇨ 1)

答

❷速さ 2.5m/s で等速直線運動をする物体が,100m 移動するのにかかる時間は何 s か。 (⇨ 2)

答

❸物体が南向きに 7.0m 移動した。北向きを正とすると,この間の変位は何 m か。 (⇨ 3)

答

❹物体が西向きに 6.0m/s で運動している。速さと速度をそれぞれ答えよ。ただし,東向きを正とする。 (⇨ 3)

答 速さ: 速度:

例題 1 等速直線運動

➡基本問題 6・8,標準問題 12

物体が一定の速さで直線上を運動している。図は,物体の移動距離 x[m] と,経過時間 t[s] との関係を示したものである。次の各問に答えよ。

(1) 物体の速さは何 m/s か。

(2) 物体の速さ v[m/s] と経過時間 t[s] との関係を表す $v-t$ グラフを描け。

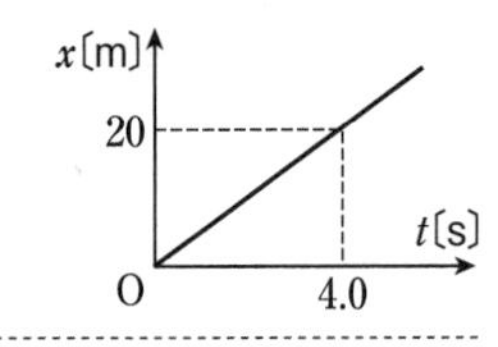

指針 (1) 物体は,一定の速さで直線上を進んでおり,この運動は,等速直線運動である。物体の速さは,$x-t$ グラフの傾きに相当する。

(2) 物体の速さは一定であり,$v-t$ グラフは,時間軸(横軸)に平行な直線となる。

解説 (1) $x-t$ グラフは (0s, 0m),(4.0s, 20m) の 2 点を通るので,グラフの傾きは,

$$v=\frac{20-0}{4.0-0}=\mathbf{5.0\,m/s}$$

(2) (1)の結果から,物体は 5.0m/s の一定の速さで運動している。したがって,$v-t$ グラフは,図のようになる。

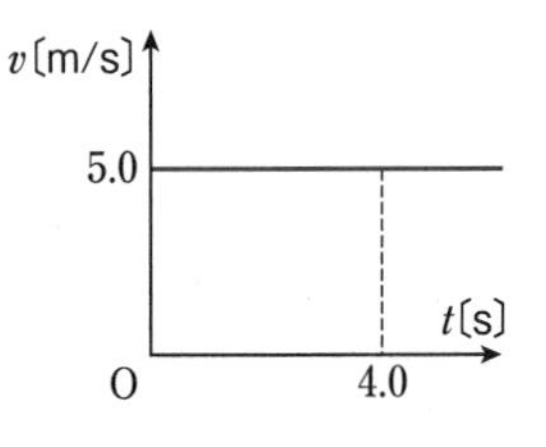

Advice 等速直線運動をする物体の $x-t$ グラフは傾きが一定の直線となり,$v-t$ グラフは時間軸に平行な直線となる。

チェック 解答 ❶2.0m/s ❷40s ❸−7.0m ❹速さ:6.0m/s 速度:−6.0m/s

基本問題

知識

6. 速さと移動距離　次の各問に答えよ。

(1) 自動車が，一定の速さ 20m/s で直線上を運動している。自動車が 1 時間に移動する距離は何 m か。

(2) 一定の速さで 1 時間に 10km を走る人が，15分間走ったときの距離は何 km か。

6. ➡ 1 2 例題 1

(1)

(2)

知識

7. 単位の換算　次の各問に答えよ。

(1) 5.0m/s は何 km/h か。

(2) 90km/h は何 m/s か。

7.

(1)

(2)

思考

8. 等速直線運動のグラフ　図は，直線上を運動する物体の速さ v〔m/s〕と経過時間 t〔s〕との関係を示したものである。次の各問に答えよ。

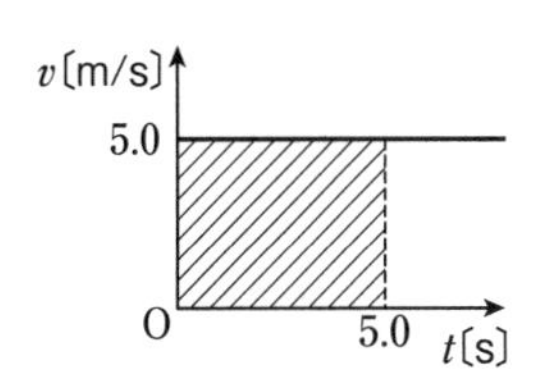

(1) 図の斜線部の面積は何を表しているか。

(2) 移動距離 x〔m〕と経過時間 t〔s〕との関係を示す $x-t$ グラフを描け。

8. ➡ 2 例題 1

(1)

(2)

x〔m〕

O　t〔s〕

知識

9. 変位　A君は，学校から北向きに 50m はなれた郵便局へ行き，そこから南向きに 70m はなれた文具店へ行った。学校を出発して文具店に到着するまでの移動距離は何 m か。また，この間の変位はどちら向きに何 m か。

9. ➡ 3

移動距離：

変位：

知識

10. 平均の速度と瞬間の速度　図の曲線は，x 軸上を運動する物体の位置 x〔m〕と経過時間 t〔s〕との関係を示している。図の直線は，$t=2.0$s でのグラフの接線である。

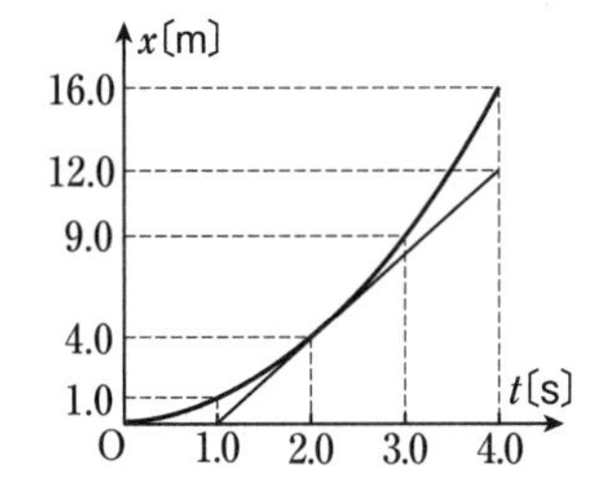

(1) 2.0～4.0s の間の平均の速度は何 m/s か。

(2) $t=2.0$s における瞬間の速度は何 m/s か。

10. ➡ 4

(1)

(2)

標準問題

📖知識

☐ 11. 平均の速さと平均の速度

人が 180m のまっすぐな道路を往復する。行きは 6.0m/s の速さで移動し，すぐ折り返して，帰りは 4.0m/s の速さで移動した。

(1) 往復の平均の速さは何 m/s か。

(2) 往復の平均の速度はどちら向きに何 m/s か。

11.

(1)

(2)

思考

☐ 12. 複雑な $x-t$ グラフ

図は，x 軸上を運動する物体の位置 x〔m〕と時間 t〔s〕との関係を示している。物体は，$t=15$s で速さを変化させている。

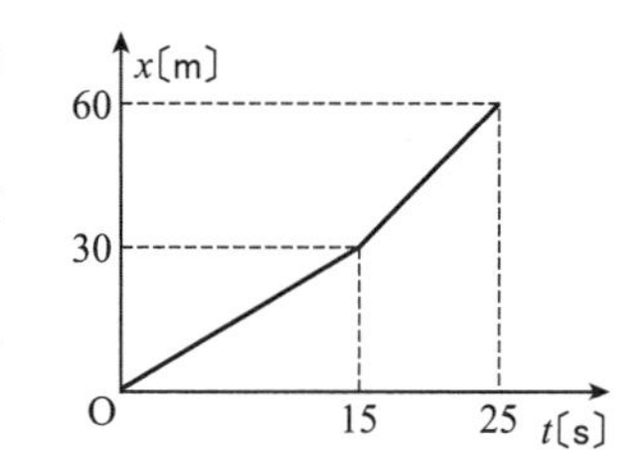

(1) $t=0\sim25$s の区間において，物体の平均の速度は何 m/s か。

(2) 速度 v〔m/s〕と時間 t〔s〕との関係を示す $v-t$ グラフを描け。

12. ➡ 例題 1，基本問題 10

(1)

(2)

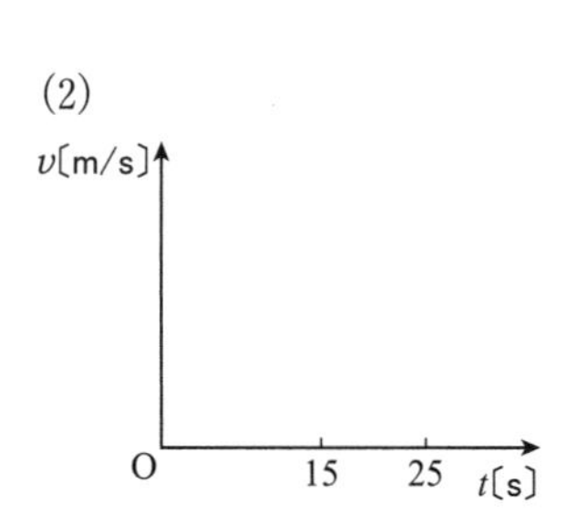

思考

☐ 13. $x-t$ グラフと速さ

x 軸上を運動する物体の時刻 t〔s〕における位置 x〔m〕を測定すると，図のようなグラフが得られた。次の各問に答えよ。

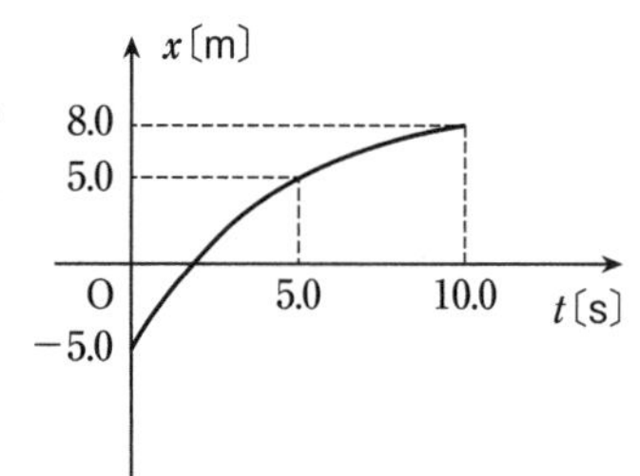

(1) $t=0$s のとき，物体は正，負どちら向きに運動しているか。理由とともに答えよ。

(2) 物体の速さは時間の経過とともにどのように変化しているか。次の選択肢から最も適当なものを一つ選べ。

(ア) 徐々に速くなる　(イ) 徐々に遅くなる　(ウ) 常に一定

(3) $t=0\sim5.0$s の間の平均の速さは何 m/s か。また，$t=0\sim10.0$s の間の平均の速さは何 m/s か。

13. ➡ 基本問題 10

ヒント

(2) その瞬間の速さは，$x-t$ グラフの接線の傾きで表される。

(1) 向き：

理由：

(2)

(3)

$t=0\sim5.0$s：

$t=0\sim10.0$s：

2 速度の合成・分解と相対速度

学習日 | 学習時間 分

➡解答編 p.3〜5

1 速度の合成

直線上における速度 v_1〔m/s〕, v_2〔m/s〕の合成速度 v〔m/s〕は,

$$\boldsymbol{v}=\boldsymbol{v}_1+\boldsymbol{v}_2 \quad \cdots ①$$

2 平面上の速度の合成・分解 発展

速度 $\vec{v_1}$ と $\vec{v_2}$ の合成速度 $\vec{v}$ は,

$$\vec{v}=\vec{v_1}+\vec{v_2} \quad \cdots ②$$

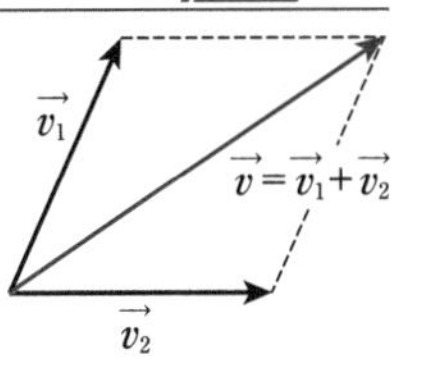

速度の分解…速度 $\vec{v}$ を互いに直角な x 方向と y 方向に分解する。速度の x 成分 v_x, y 成分 v_y は,

$$\left.\begin{aligned} v_x&=v\cos\theta \\ v_y&=v\sin\theta \end{aligned}\right\}\cdots ③$$

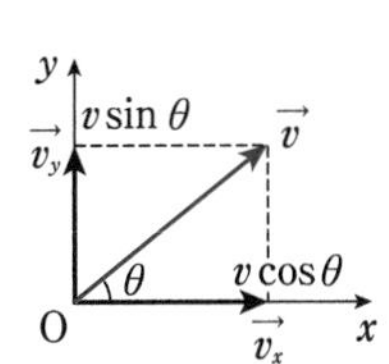

3 相対速度

物体Aから見た物体Bの速度を, Aに対するBの相対速度 v_{AB} という。

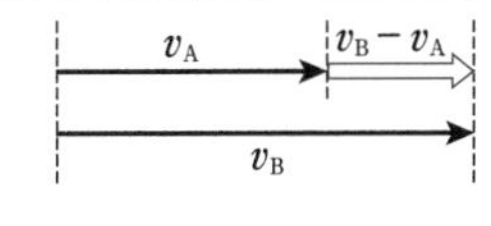

$$\boldsymbol{v}_{AB}=\boldsymbol{v}_B-\boldsymbol{v}_A \quad \cdots ④$$

4 平面上の相対速度 発展

速度 $\vec{v_A}$ の物体Aに対する速度 $\vec{v_B}$ の物体Bの相対速度 $\vec{v_{AB}}$ は,

$$\vec{v_{AB}}=\vec{v_B}-\vec{v_A} \quad \cdots ⑤$$

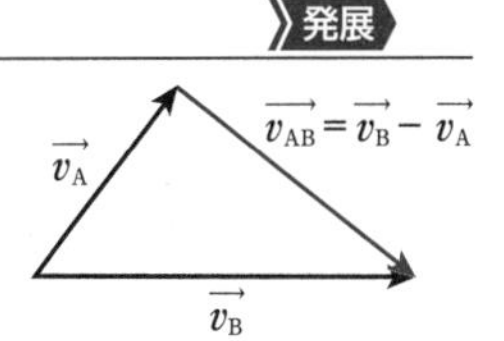

✔ チェック 次の各問に答えよ。

❶右向きに速さ 9.5m/s で走行する電車内で, 人が右向きに 1.5m/s で歩いている。地面から見た人の速度はどちら向きに何 m/s か。 (⇨ 1)

答

❷右向きに速さ 3.0m/s で走っている人Aが, 同じ向きに速さ 5.0m/s で走っている人Bを見た。Aに対するBの相対速度は, どちら向きに何 m/s か。 (⇨ 3)

答

例題 2 速度の合成

➡ 基本問題 14・15

図のように, 静水の場合に速さ 6.0m/s で進む船が, 流れの速さ 4.0m/s の川を進む。AB は川の流れの向きに平行であり, その間の距離は 120m である。

(1) AからBに船が進むとき, 岸から見た船の速度はどちら向きに何 m/s か。
(2) BからAに船が進むとき, 岸から見た船の速度はどちら向きに何 m/s か。
(3) 船が AB 間を往復するのに要する時間は何 s か。

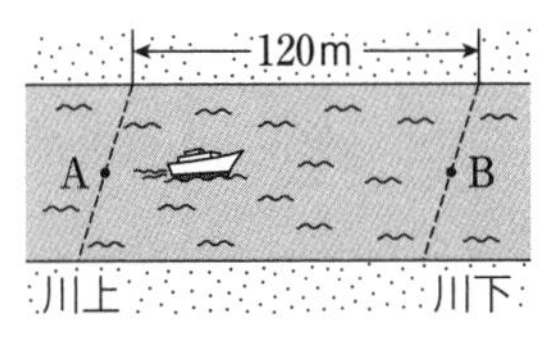

指針 正の向きを定めて,「$v=v_1+v_2$」の速度の合成の式を利用する。

解説 (1) 流れの向きを正とすると, 船の速度は $v_1=6.0$m/s, 流れの速度は $v_2=4.0$m/s である。
岸から見た船の速度 v は,「$v=v_1+v_2$」から,

$v=6.0+4.0=10.0$m/s　**流れの向きに 10.0m/s**

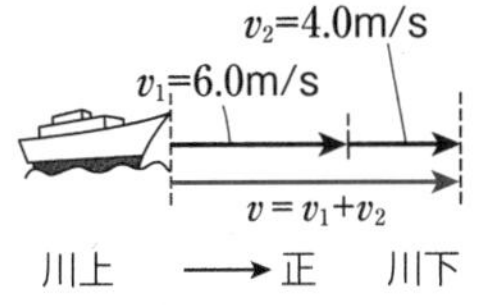

(2) 流れの向きを正とすると, 流れの向きと逆向きに進むので, 船の速度は $v_1=-6.0$m/s, 流れの速度は $v_2=4.0$m/s である。
岸から見た船の速度 v は,「$v=v_1+v_2$」から,

$v=-6.0+4.0=\underline{-2.0\text{m/s}}$

流れの向きと逆向きに 2.0m/s

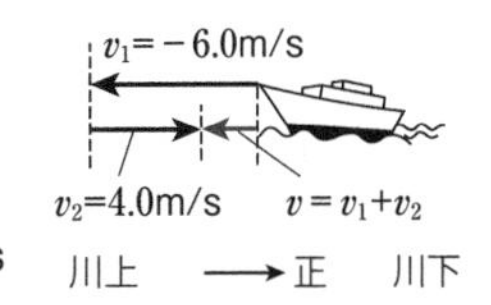

Advice 船の速度 v の負の符号は, v の向きが, 正の向き(川の流れの向き)と逆であることを表している。

(3) 求める時間を t, AからBにかかる時間を t_1, BからAにかかる時間を t_2 とすると,

$$t=t_1+t_2=\frac{120}{10.0}+\frac{120}{2.0}=72\text{s}$$

チェック解答 ❶右向きに 11.0m/s ❷右向きに 2.0m/s

例題 3 相対速度

➡ 基本問題 16・17

自動車Aが東向きに 20m/s，自動車Bが西向きに 15m/s で，同じ道路を互いに逆向きに走行している。

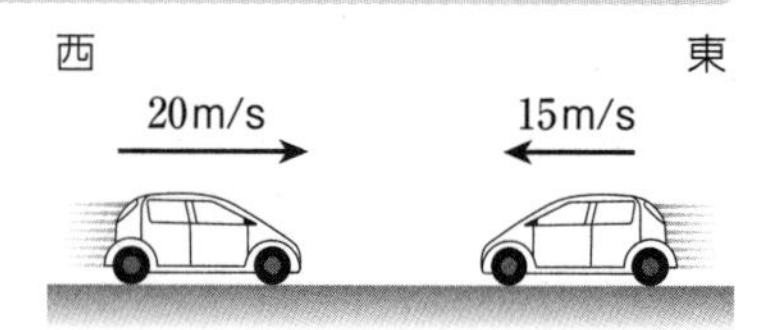

(1) Aに対するBの相対速度は，どちら向きに何 m/s か。

(2) AとBがすれ違ってから2.0秒後の，両者の間の距離は何mか。

指針 正の向きを定め，「$v_{AB}=v_B-v_A$」を利用する。

解説 (1) 東向きを正とすると，自動車Aの速度は $v_A=20$m/s，自動車Bの速度は $v_B=-15$m/s となる。Aに対するBの相対速度を v_{AB} とすると，「$v_{AB}=v_B-v_A$」から，

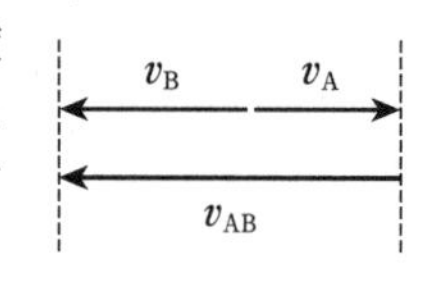

$v_{AB}=-15-20=-35$m/s　**西向きに 35m/s**

(2) (1)から，Aから見たBは，35m/s の速さで遠ざかっていくので，すれ違ってから2.0秒後の両者の間の距離は，

35×2.0=**70m**

基本問題

知識

14. 速度の合成

静水の場合に速さ8.0m/s で進む船が，流れの速さ 3.0m/s の川を流れの向きと逆向きに進む。次の各問に答えよ。

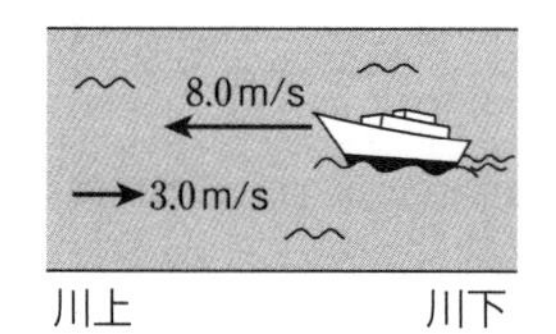

(1) 岸から見た船の速度は，どちら向きに何 m/s か。

(2) 船が，流れの向きと逆向きに 80m を進むのにかかる時間は何 s か。

14.　➡ 1 例題 2

(1)

(2)

知識

15. 速度の合成

直線状の線路を列車が 12m/s で走行している。人が列車の後方の点Aから前方の点Bまで，列車に対して 2.0m/s の速さで歩く。AB 間は 20m である。次の各問に答えよ。

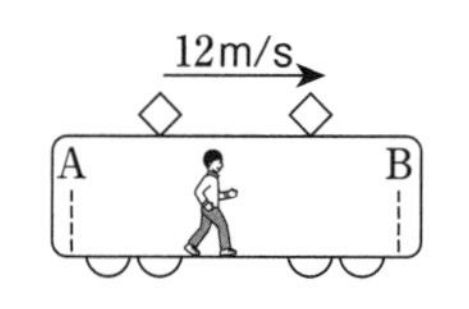

(1) 人が点Aから出発して点Bに到着するのにかかる時間は何 s か。

(2) この間，人の地面に対する移動距離は何mか。

15.　➡ 1 例題 2

(1)

(2)

知識

16. 相対速度

東向きに速さ 10m/s で走行するオートバイから次の物体を見た。このとき，物体の速度は，どちら向きに何 m/s に見えるか。

(1) 地上に建っている建物

(2) 西向きに 15m/s で走行するトラック

16.　➡ 3 例題 3

(1)

(2)

知識

☐ 17. 相対速度

長さ60mの電車が，直線上を速さ15.0m/sで東向きに走行している。また，電車と同じ向きに，自動車が速さ20.0m/sで追いかけている。次の各問に答えよ。

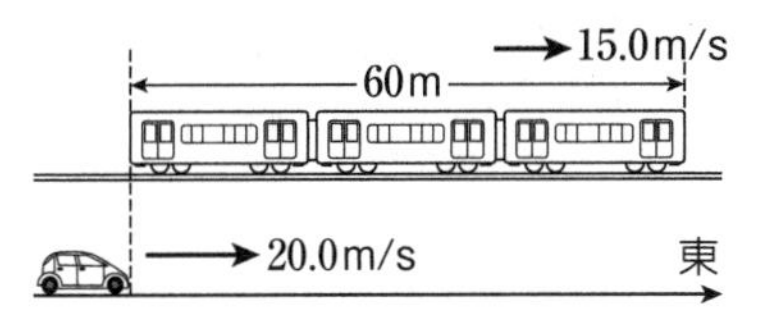

(1) 電車に対する自動車の相対速度は，どちら向きに何m/sか。

(2) 自動車が電車の最後尾に追いついてから，先頭に追いつくまでの時間は何sか。

17. ➡ 3 例題3

(1)

(2)

思考

☐ 18. 相対速度と車間距離

直線状の道路で，自動車Aは一定の速度を保って走行し，自動車BはAの前方をAと同じ向きに走行している。図はAB間の距離x〔m〕と時間t〔s〕との関係を示している。次の各問に答えよ。

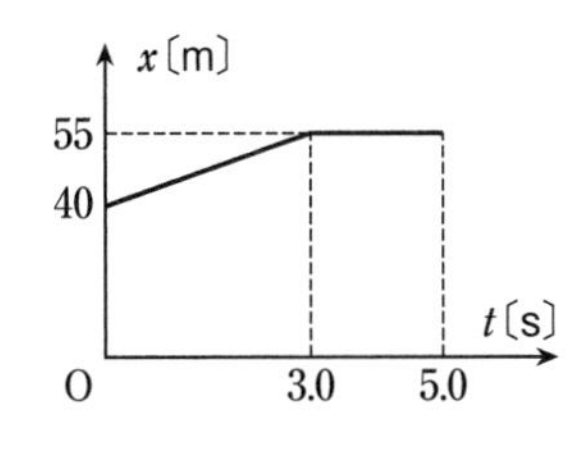

(1) $t=0$～3.0sと$t=3.0$～5.0sの区間において，Bはどのような運動をしているか。それぞれ正しいものを次の選択肢から選び，記号で答えよ。ただし，同じものを繰り返し選んでもよい。

㋐等速直線運動　㋑徐々に速くなる運動　㋒徐々に遅くなる運動

(2) $t=4.0$sにおいて，Aから見たBの速さは何m/sか。

18. ➡ 3

(1) $t=0$～3.0s：

$t=3.0$～5.0s：

(2)

標準問題

発展　知識

☐ 19. 平面運動の速度の合成

静水に対する速さ5.0m/sの船が，船首を流れの向きと垂直にして，流れの速さ2.5m/s，川幅75mの川を渡る。

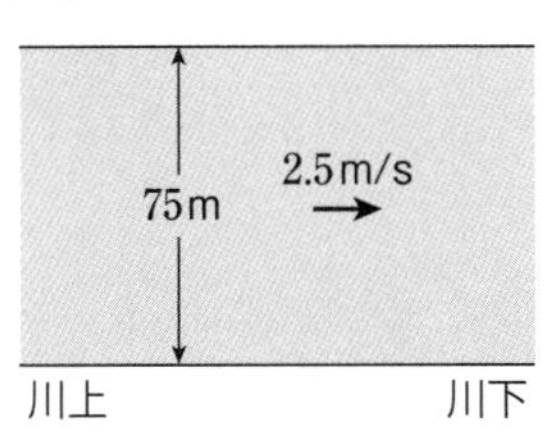

(1) 対岸に達するまでにかかる時間は何sか。

(2) 対岸に達したとき，出発地点の真向かいの位置から，川下に流された距離は何mか。

19.

(1)

(2)

発展 思考

20. 速度の合成と軌道

速さを調節できる船で，流れの速さが一定の川を対岸まで渡る。船首を流れの向きと垂直にし，川を渡っている途中で，船の速さを図のように変化させた。このとき，岸からみた船の軌道として最も適当なものを，以下の選択肢から選び，記号で答えよ。

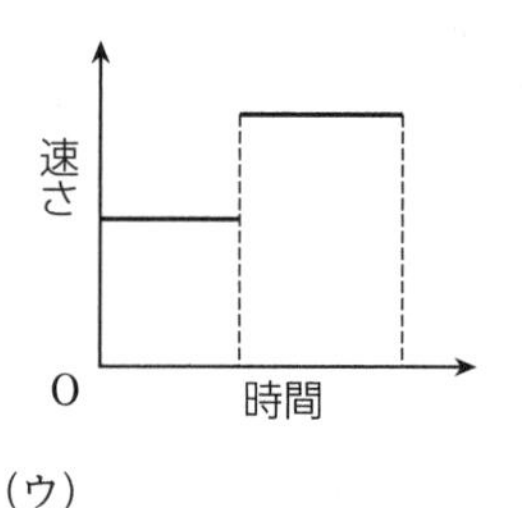

(ア)　(イ)　(ウ)

対岸
川の流れ
岸

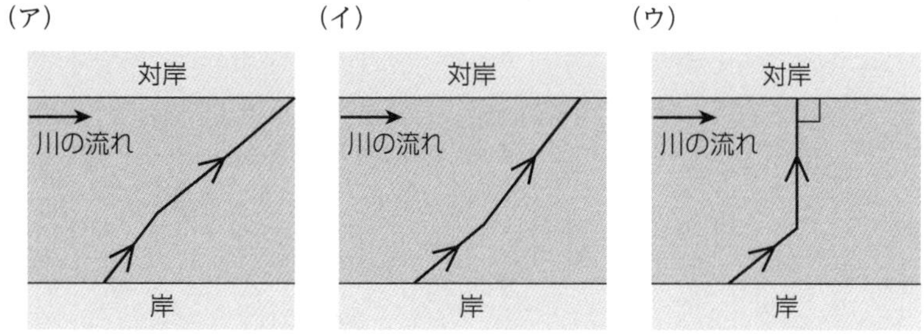

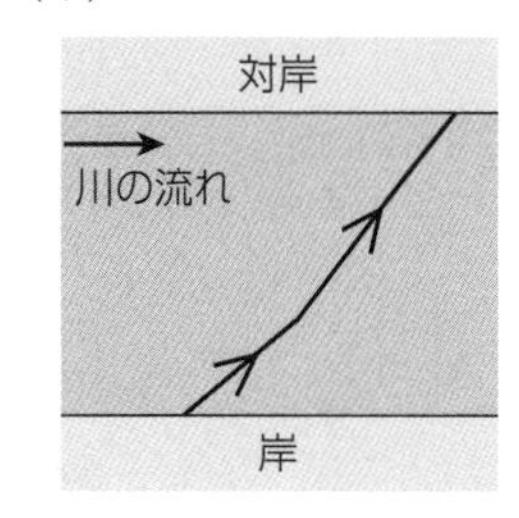

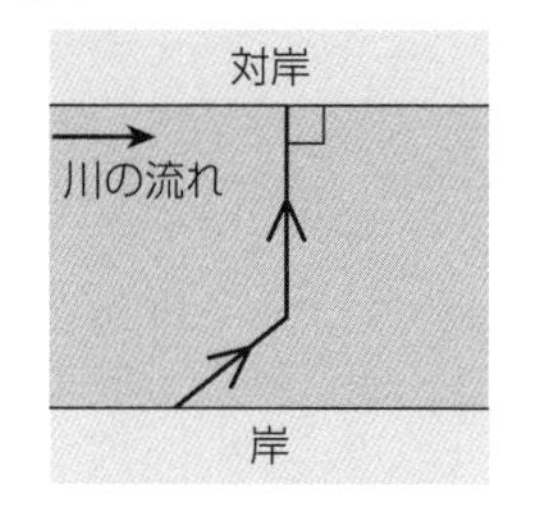

20.

ヒント

速さを変化させたとき，船の合成速度の向きがどのように変わるかを考える。

発展 知識

21. 平面運動の相対速度

水平方向に速さ 4.0m/s で走行している電車の中から，鉛直方向に落下する雨滴を見ると，鉛直方向から 30° 傾いて落下しているように見えた。地面に対する雨滴の速さは何 m/s か。

21.

発展 思考

22. 平面運動の相対速度

小球A，B，Cがそれぞれ等速直線運動をしている。Aは北向きに 4.0m/s，Bは東向きに 4.0m/s の速度である。

(1)　Aから見たBの速度は，どちら向きに何 m/s か。

(2)　Bから見たCの速度は，南向きに 3.0m/s であった。Cの地面に対する速さは何 m/s か。

(3)　BとCがある時刻に衝突した。衝突する前のBとCとの位置関係として，最も適当なものを，以下の選択肢から選び，記号で答えよ。

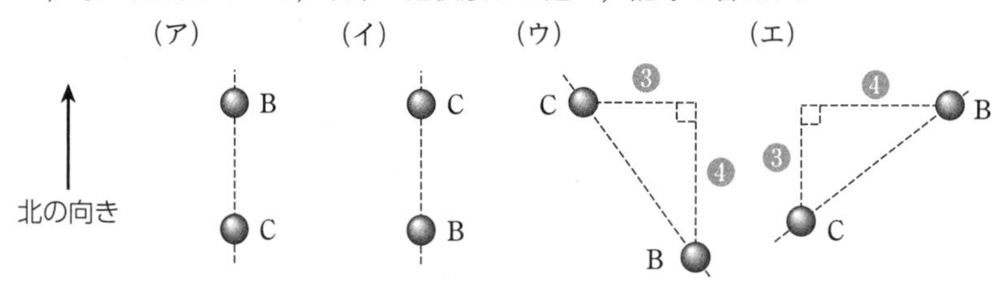

22.

ヒント

(3) 「Bから見てCは南向きに運動しているように見え」，さらに，「衝突した」ことから，位置関係を考える。

(1)

(2)

(3)

3 加速度

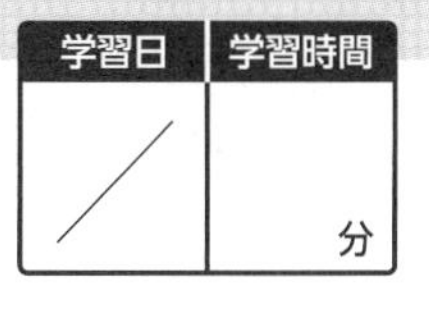

➡解答編 p.5~8

1 加速度

単位時間あたりの速度の変化。単位はメートル毎秒毎秒(記号 m/s²)。

●**平均の加速度と瞬間の加速度** 平均の加速度 $\overline{a}$ は単位時間あたりの速度変化。物体が x 軸に沿って直線運動をしており，速度の変化を Δv〔m/s〕，経過時間を Δt〔s〕とすると，

$$\overline{a}=\frac{v_2-v_1}{t_2-t_1}=\frac{\Delta v}{\Delta t} \quad \cdots ①$$

瞬間の加速度は，Δt をきわめて小さくしたときの値。

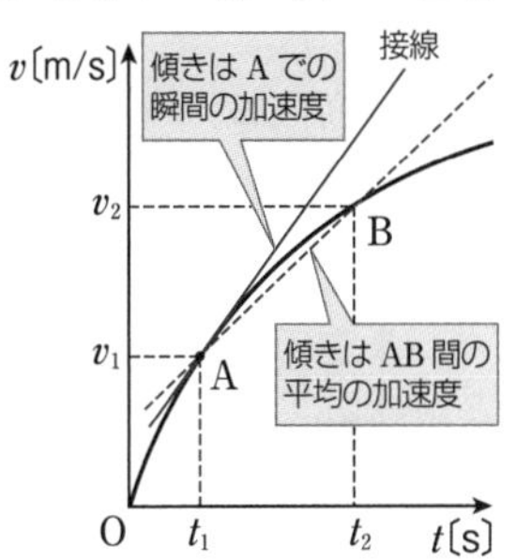

2 等加速度直線運動

加速度が一定である直線運動。原点Oから初速度 v_0〔m/s〕，加速度 a〔m/s²〕で x 軸上を等加速度直線運動する物体の，時刻 t〔s〕における変位を x〔m〕，速度を v〔m/s〕とすると，

$$v=v_0+at \quad \cdots ②$$

$$x=v_0t+\frac{1}{2}at^2 \quad \cdots ③$$

$$v^2-v_0{}^2=2ax \quad \cdots ④$$

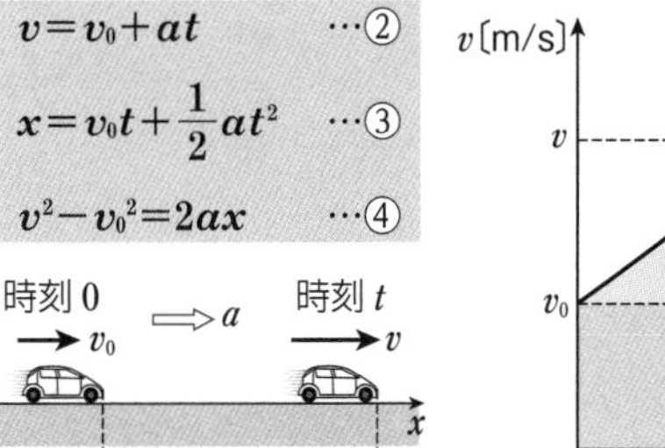

✓ チェック 次の各問に答えよ。

□ ❶物体が速さ 5.0m/s で右向きに運動しており，2.0s 後に右向きに 6.0m/s となった。この間の平均の加速度の大きさは何 m/s² か。 (⇨ 1)

答

□ ❷初速度 2.0m/s，加速度 1.0m/s² の等加速度直線運動を始めた物体の，2.0s 後の速さは何 m/s か。 (⇨ 2)

答

例題 4 等加速度直線運動

➡ 基本問題 25・26・27

物体が，原点Oから x 軸の正の向きに，初速度 2.0m/s の等加速度直線運動を始め，4.0s 後に $x=16.0$m の位置を通過した。次の各問に答えよ。

(1) 物体の加速度の大きさは何 m/s² か。

(2) 等加速度直線運動を始めてから，$x=30$m の位置を通過するまでにかかる時間は何 s か。

指針 等加速度直線運動の公式を利用する。

(1) 初速度 v_0，時間 t，変位 x の物理量が与えられているので，「$x=v_0t+\frac{1}{2}at^2$」の公式を用いる。

(2) 初速度 v_0，変位 x の物理量が与えられており，(1)から加速度 a がわかっているので，「$x=v_0t+\frac{1}{2}at^2$」の公式を用いる。

解説 (1) 問題文から，$x=16.0$m，$v_0=2.0$m/s，$t=4.0$s である。「$x=v_0t+\frac{1}{2}at^2$」に各数値を代入すると，

$$16.0=2.0\times4.0+\frac{1}{2}\times a\times4.0^2 \qquad a=\mathbf{1.0\ m/s^2}$$

(2) $x=30$m，$v_0=2.0$m/s であり，(1)から，$a=1.0$ m/s² である。「$x=v_0t+\frac{1}{2}at^2$」に各数値を代入すると，

$$30=2.0\times t+\frac{1}{2}\times1.0\times t^2$$

$$t^2+4t-60=0 \qquad (t-6)(t+10)=0$$

$t=6.0$，-10 となり，-10 は題意に反するので，解答に適さない。したがって，$t=\mathbf{6.0s}$

Advice 何の物理量を求めるのか，与えられている物理量は何かを把握し，等加速度直線運動の 3 つの公式の中から，適切な式を用いるようにする。

●時間 t を含む ─→ 速度 v を含む ─→ $v=v_0+at$
　　　　　　　　 └→ 変位 x を含む ─→ $x=v_0t+\frac{1}{2}at^2$

●時間 t を含まない ─→ $v^2-v_0{}^2=2ax$

チェック解答 ❶0.50m/s² ❷4.0m/s

例題 5 エレベーターの運動

➡ 基本問題 29，標準問題 30・31

図は，エレベーターが1階から屋上まで移動したときの，速度 v〔m/s〕と経過時間 t〔s〕との関係を示した $v-t$ グラフである。次の各問に答えよ。

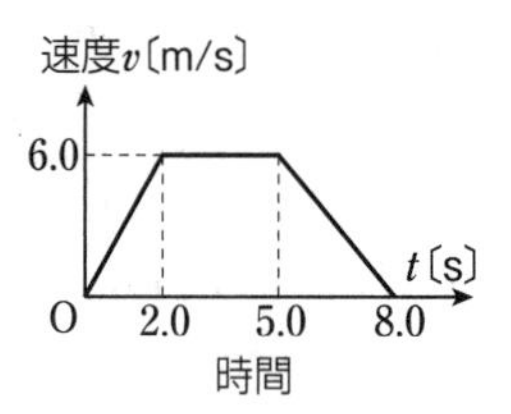

(1)　次の各区間におけるエレベーターの加速度は何 m/s² か。

①0 ～2.0s　②2.0～5.0s　③5.0～8.0s

(2)　0 ～2.0s までの間に，エレベーターが移動した距離は何mか。

(3)　エレベーターが動き始めてから停止するまでの間に，移動した距離は何mか。

指針　(1)　加速度は，$v-t$ グラフの傾きに相当する。各区間におけるグラフの傾きを求める。

(2)(3)　移動距離は，$v-t$ グラフと時間軸との間で囲まれた部分の面積に相当する。それぞれの移動距離は，(2)では□の面積，(3)では斜線部の面積から求められる。

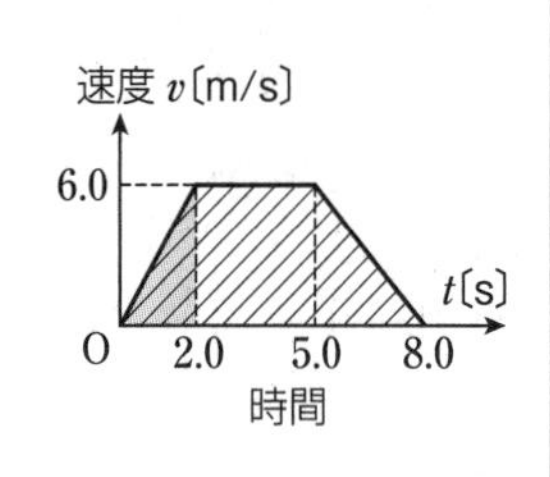

解説　(1)　それぞれの区間のグラフの傾きから，

①　$a_1=\dfrac{6.0-0}{2.0-0}=\mathbf{3.0\,m/s^2}$

②　$a_2=\dfrac{6.0-6.0}{5.0-2.0}=\mathbf{0\,m/s^2}$

③　$a_3=\dfrac{0-6.0}{8.0-5.0}=\mathbf{-2.0\,m/s^2}$

(2)　$t=0$～2.0s における $v-t$ グラフと時間軸との間で囲まれた部分(三角形)の面積を求めればよい。

$x_1=2.0\times6.0\times\dfrac{1}{2}=\mathbf{6.0\,m}$

(3)　$v-t$ グラフと時間軸との間で囲まれた部分(台形)の面積を求めればよい。台形の面積は，

(上底＋下底)×(高さ)×$\dfrac{1}{2}$ であり，

$x_2=\{(5.0-2.0)+8.0\}\times6.0\times\dfrac{1}{2}=\mathbf{33\,m}$

Advice　0 ～2.0s，5.0～8.0s は等加速度直線運動，2.0～5.0s は等速直線運動をしている。(2)，(3)の移動距離は，各区間で，「$x=v_0t+\frac{1}{2}at^2$」，「$x=vt$」を利用しても求められるが，$v-t$ グラフの特徴を利用すると，容易に求めることができる。

基本問題

思考

23. 運動の解析

物体が，静止した状態から，一直線上を運動し始めた。このようすを調べると，表に示す結果が得られた。次の各問に答えよ。

(1)　変位 Δx〔cm〕，平均の速度 $\overline{v}$〔m/s〕を計算し，表を完成させよ。

時間 t〔s〕	位置 x〔cm〕	変位 Δx〔cm〕	平均の速度 $\overline{v}$〔m/s〕
0	0		
0.10	2.0		
0.20	8.0		
0.30	18.0		
0.40	32.0		
0.50	50.0		

(2)　物体の速度 v〔m/s〕と時間 t〔s〕との関係を示す $v-t$ グラフを描け。

(3)　(2)の結果から，この測定における物体の平均の加速度の大きさは何 m/s² か。

23.　➡ 1

(2)

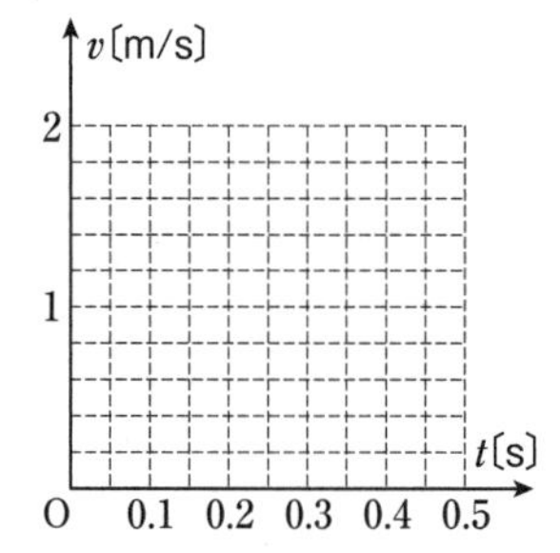

(3)

知識

☐ **24．加速度**　次の等加速度直線運動をする物体の加速度は何 m/s² か。ただし，物体がはじめに運動していた向きを正の向きとする。

(1)　速度 8.0m/s で運動していた物体が，5.0s 後に，速度 23m/s となった。

(2)　右向きに速さ 4.0m/s で進んでいた物体が，3.0s 後に，左向きに速さ 2.0m/s となった。

24.　➡ 2

(1)

(2)

知識

☐ **25．正の加速度**　速さ 4.0m/s で運動していた物体が，等加速度直線運動をして，10s 後に同じ向きに 12.0m/s となった。次の各問に答えよ。

(1)　物体の加速度の大きさは何 m/s² か。

(2)　この 10s 間で，物体が進んだ距離は何mか。

25.　➡ 2 例題 4

(1)

(2)

知識

☐ **26．負の加速度**　速度 6.0m/s で走っていた自動車がブレーキをかけ，負の加速度 −1.5m/s² で等加速度直線運動をして停止した。

(1)　ブレーキをかけてから何 s 後に停止するか。

(2)　ブレーキをかけてから停止するまでに何m進むか。

26.　➡ 2 例題 4

(1)

(2)

知識

☐ **27．自動車の加速**　静止していた自動車が，一定の加速度 0.50m/s² で直線上を走行し始めた。次の各問に答えよ。

(1)　自動車が 25m 進むのにかかる時間は何 s か。

(2)　自動車が 25m 進んだときの速さは何 m/s か。

27.　➡ 2 例題 4

(1)

(2)

知識

☐ **28．等加速度直線運動**　初速度 2.0m/s で等加速度直線運動を始めた物体が，10m 進んだ地点で，同じ向きの速度 8.0m/s になった。

(1)　物体の加速度の大きさは何 m/s² か。

(2)　物体が運動を始めてから 32m 進んだとき，その速さは何 m/s か。

28.　➡ 2

(1)

(2)

思考

29. $v-t$ グラフ

図は，直線上を運動する自動車の速度 v〔m/s〕と時間 t〔s〕との関係を示す $v-t$ グラフである。

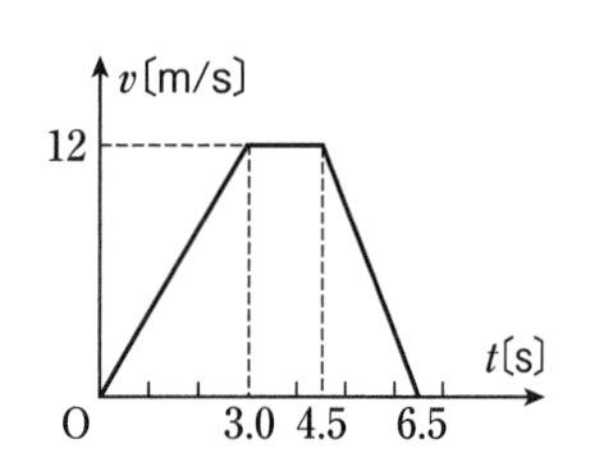

(1) 0 ～3.0s の間の自動車の加速度は何 m/s² か。

(2) 4.5～6.5s の間の自動車の加速度は何 m/s² か。

(3) 0 ～6.5s の間の自動車の変位は何mか。

29. ➡ 2 例題 5

(1)

(2)

(3)

思考

30. エレベーターの運動

地上に停止していたエレベーターが，一定の加速度 0.50m/s² で 8.0s 間上昇した後，そのまま一定の速度で 6.0s 間上昇する。その後，10s 間は一定の加速度で減速し，屋上に停止した。

(1) エレベーターが，一定の速度で上昇しているときの速さは何m/s か。

(2) 速度 v〔m/s〕と時間 t〔s〕との関係を示す $v-t$ グラフを描け。ただし，エレベーターが動き始めたときを $t=0$s とする。

(3) エレベーターが停止するまでに上昇した高さは何mか。

30. ➡ 例題 5，基本問題 29

(1)

(2)

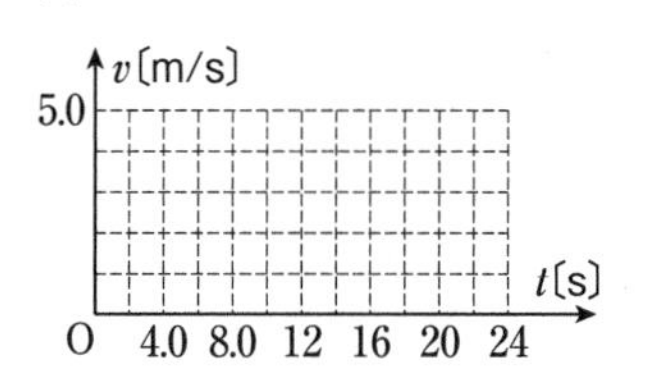

(3)

思考

31. $v-t$ グラフ

次の①～④は，速度 v と時間 t との関係を示す $v-t$ グラフ，(ア)～(エ)は，加速度 a と時間 t との関係を示す $a-t$ グラフである。①～④に対応する $a-t$ グラフを，(ア)～(エ)の記号でそれぞれ答えよ。

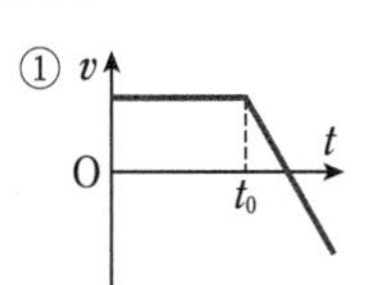

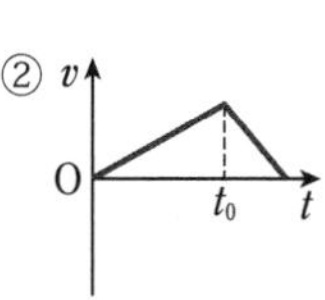

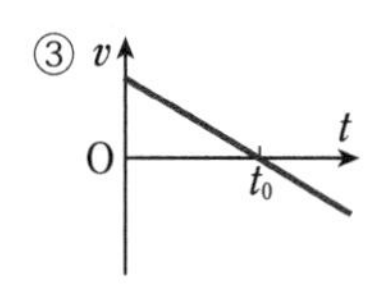

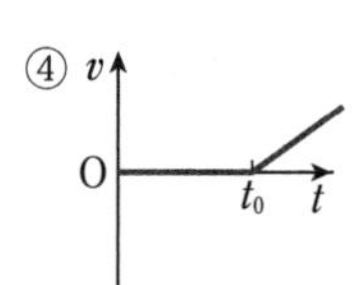

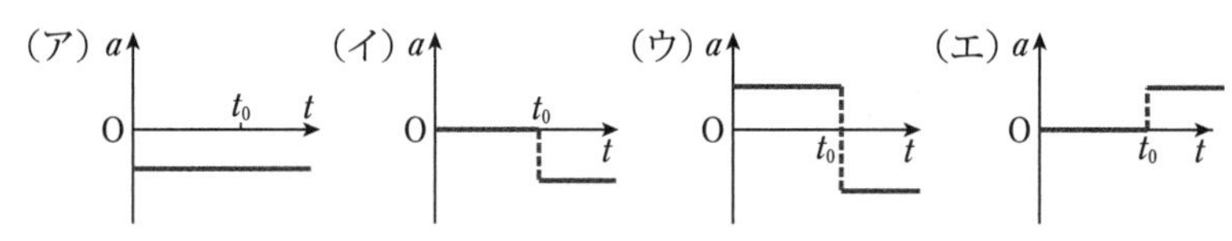

31. ➡ 例題 5，基本問題 29

①

②

③

④

📖知識

☐ 32. 2物体の運動

自動車が，一定の速度12m/sで直線上を走行し，点Oを通過した。通過と同時に，点Oに静止していたオートバイが，自動車と同じ向きに一定の加速度で走行し始めた。オートバイは，出発してから5.0s後に自動車に追いついたとする。次の各問に答えよ。

(1) オートバイが自動車に追いつく位置は，点Oから何mはなれているか。

(2) オートバイの加速度の大きさは何m/s²か。

(3) 自動車に追いついたときのオートバイの速さは何m/sか。

32.

(1)

(2)

(3)

📖知識

☐ 33. 負の等加速度直線運動

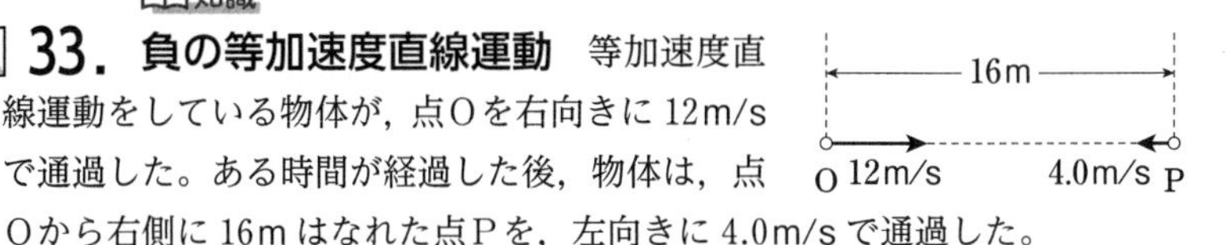

等加速度直線運動をしている物体が，点Oを右向きに12m/sで通過した。ある時間が経過した後，物体は，点Oから右側に16mはなれた点Pを，左向きに4.0m/sで通過した。

(1) 物体の加速度は，どちら向きに何m/s²か。

(2) 物体が点Oから右向きに最も遠くはなれるのは，点Oを通過してから何s後か。また，その位置は点Oから何mはなれているか。

(3) 物体が再び点Oにもどってくるのは，点Oを通過してから何s後か。

33. ➡ 基本問題28

(1)

(2) 時間：

位置：

(3)

思考

☐ 34. 自動車の運動

図は，静止していた自動車が，直線上の道路を走行したときの位置と経過時間との関係である。自動車は，時間0～10s，40～60sの各区間で等加速度直線運動，10～40sの区間で等速直線運動をした。

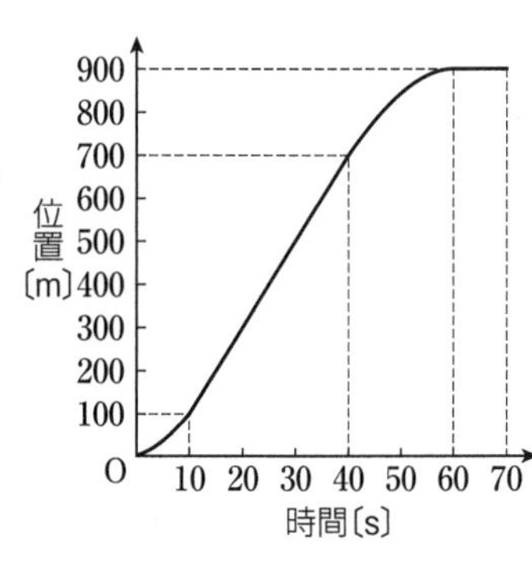

(1) 自動車の0～60sの間の平均の速さは何m/sか。

(2) 自動車が走行している向きを正として，速度vと時間tとの関係を示す$v-t$グラフ，加速度aと時間tとの関係を示す$a-t$グラフをそれぞれ描け。

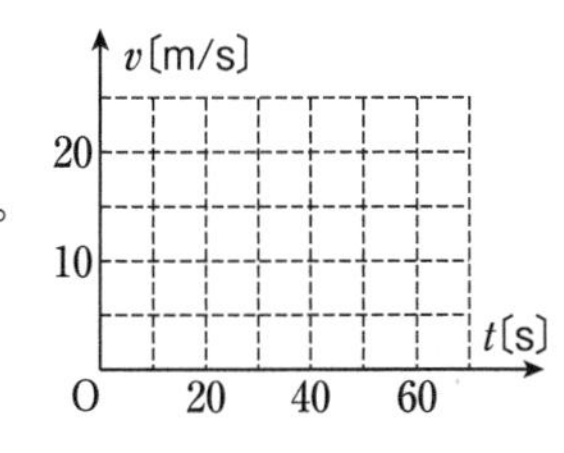

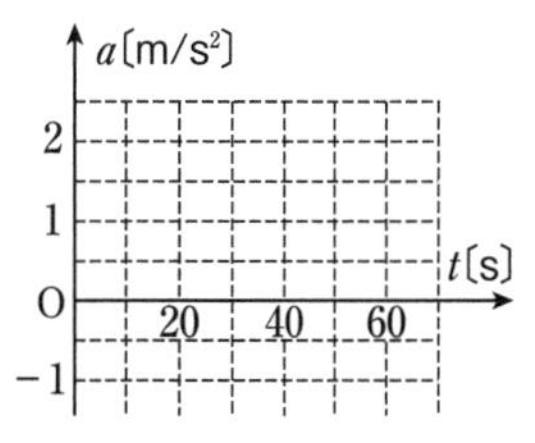

34.

(2) $x-t$グラフの傾きは速度v，$v-t$グラフの傾きは加速度aを表す。

(1)

4 落下運動

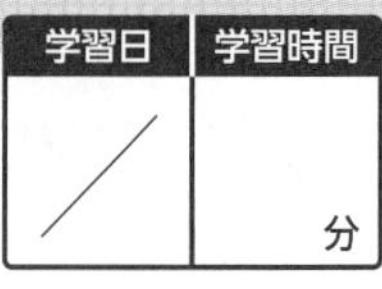

➡解答編 p.8〜10

1 重力加速度

重力だけを受けて落下する物体の加速度。その大きさ(記号 g)は 9.8m/s² で，向きは鉛直下向き。

2 自由落下

静止していた物体が，重力だけを受けて落下する運動。鉛直下向きを正として，時刻 t[s]における速度を v[m/s]，位置を y[m]とする。初速度は 0 であるので，

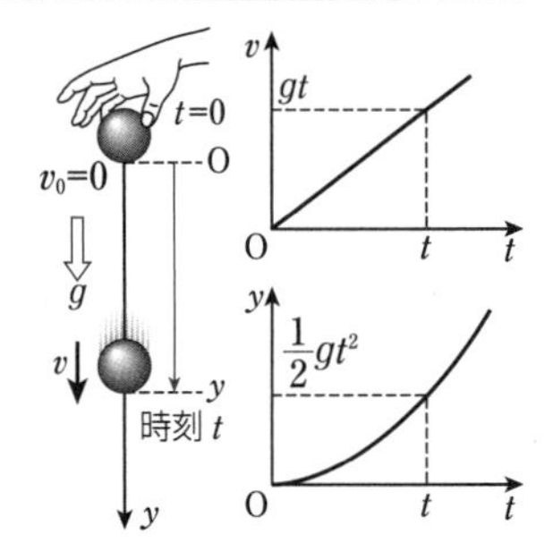

$v=gt$ …①　　$y=\frac{1}{2}gt^2$ …②

$v^2=2gy$ …③

3 鉛直投げおろし

鉛直下向きに投げおろした物体の運動。鉛直下向きを正として，初速度を v_0[m/s]，時刻 t[s]における速度を v[m/s]，位置を y[m]として，

$v=v_0+gt$ …④

$y=v_0t+\frac{1}{2}gt^2$ …⑤

$v^2-v_0^2=2gy$ …⑥

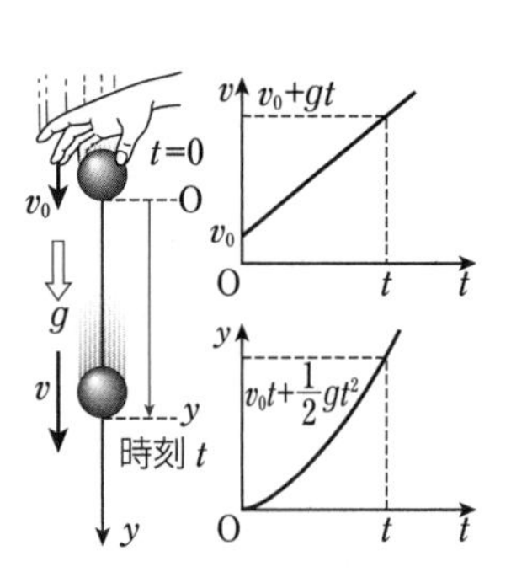

4 鉛直投げ上げ

鉛直上向きに投げ上げた物体の運動。鉛直上向きを正として，加速度は $-g$[m/s²]。初速度を v_0[m/s]，時刻 t[s]における速度を v[m/s]，位置を y[m]として，

$v=v_0-gt$ …⑦

$y=v_0t-\frac{1}{2}gt^2$ …⑧

$v^2-v_0^2=-2gy$ …⑨

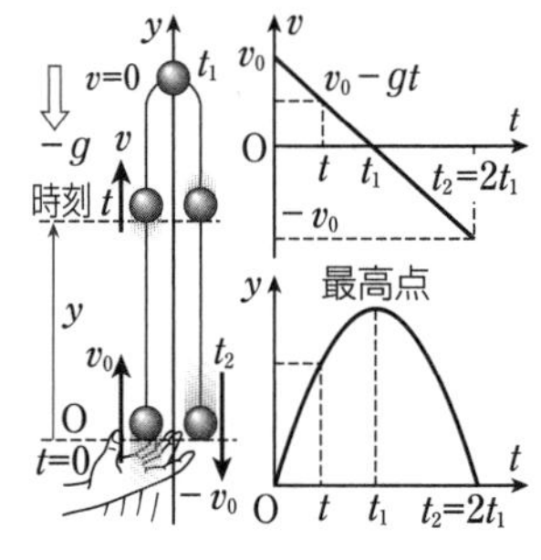

チェック

次の各問に答えよ。ただし，重力加速度の大きさを 9.8m/s² とする。

❶自由落下を始めた小球の 1.0s 後の速さは何 m/s か。（⇨ 2）

答

❷速さ 5.0m/s で鉛直下向きに投げおろした小球の，1.0s 後の落下距離は何mか。（⇨ 3）

答

❸速さ 19.6m/s で鉛直上向きに投げ上げた小球の 1.0s 後の速度は，どちら向きに何 m/s か。（⇨ 4）

答

❹鉛直上向きに投げ上げた物体が最高点に達し，速さが 0 となった。このときの物体の加速度は，どちら向きに何 m/s² か。（⇨ 4）

答

例題 6 自由落下

➡ 基本問題 35・36

ある高さから小球を静かに落下させると，3.0s 後に水面に達した。重力加速度の大きさを 9.8m/s² とする。

(1)　水面から小球を落下させた位置までの高さは何mか。

(2)　小球が水面に落下する直前の速さは何m/s か。

指針　「静かに」とは，初速度を与えないようにという意味である。自由落下の公式を利用する。

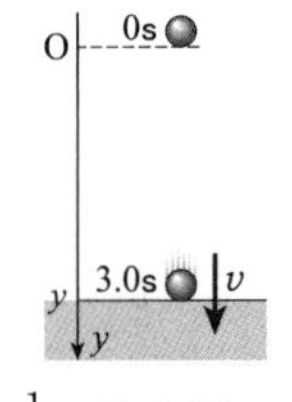

解説　(1)　落下させた位置を原点とし，鉛直下向きを正とする y 軸をとる。3.0s 間に落下した距離が，求める高さである。これを y[m]として，「$y=\frac{1}{2}gt^2$」を用いる。$g=9.8$m/s²，$t=3.0$s なので，

$y=\frac{1}{2}\times9.8\times3.0^2=44.1$m　　**44m**

(2)　自由落下を始めてから 3.0s 後の速さが，求める速さである。これを v[m/s]とすると，「$v=gt$」において，$g=9.8$m/s²，$t=3.0$s なので，

$v=9.8\times3.0=29.4$m/s　　**29m/s**

チェック 解答　❶9.8m/s　❷9.9m　❸鉛直上向きに 9.8m/s　❹鉛直下向きに 9.8m/s²

例題 7 鉛直投げ上げ

➡ 基本問題 39，標準問題 41

地面から，鉛直上向きに速さ 19.6m/s で小球を投げ上げた。重力加速度の大きさを 9.80m/s² とする。

(1) 投げ上げてから，最高点に達するまでの時間は何 s か。また，最高点の高さは地面から何 m か。

(2) 投げ上げてから，再び地面に落下するまでの時間は何 s か。また，落下する直前の速さは何 m/s か。

指針 投げ上げた位置を原点とし，鉛直上向きを正とする y 軸をとって，鉛直投げ上げの公式を利用する。

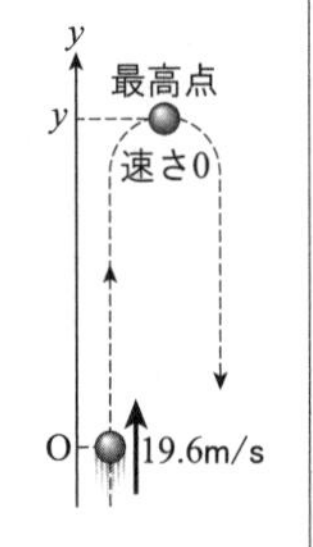

解説 (1) 最高点で小球の速さは 0 となる。求める時間を t_1[s] とすると，「$v=v_0-gt$」において，

$v=0$m/s，$v_0=19.6$m/s，

$g=9.80$m/s²，$t=t_1$ なので，

$0=19.6-9.80\times t_1$ 　　$t_1=$**2.00s**

最高点の高さ y[m] は，「$y=v_0t-\frac{1}{2}gt^2$」において，

$v_0=19.6$m/s，$t=t_1=2.00$s，$g=9.80$m/s² なので，

$y=19.6\times2.00-\frac{1}{2}\times9.80\times2.00^2$ 　　$y=$**19.6m**

(2) 求める時間を t_2[s] とすると，「$y=v_0t-\frac{1}{2}gt^2$」において，$y=0$m，$v_0=19.6$m/s，$g=9.80$m/s² なので，

$0=19.6\times t_2-\frac{1}{2}\times9.80\times t_2^2$

$t_2(t_2-4.00)=0$ 　　$t_2=0$，4.00 　　**4.00s**

($t_2=0$ は，投げ上げたときであり，解答に適さない)

求める速さ v[m/s] は，「$v=v_0-gt$」において，

$v_0=19.6$m/s，$g=9.80$m/s²，$t=4.00$s なので，

$v=19.6-9.80\times4.00$

$v=-19.6$m/s 　　**19.6m/s**

(v の負の符号は，鉛直下向きであることを意味する)

別解 (2) 運動の対称性から，「地面から最高点に達する時間」＝「最高点から地面に落下する時間」なので，

$t_2=2\times2.00=$**4.00s**

同様に，運動の対称性から，「地面から投げ出されたときの速さ」＝「地面に落下してきたときの速さ」なので，

$v=$**19.6m/s**

基本問題

知識

35. 自由落下

ビルの屋上から静かに小球を落とすと，4.0s 後に地面に達した。重力加速度の大きさを 9.8 m/s² とする。

(1) 小球が地面に達する直前の速さは何m/s か。

(2) 地面からのビルの高さは何mか。

4.0s後

35. ➡ 2 例題 6

(1)

(2)

知識

36. 自由落下

水面からの高さ 10m の橋の上から，小球を静かに落とした。重力加速度の大きさを 9.8m/s² とする。

(1) 水面に達するまでの時間は何 s か。

(2) 水面に達する直前の速さは何 m/s か。

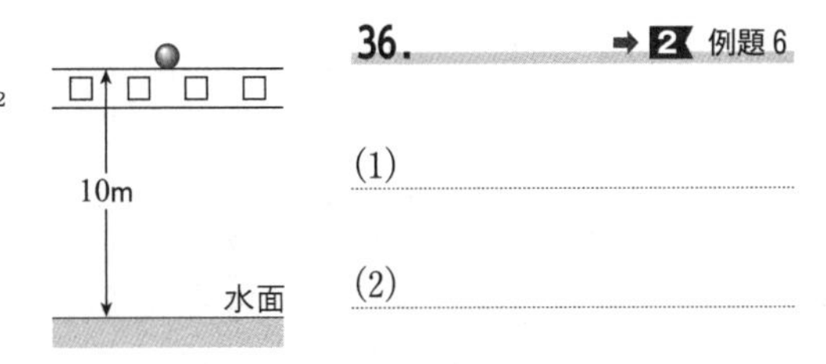

36. ➡ 2 例題 6

(1)

(2)

思考

37. 自由落下のグラフ

鉛直下向きを正の向きとし，位置を y，速度を v，時間を t とする。物体を自由落下させたとき，$y-t$ グラフと $v-t$ グラフの概形を，以下の選択肢から選べ。ただし，自由落下をはじめた位置を $y=0$，そのときを $t=0$ とし，グラフの横軸は時間 t とする。

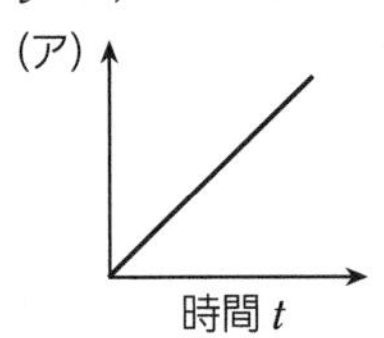

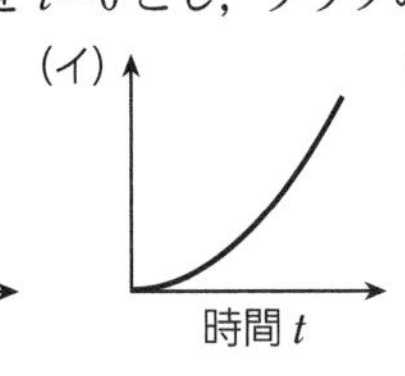

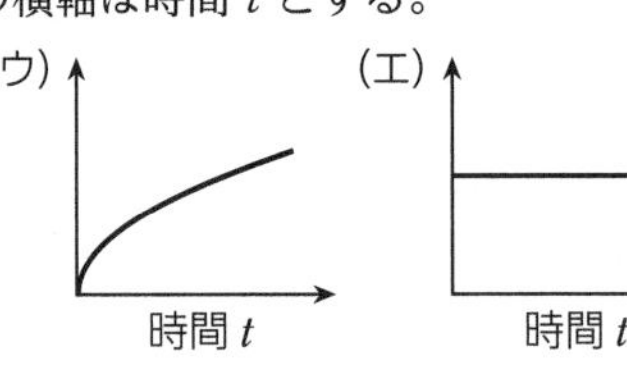

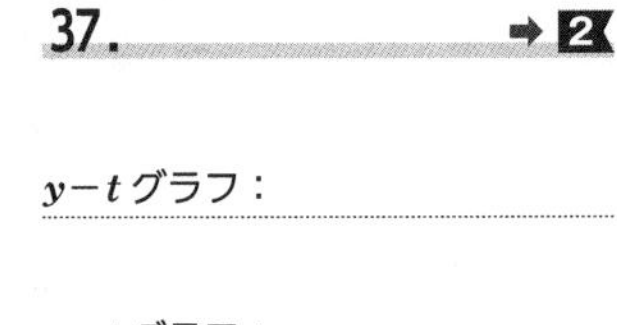
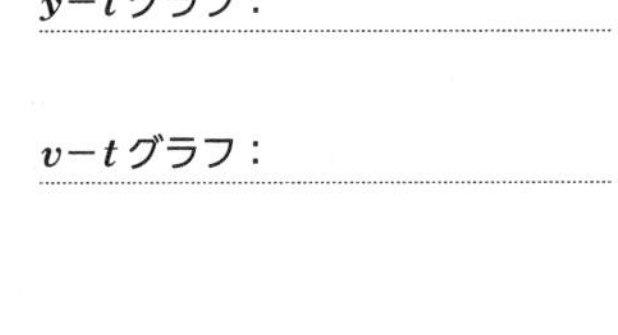

37. ➡ 2

$y-t$ グラフ：

$v-t$ グラフ：

知識

38. 鉛直投げおろし

水面からの高さ29.4mの橋の上から，小球をある速さで鉛直下向きに投げおろすと，2.0s後に水面に達した。重力加速度の大きさを 9.8m/s^2 とする。

(1) 小球の初速度の大きさは何m/sか。

(2) 水面にあたる直前の速さは何m/sか。

38. ➡ 3 例題6

(1)

(2)

知識

39. 鉛直投げ上げ

地面から鉛直上向きに初速度14m/sで小球を投げ上げた。重力加速度の大きさを 9.8m/s^2 とする。

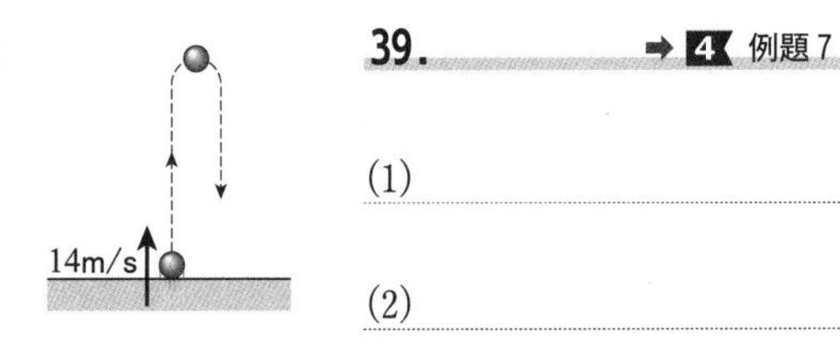

(1) 投げ上げてから最高点に達するまでの時間は何sか。

(2) 地面からの最高点の高さは何mか。

39. ➡ 4 例題7

(1)

(2)

思考

40. 鉛直投げ上げのグラフ

図は，地面から鉛直上向きに投げ上げられた小球の，速度 v〔m/s〕と経過時間 t〔s〕との関係を，鉛直上向きを正として示した $v-t$ グラフである。重力加速度の大きさを 9.8m/s^2 とする。

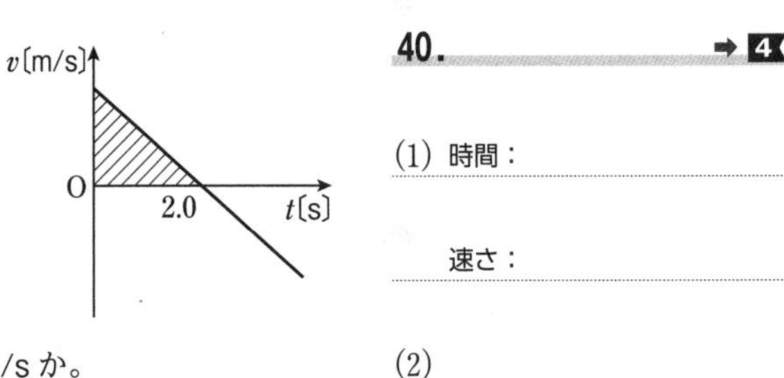

(1) 小球を投げ上げてから，最高点に達するまでの時間は何sか。また，投げ上げた速さは何m/sか。

(2) 斜線部の面積は何を表しているか。

40. ➡ 4

(1) 時間：

速さ：

(2)

標準問題

知識

41. ビルからの投げ上げ

地面からの高さ14.7mのビルの屋上から，小球を初速度9.8m/sで鉛直上向きに投げ上げた。重力加速度の大きさを$9.8\mathrm{m/s^2}$とする。

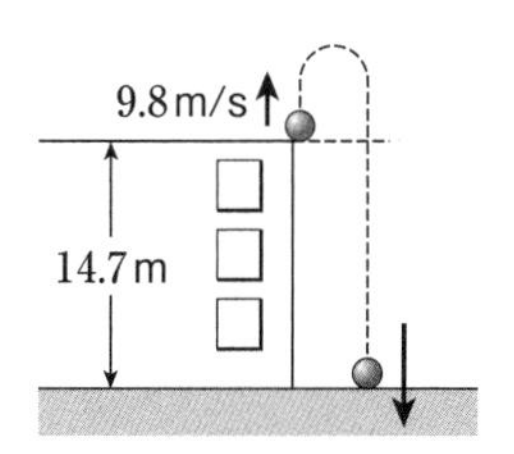

(1) 小球を投げ上げてから，最高点に達するまでの時間は何sか。

(2) 小球を投げ上げてから，地面に落下するまでの時間は何sか。

41. ➡ 例題7，基本問題39

(1)

(2)

知識

42. 気球からの落下

鉛直上向きに一定の速さ14m/sで上昇する気球から，小球を静かにはなすと，10s後に地面に達した。重力加速度の大きさを$9.8\mathrm{m/s^2}$とする。

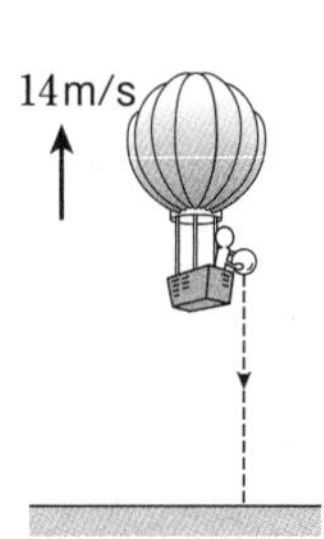

(1) 地面で静止している人から見ると，はなした直後の小球の速度は，どちら向きに何m/sか。

(2) 小球をはなした高さは，地面から何mか。

42.

(1)

(2)

思考

43. 自由落下と鉛直投げ上げ

高さ19.6mのビルの屋上から，小球Aを自由落下させると同時に，その真下の地面から，小球Bを初速度14m/sで鉛直上向きに投げ上げたところ，空中で衝突した。重力加速度の大きさを$9.8\mathrm{m/s^2}$として，次の各問に答えよ。

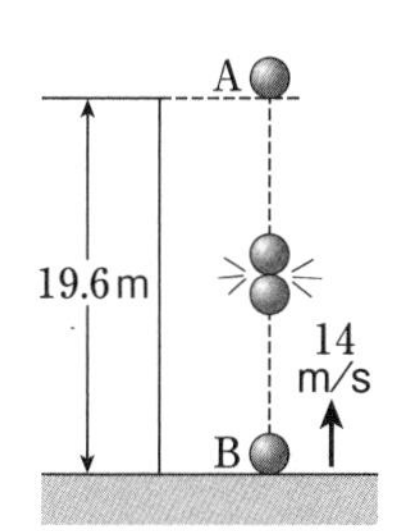

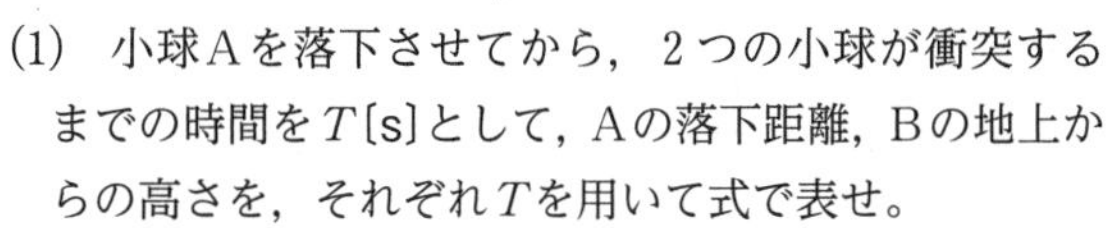

(1) 小球Aを落下させてから，2つの小球が衝突するまでの時間をT〔s〕として，Aの落下距離，Bの地上からの高さを，それぞれTを用いて式で表せ。

(2) (1)の2つの式を用いて，時間T〔s〕を求めよ。また，衝突した地点の地面からの高さは何mか。

(3) 投げ上げてから衝突するまでの間の，Bの速さv〔m/s〕と時間t〔s〕との関係を表すグラフを描け。また必要であれば，数値も書き込め。

43.

(1) A：

B：

(2) 時間：

高さ：

(3)

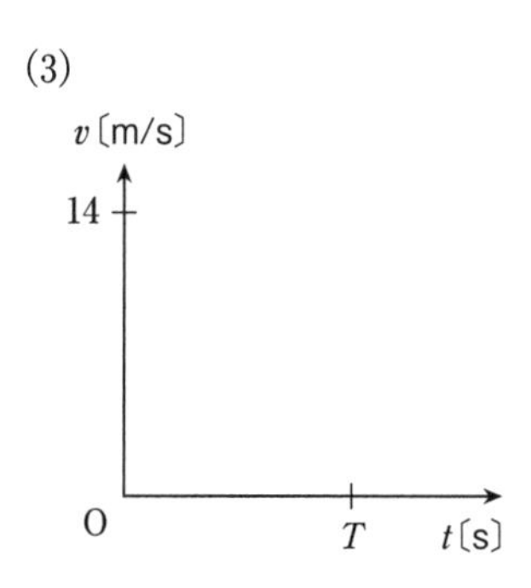

5 水平投射と斜方投射

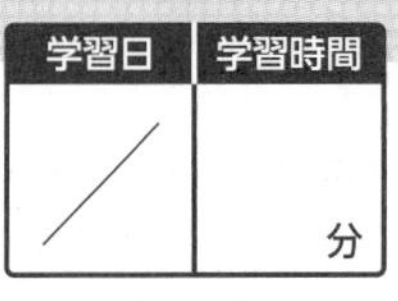

➡解答編 p.10～11

1 水平投射

水平投射された物体の運動は，水平方向には等速直線運動，鉛直方向には自由落下と同じ運動である。

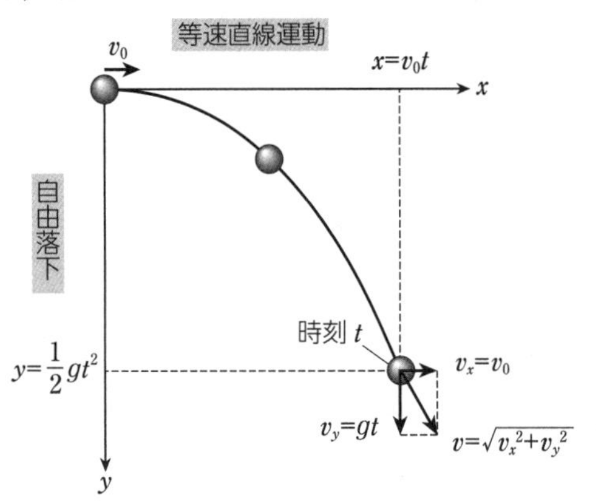

2 斜方投射 発展

斜め上に斜方投射された物体の運動は，水平方向には等速直線運動，鉛直方向には鉛直投げ上げと同じ運動である。

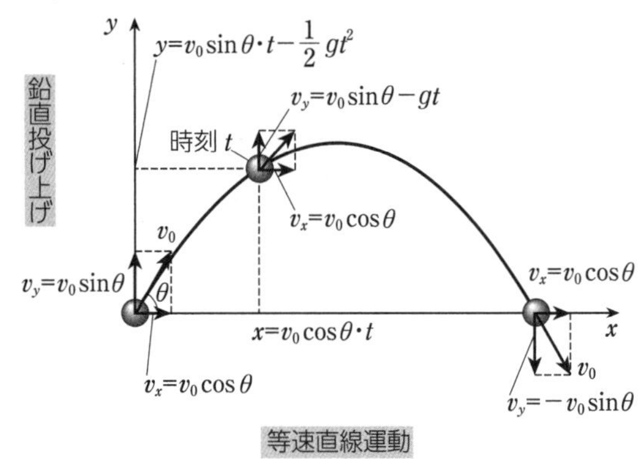

チェック

次の各問に答えよ。ただし，重力加速度の大きさを 9.8m/s² とする。

❶初速度 1.0m/s で水平投射をした。2.0秒後の水平方向と鉛直方向の加速度の大きさはそれぞれ何 m/s² か。 (⇨ 1)

答　水平：　　　　　鉛直：

❷初速度 2.0m/s で水平投射をした。0.50秒後の水平方向と鉛直方向の速さはそれぞれ何 m/s か。 (⇨ 1)

答　水平：　　　　　鉛直：

例題 8 水平投射

➡基本問題 44

地面から高さ 4.9m の地点で，小球を水平方向に速さ 5.0m/s で投げ出した。重力加速度の大きさを 9.8m/s² として，次の各問に答えよ。

(1)　投げ出してから，小球が地面に達するまでの時間は何秒か。

(2)　地面に落下した点は，投げ出した点から，水平方向に何mはなれているか。

(3)　地面に達する直前の，小球の水平方向と鉛直方向の速さはそれぞれ何 m/s か。

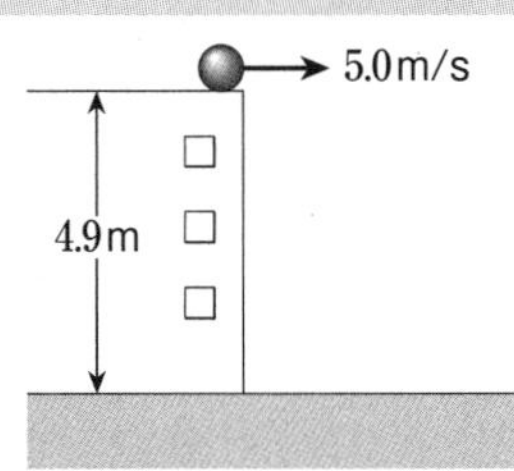

指針　小球は，鉛直方向には自由落下をし，水平方向には等速直線運動をする。

解説　(1)　小球は，鉛直方向には自由落下をする。したがって，「$y=\frac{1}{2}gt^2$」から，

$4.9=\frac{1}{2}\times9.8\times t^2$　　$t^2=1.0$　　$t=$**1.0s**

(2)　小球は，水平方向には等速直線運動をする。(1)から，小球が地面に落下するまでに 1.0s かかるので，「$x=vt$」から，

$x=5.0\times1.0=$**5.0m**

(3)　小球の水平方向の速度は変わらないので，

水平方向：**5.0m/s**

小球の鉛直方向の速度は「$v=gt$」から，

$v=9.8\times1.0=9.8$m/s　　鉛直方向：**9.8m/s**

チェック 解答　❶水平：0　鉛直：9.8m/s²　❷水平：2.0m/s　鉛直：4.9m/s

基本問題

発展 知識

44. 水平投射　高さ40mの崖(がけ)から，小球を海に向かって速さ28m/sで水平方向に投げた。重力加速度の大きさを9.8m/s²とする。

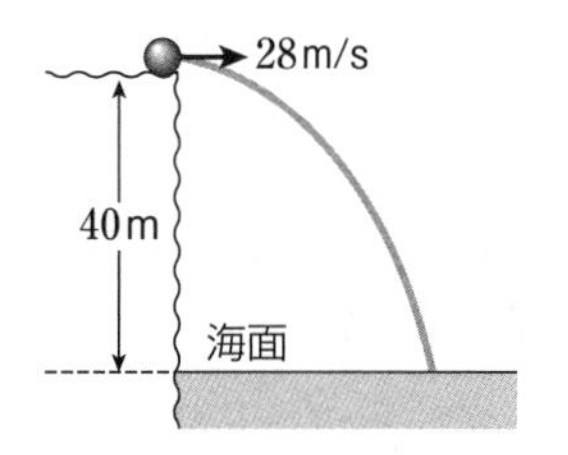

(1)　小球を投げてから海面に達するまでの時間は何sか。

(2)　海面に達した位置は，投げた位置から水平方向に何mはなれているか。

(3)　海面に達する直前の速さは何m/sか。

45. 斜方投射　地面から，水平とのなす角が30°の向きに速さ9.8m/sで小球を投げ上げた。重力加速度の大きさを9.8m/s²として，次の各問に答えよ。

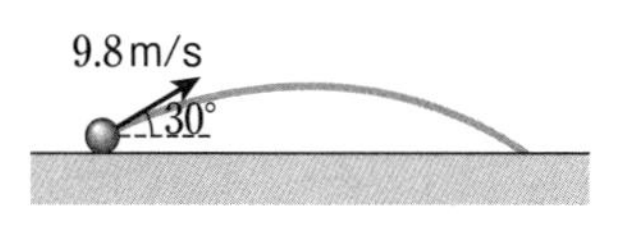

(1)　小球を投げ上げてから，最高点に達するまでの時間は何sか。

(2)　小球を投げ上げてから，地面に落下するまでの時間は何sか。

(3)　地面に落下するまでに，小球が進んだ水平方向の距離は何mか。

45.　➡ 2

(1)

(2)

(3)

発展 思考

46. 斜方投射のグラフ　斜方投射をされた物体について，鉛直上向きをy軸の正の向きとしたとき，位置yと時間tとの関係はどのように表されるか。以下の選択肢から，最も適当なものを一つ選べ。

(ア)

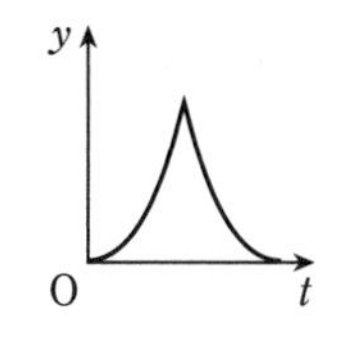

(イ)

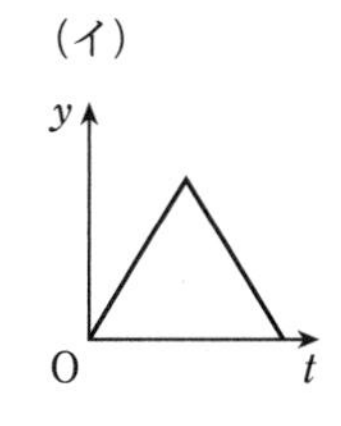

(ウ)

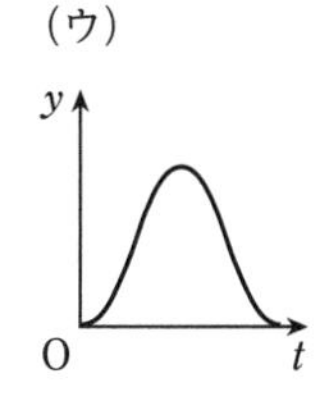

(エ)

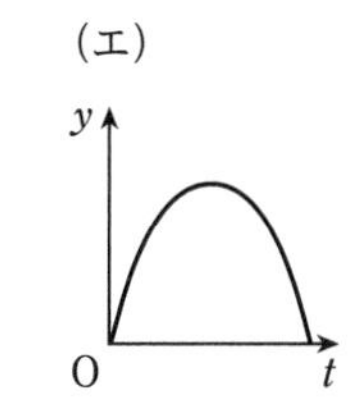

6 さまざまな力

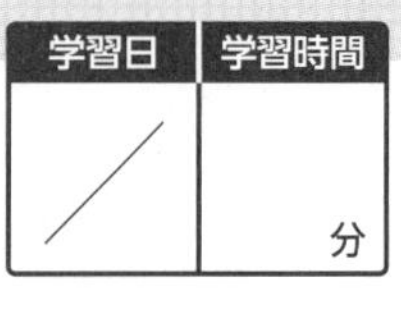

➡解答編 p.11～12

1 力

物体を変形させたり，物体の運動状態を変えたりする原因となるもの。大きさと向きをもつベクトルである。力の大きさの単位はニュートン(記号N)。力のはたらきは，力の大きさ，向き，作用点の3つによって決まり，これらを力の3要素という。

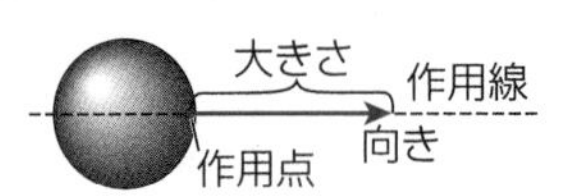

2 重力

地球から物体にはたらく鉛直下向きの力。質量 m〔kg〕の物体にはたらく重力の大きさ(重さ) W〔N〕は，重力加速度の大きさ g〔m/s²〕を用いて，

$W = mg$ …①
(重力〔N〕＝質量〔kg〕×重力加速度〔m/s²〕)

3 面にはたらく力

垂直抗力…接触する面から物体に，面と垂直な方向にはたらく力。

摩擦力…接触する面から物体に，面と平行な方向にはたらき，物体の運動を妨げようとする力。静止摩擦力と動摩擦力がある。

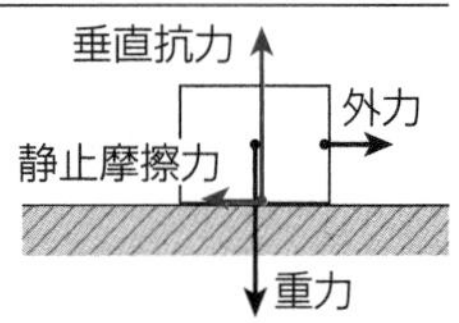

4 糸の張力

糸につながれた物体が，糸から引かれる力。

5 ばねの弾性力

変形したばねがもとの長さにもどろうとする力。弾性力の大きさ F〔N〕は，ばねの自然の長さからの伸び(縮み) x〔m〕に比例する(フックの法則)。

$F = kx$ (k：ばね定数) …②

ばね定数 k の単位はニュートン毎メートル(記号 N/m)。

✔ チェック

次の各問に答えよ。ただし，重力加速度の大きさを 9.8m/s² とする。

❶質量 10kg の物体にはたらく重力の大きさは何 N か。 (⇨ 2)

答

❷重力の大きさが 49N の物体の質量は何 kg か。 (⇨ 2)

答

❸ばね定数 100N/m のばねを自然の長さから 0.020m 伸ばすには，何 N の力が必要か。 (⇨ 5)

答

❹5.0N を加えると，0.10m 伸びるばねのばね定数は何 N/m か。 (⇨ 5)

答

例題 9 フックの法則

➡ 基本問題 49

自然の長さ 0.20m のばねをなめらかな水平面上に置き，その一端を壁に固定して，他端に手で力を加え，水平方向に引く。ばねの長さが 0.30m となったとき，手がばねから受ける弾性力の大きさが 8.0N であった。

(1) ばねのばね定数は何 N/m か。

(2) さらに力を加えてばねを伸ばすと，その長さが 0.35m となった。このとき，手が受ける弾性力の大きさは何 N か。

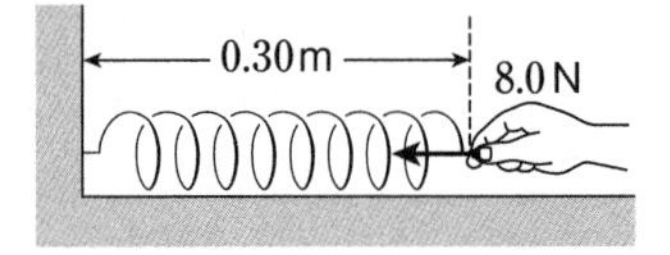

指針 フックの法則「$F=kx$」を用いる。x は，ばねの伸び(縮み)であり，ばねの長さではないことに注意する。

解説 (1) ばねの伸びは，0.30−0.20＝0.10m であり，このとき，弾性力の大きさは 8.0N である。フックの法則「$F=kx$」から，ばね定数 k〔N/m〕は，

$8.0 = k \times 0.10$ 　 $k = \mathbf{80\,N/m}$

(2) ばねの伸びは，0.35−0.20＝0.15m である。(1)の k の値を用いて，フックの法則「$F=kx$」から，

$F = 80 \times 0.15 = \mathbf{12\,N}$

チェック解答 ❶98N ❷5.0kg ❸2.0N ❹50N/m

基本問題

知識

47. 力の図示 次の物体が受ける力を図示し，何から受ける力か示せ。

(1) 投げ上げられた小球　(2) 水平面上に置かれた物体　(3) ばねに引かれる物体

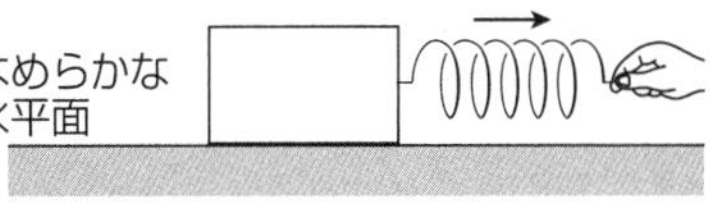

なめらかな水平面

47. ➡ 1

知識

48. 重力 地球において，質量 10kg の物体がある。この物体の重さは何Nか。また，月において，この物体の質量と重さはそれぞれいくらか。地球の重力加速度の大きさを 9.8m/s² とし，月の重力加速度の大きさは，地球の重力加速度の大きさの $\frac{1}{6}$ とする。

48. ➡ 2

重さ(地球)：

質量(月)：

重さ(月)：

知識

49. フックの法則 自然の長さが 0.40m のばねの一端を壁に固定し，他端を手でもち，ばねを押し縮めた。ばね定数が 60N/m として，次の各問に答えよ。

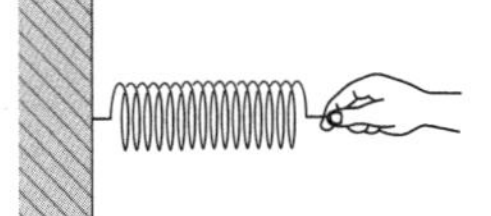

(1) 0.10m 押し縮めたとき，手に加わる弾性力の大きさは何Nか。

(2) ばね定数が 40N/m のばねに取り換え，(1)と同じ力でばねを押し縮めたとき，ばねの縮みは何mか。

49. ➡ 5 例題9

(1)

(2)

思考

50. $F-x$ グラフ 2本のばねA，Bについて，引っ張る力Fと，ばねの伸びxとの関係を調べたところ，図のような $F-x$ グラフが得られた。次の各問に答えよ。

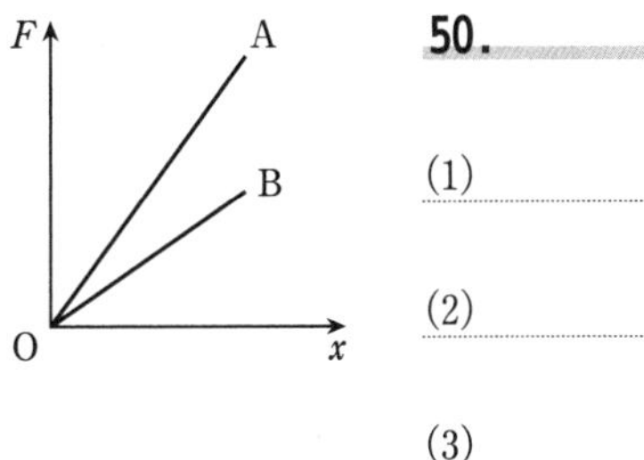

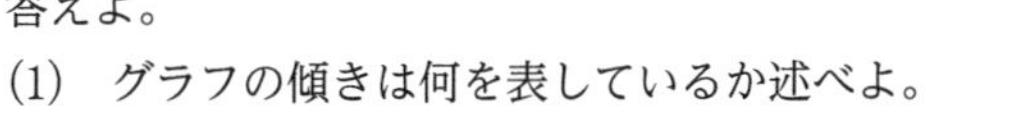

(1) グラフの傾きは何を表しているか述べよ。

(2) ばねA，Bのどちらのばね定数が大きいか。

(3) 同じ力を加えたとき，Aの伸びはBの半分であった。Bのばね定数はAのばね定数の何倍か。ただし，分数のまま答えてよいものとする。

50. ➡ 5

(1)

(2)

(3)

7 力の合成・分解とつりあい

学習日	学習時間
／	分

➡解答編 p.12～17

1 力の合成・分解・成分

●**力の合成**　2つの力と同じはたらきをする1つの力を求めること。2つの力 $\vec{F_1}$，$\vec{F_2}$ の合力 $\vec{F}$ は，平行四辺形の法則を用いて求められる。

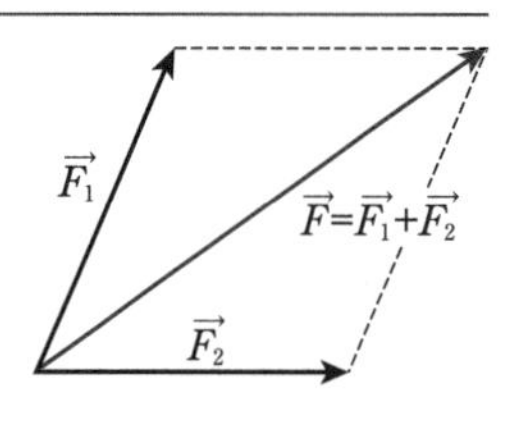

$$\vec{F}=\vec{F_1}+\vec{F_2} \quad \cdots①$$

●**力の分解**　力の合成とは逆に，1つの力をそれと同じはたらきをする複数の力に分けること。分けられた力を分力という。

●**力の成分**　力 $\vec{F}$ を互いに垂直な x 方向と y 方向に分解し，分力 $\vec{F_x}$, $\vec{F_y}$ の大きさに向きを示す正，負の符号をつけた F_x, F_y を x 成分，y 成分といい，これらを力の成分という。力 $\vec{F}$ の大きさ F と，力の成分との関係は，以下の式で表される。

$$\left.\begin{array}{l} F_x=F\cos\theta \\ F_y=F\sin\theta \end{array}\right\}\cdots②$$

$$F=\sqrt{F_x^2+F_y^2} \quad \cdots③$$

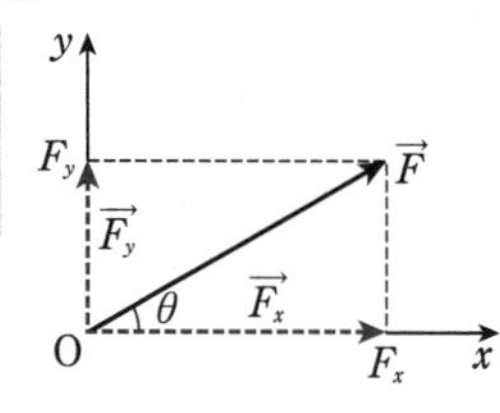

2つの力 $\vec{F_1}$，$\vec{F_2}$ の合力 $\vec{F}$ の x 成分 F_x，y 成分 F_y は，

$$\left.\begin{array}{l} F_x=F_{1x}+F_{2x} \\ F_y=F_{1y}+F_{2y} \end{array}\right\}\cdots④$$

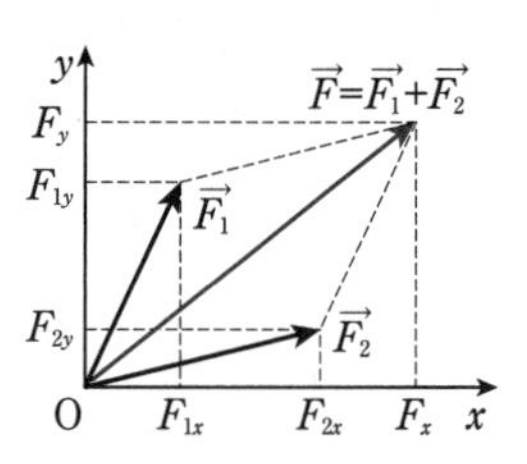

2 力のつりあい

●**2力のつりあい**　2つの力は同一作用線上にあり，互いに逆向きで，大きさが等しい。

$$\vec{F_1}+\vec{F_2}=\vec{0} \quad \cdots⑤$$

●**3力以上のつりあい**　物体に力 $\vec{F_1}$，$\vec{F_2}$，…，$\vec{F_n}$ がはたらき，それらがつりあっているとき，力の合力は $\vec{0}$，合力の成分も0である。

$$\vec{F_1}+\vec{F_2}+\cdots+\vec{F_n}=\vec{0} \quad \cdots⑥$$

$$\left.\begin{array}{l} F_{1x}+F_{2x}+\cdots+F_{nx}=0 \\ F_{1y}+F_{2y}+\cdots+F_{ny}=0 \end{array}\right\}\cdots⑦$$

3 作用・反作用の法則

物体Aから物体Bに力 $\vec{F}$ がはたらくとき，物体Bから物体Aにも，同一作用線上で逆向きに，同じ大きさの力 $-\vec{F}$ がはたらく。

✔ チェック　次の各問に答えよ。

❶ある物体に，2.0Nと3.0Nの2つの力が同じ向きにはたらいている。これら2つの力の合力の大きさは何Nか。（⇨ 1）

答

❷ある物体に，2.0Nと3.0Nの2つの力が逆向きにはたらいている。これら2つの合力の大きさは何Nか。（⇨ 1）

答

❸図に示された2つの力 $\vec{F_1}$，$\vec{F_2}$ の合力 $\vec{F}$ を図示せよ。（⇨ 1）

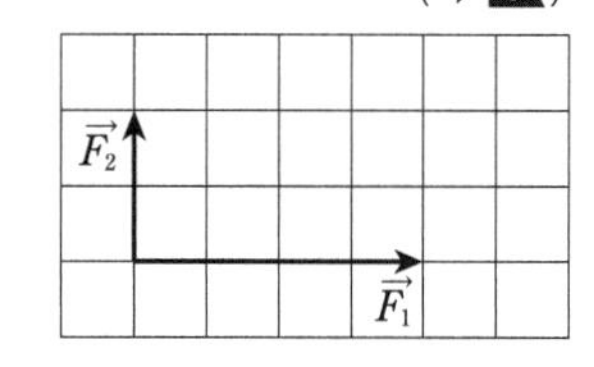

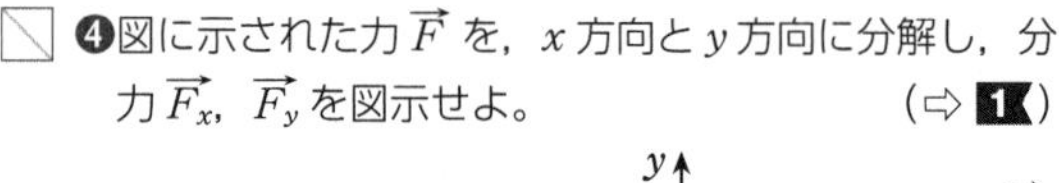

❹図に示された力 $\vec{F}$ を，x 方向と y 方向に分解し，分力 $\vec{F_x}$，$\vec{F_y}$ を図示せよ。（⇨ 1）

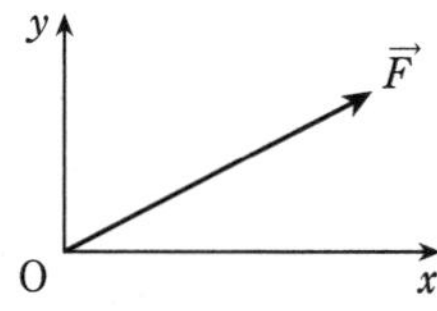

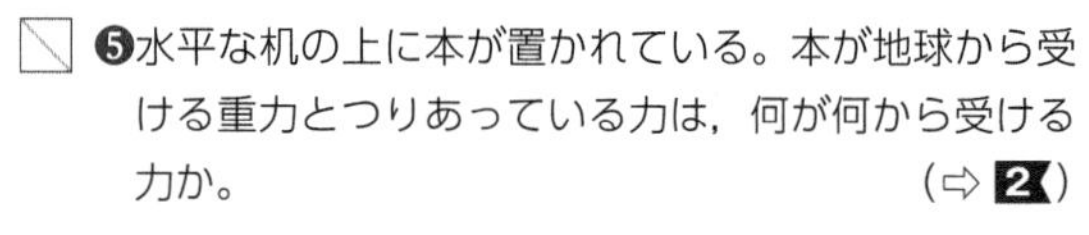

❺水平な机の上に本が置かれている。本が地球から受ける重力とつりあっている力は，何が何から受ける力か。（⇨ 2）

答

❻水平な机の上に本が置かれている。本が地球から受ける重力の反作用は，何が何から受ける力か。

（⇨ 3）

答

チェック解答　❶5.0N　❷1.0N　❸略　❹略　❺本が机から受ける力　❻地球が本から受ける力

例題 10 弾性力と力のつりあい

➡基本問題 54，標準問題 61

図のように，軽いばねの一端を天井に固定し，他端に質量 1.0kg の物体をつるすと，ばねの伸びが 0.20m となって静止した。重力加速度の大きさを 9.8m/s² とする。

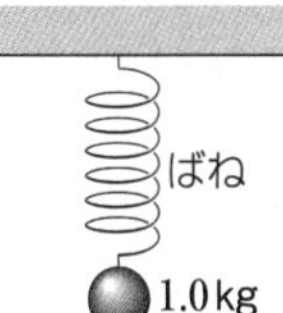

(1) 物体にはたらく弾性力の大きさは何 N か。
(2) ばねのばね定数は何 N/m か。
(3) ばねの伸びを 0.30m とするには，ばねにつるす物体の質量を何 kg にすればよいか。

指針 (1) 物体には，重力と弾性力がはたらき，つりあっている。力を図示して，つりあいの式を立て，弾性力の大きさを求める。
(2)(3) フックの法則「$F=kx$」を用いる。

解説 (1) 物体にはたらく力は，重力と弾性力であり，それぞれの大きさを W〔N〕，F〔N〕とすると，図のように示される。重力 W〔N〕は「$W=mg$」から，

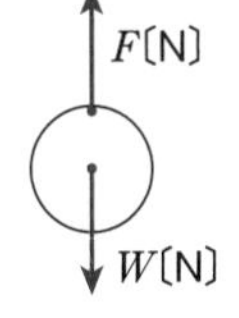

$W=1.0\times9.8=9.8$N

力のつりあいから，

$F-W=0$　　$F-9.8=0$　　$F=$**9.8N**

(2) ばねは，9.8N の力で 0.20m 伸びているので，フックの法則「$F=kx$」から，ばね定数を k〔N/m〕とすると，　$9.8=k\times0.20$　　$k=$**49N/m**

(3) 求める物体の質量を m〔kg〕とする。ばねにつるしたときの物体にはたらく力のつりあいから，弾性力 49×0.30N は，重力 $m\times9.8$N に等しい。したがって，力のつりあいの式から，

$49\times0.30-m\times9.8=0$　　$m=$**1.5kg**

Advice 「軽いばね」とは「質量が無視できるばね」という意味である。

例題 11 3力のつりあい

➡基本問題 55，標準問題 60

質量 m〔kg〕の物体を，2 本の軽い糸を用いて天井につるし，静止させた。糸 1 と糸 2 は，それぞれ天井と図のような角をなしたとする。このとき，糸 1，糸 2 の張力の大きさはそれぞれ何 N か。ただし，重力加速度の大きさを g〔m/s²〕とする。

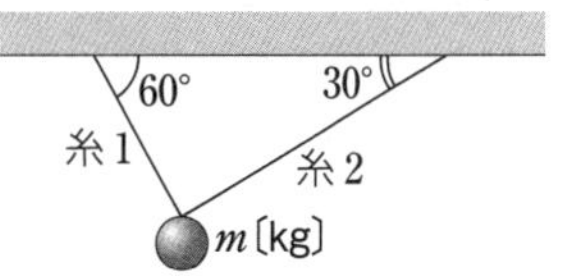

指針 物体には，重力と 2 本の糸からの張力がはたらき，それらの力がつりあっている。これらの力を図示し，水平方向と鉛直方向の各方向に分解して，それぞれで力のつりあいの式を立てる。

解説 物体にはたらく重力の大きさは mg〔N〕である。糸 1，2 からの張力の大きさをそれぞれ T_1〔N〕，T_2〔N〕とすると，物体にはたらく力を水平方向と鉛直方向に分解したようすは，図のように示される。

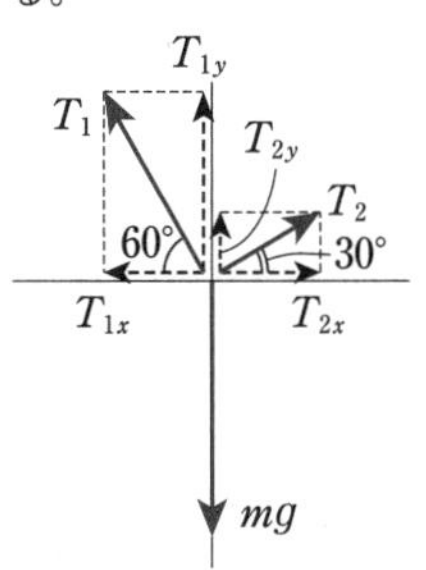

直角三角形の辺の長さの比を利用し，T_1，T_2 の水平方向，鉛直方向の分力の大きさを求めると，

$T_1:T_{1x}=2:1$　　$T_{1x}=\dfrac{1}{2}T_1$

$T_1:T_{1y}=2:\sqrt{3}$　　$T_{1y}=\dfrac{\sqrt{3}}{2}T_1$

同様に，　$T_{2x}=\dfrac{\sqrt{3}}{2}T_2$，$T_{2y}=\dfrac{1}{2}T_2$

となる。各方向における力のつりあいから，

水平方向：$-\dfrac{1}{2}T_1+\dfrac{\sqrt{3}}{2}T_2=0$　　…①

鉛直方向：$\dfrac{\sqrt{3}}{2}T_1+\dfrac{1}{2}T_2-mg=0$　…②

式①から，

$T_1=\sqrt{3}\,T_2$

これを式②に代入して，

$\dfrac{\sqrt{3}}{2}\times\sqrt{3}\,T_2+\dfrac{1}{2}T_2-mg=0$

$T_2=\boldsymbol{\dfrac{1}{2}mg}$**〔N〕**　　$T_1=\sqrt{3}\,T_2=\boldsymbol{\dfrac{\sqrt{3}}{2}mg}$**〔N〕**

別解 三角比を利用して，T_1，T_2 の水平方向，鉛直方向の分力の大きさを求めてもよい。図から，

$T_{1x}=T_1\cos60°=\dfrac{1}{2}T_1$

$T_{1y}=T_1\sin60°=\dfrac{\sqrt{3}}{2}T_1$

T_2 についても同様に求まる。

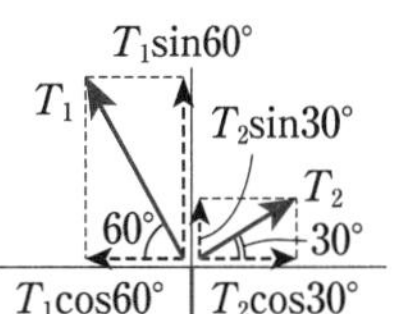

基本問題

📖知識

51. 力の合成　次に示された力の合力の大きさは何Nか。

(1)

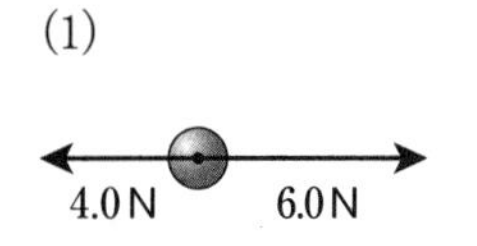

(2)

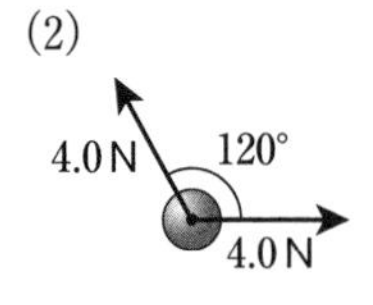

(3)

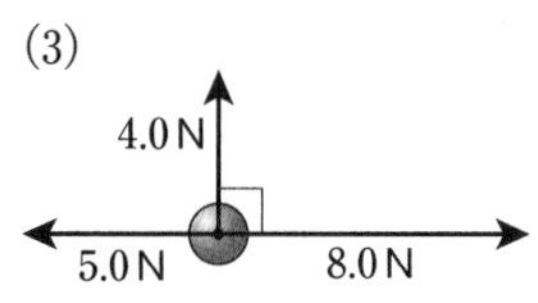

51.　➡ 1

(1)

(2)

(3)

📖知識

52. 力の分解　次に示された力を，互いに垂直なx方向，y方向に分解すると，各方向における分力の大きさは何Nか。

(1)

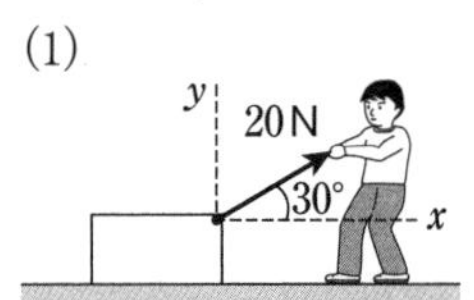

(2)

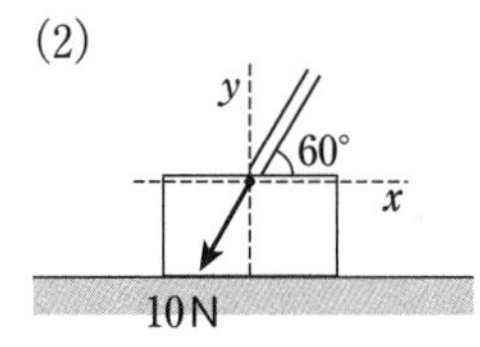

(3)

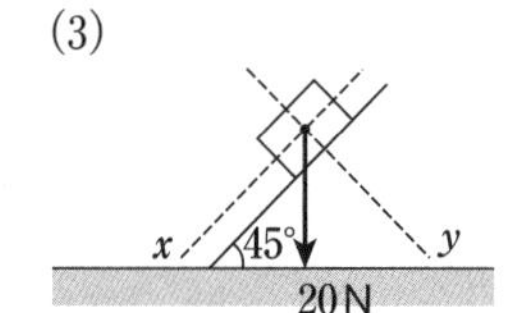

52.　➡ 1

(1) x：　　y：

(2) x：　　y：

(3) x：　　y：

📖知識

53. 力の成分　図のxy平面上の原点Oに，3つの力$\vec{F_1}$, $\vec{F_2}$, $\vec{F_3}$がはたらいている。次の各問に答えよ。ただし，図の1目盛りを1.0Nとする。

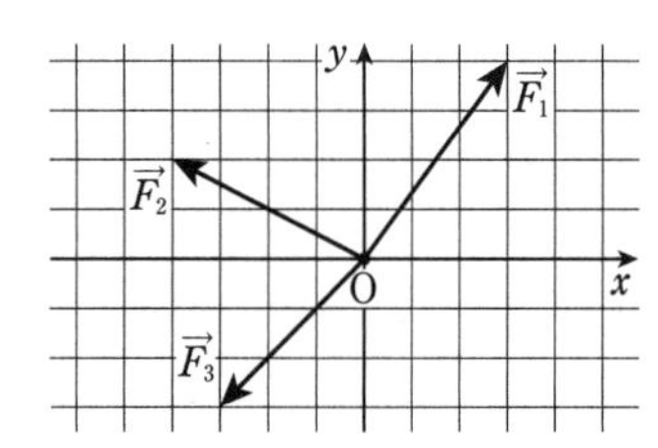

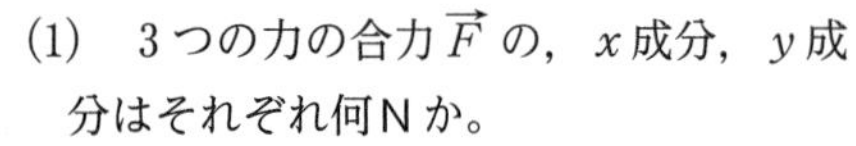

(1)　3つの力の合力$\vec{F}$の，x成分，y成分はそれぞれ何Nか。

(2)　$\vec{F}$の大きさは何Nか。

53.　➡ 1

(1) x：

y：

(2)

📖知識

54. ばねの弾性力　ばね定数9.8N/m，自然の長さ0.40mの軽いばねの一端を天井につけ，他端に質量0.10kgの物体をつるすと，ばねが伸びて物体は静止した。重力加速度の大きさを9.8m/s^{2}として，次の各問に答えよ。

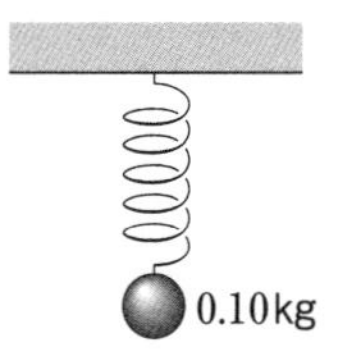

(1)　物体にはたらく弾性力の大きさは何Nか。

(2)　ばねの長さは何mか。

54.　➡ 2 例題10

(1)

(2)

知識

☐ 55. 3力のつりあい

図のように，質量 1.0kg の物体を 2 本の軽い糸でつるして静止させた。糸 1，糸 2 の張力の大きさはそれぞれ何Ｎか。ただし，重力加速度の大きさを $9.8\,m/s^2$ とする。

(1)

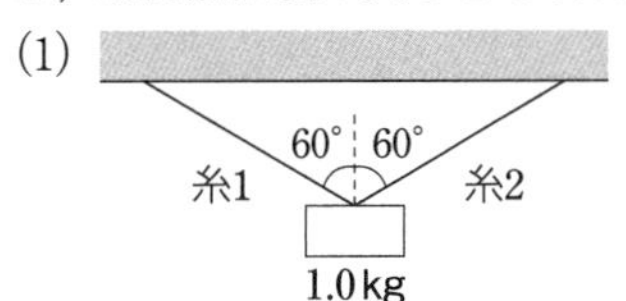

(2)

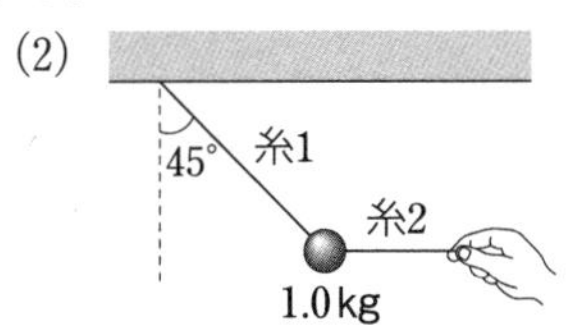

55. ➡ 2 例題 11

(1) 糸 1：

糸 2：

(2) 糸 1：

糸 2：

知識

☐ 56. つりあう力と作用・反作用の力の図示

図では，各状態において，ある物体が受けている力の一部を示している。次の物体が受けている力について，以下の①，②に相当する力を作用点に注意して図示せよ。また，①，②は，何が何から受けている力かそれぞれ答えよ。

①つりあいの関係にある力　②反作用の関係にある力

(1) 左右に引っ張られる物体

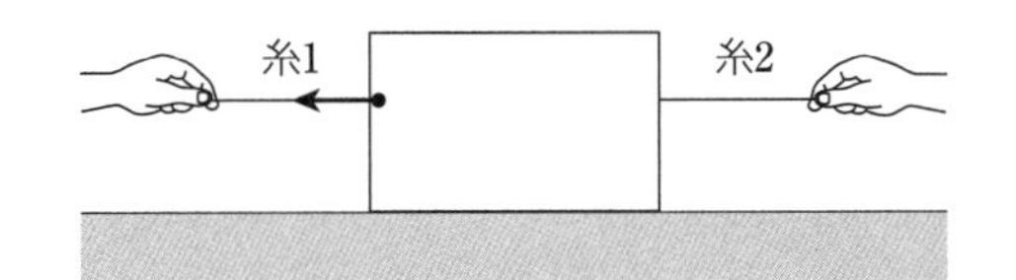

(2) ばねにつるされた物体

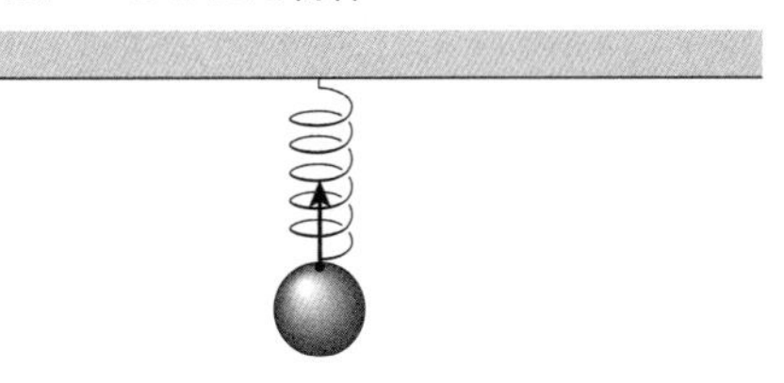

56. ➡ 2 3

知識

☐ 57. 作用と反作用

水平面上に，重さ 10N の物体Ａと重さ 20N の物体Ｂが重ねて置かれている。

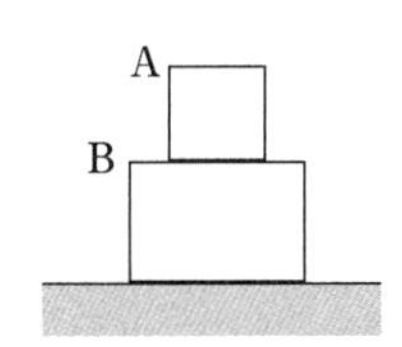

(1) Ａが受ける力をすべて図示せよ。

(2) Ｂが受ける力をすべて図示せよ。

(3) Ｂが面から受ける垂直抗力の大きさは何Ｎか。

57. ➡ 3

(1)
A
B

(2)
A
B

(3)

思考

☐ 58. 衝突における力の大小関係

静止している質量 2kg の台車Ｂに，走行していた質量 1kg の台車Ａが衝突した。このとき，台車Ａが台車Ｂから受ける力を F_A，台車Ｂが台車Ａから受ける力を F_B とする。F_A と F_B の大小関係として適当なものを以下の選択肢から一つ選べ。

（ア）$F_A > F_B$　（イ）$F_A = F_B$　（ウ）$F_A < F_B$

58. ➡ 3

標準問題

思考

59. 斜面上での力のつりあい

図のように，水平とのなす角が30°のなめらかな斜面上で，ばね定数 49N/m の軽いばねの一端を斜面上端の壁に固定して，他端に質量 1.0kg の物体をつけると，ばねが伸びて物体は静止した。重力加速度の大きさを 9.8m/s² として，次の各問に答えよ。

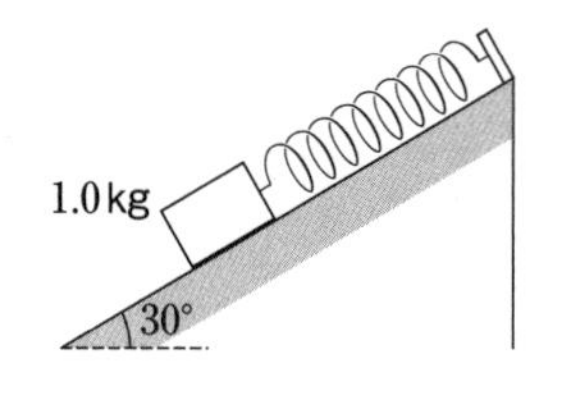

(1)　ばねの伸びは何mか。

(2)　水平とのなす角を大きくしていくと，ばねの伸びは，大きくなるか，小さくなるか，変わらないか。理由とともに答えよ。

59. ➡ 基本問題 52・55

(1)

(2) 伸び：

理由：

知識

60. 斜面上での力のつりあい

図のように，水平とのなす角が 30° のなめらかな斜面上に，質量 m〔kg〕の物体を置き，水平方向に力を加えて静止させた。重力加速度の大きさを g〔m/s²〕とすると，加えた力の大きさは何Nか。

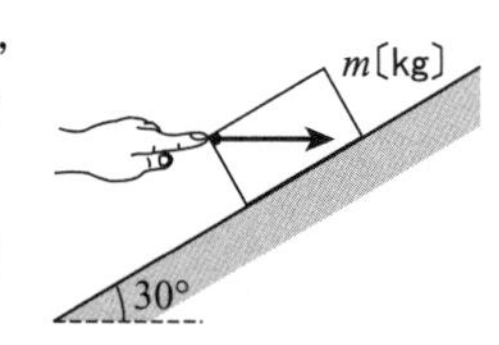

60. ➡ 例題 11，基本問題 52・55

知識

61. 弾性力と垂直抗力

図のように，水平面上に置かれた質量 3.0kg の物体に軽いばねをつけて，鉛直上向きに引く。ばねの自然の長さを 0.300m，ばね定数を 196 N/m，重力加速度の大きさを 9.8m/s² とする。

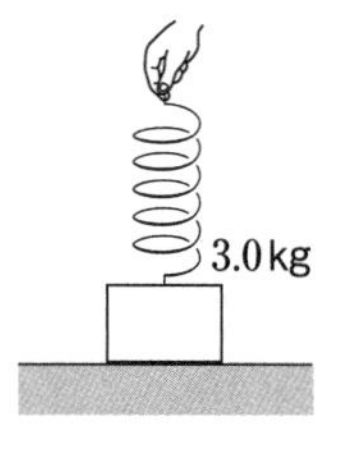

(1)　ばねの長さが 0.350m になったとき，物体がばねから受ける弾性力の大きさは何 N か。

(2)　(1)のとき，物体が面から受ける垂直抗力の大きさは何 N か。

(3)　ばねをさらに鉛直上向きにゆっくりと引いていくと，やがて物体が面からはなれる。面からはなれる瞬間のばねの長さは何mか。

61. ➡ 2 例題10

(1)

(2)

(3)

思考

62. ばねの伸び

同じ質量のおもりを２つ用意し，図１，２のような２通りの方法で，ばねにおもりをつるした。このとき，図１のばねの伸びを x_1，図２のばねの伸びを x_2 とする。x_1 と x_2 の大小関係として適当なものを，以下の選択肢から一つ選べ。ただし，図１と図２において，同じばねを用いているとする。

（ア）　x_1 は x_2 よりも大きい
（イ）　x_1 と x_2 は等しい
（ウ）　x_1 は x_2 よりも小さい

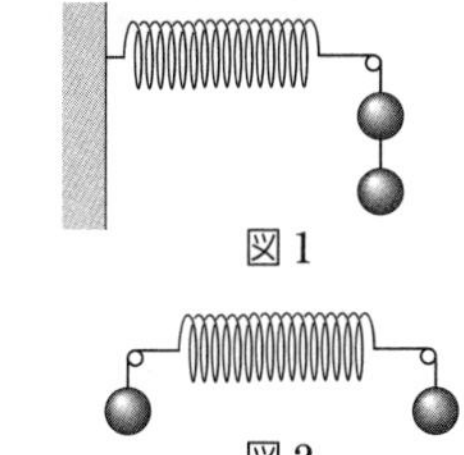
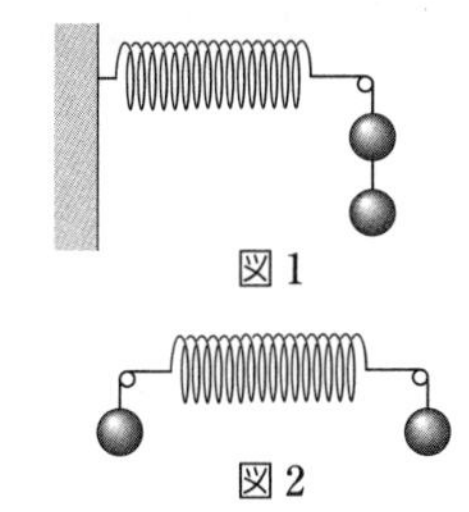
図１
図２

62.

知識

63. ばねの直列接続

図のように，軽いばねＡと軽いばねＢを直列に接続し，質量 2.0kg のおもりをつるして静止させた。ばねＡ，Ｂのばね定数をそれぞれ 98N/m，196N/m とし，重力加速度の大きさを 9.8m/s² とする。次の各問に答えよ。

(1)　ＡがＢから受ける力の大きさは何Ｎか。また，ＢがＡから受ける力の大きさは何Ｎか。

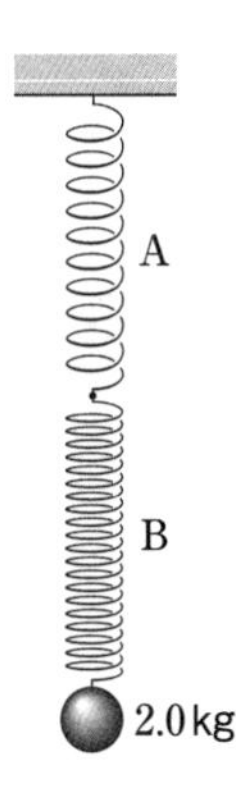

(2)　Ａ，Ｂのばねの伸びはそれぞれ何ｍか。

63.
(1)　Aが受ける力：
Bが受ける力：
(2)　A：
B：

知識

64. 斜面上でのつりあい

水平となす角が 30° のなめらかな斜面上に，質量 m_A〔kg〕の物体Ａを置いて，軽い糸の一方の端をつける。図のように，なめらかに回転する軽い定滑車に糸を通して，糸のもう一方の端に質量 m_B〔kg〕の物体Ｂをつけると，両物体は静止した。m_A と m_B の関係を式で表せ。

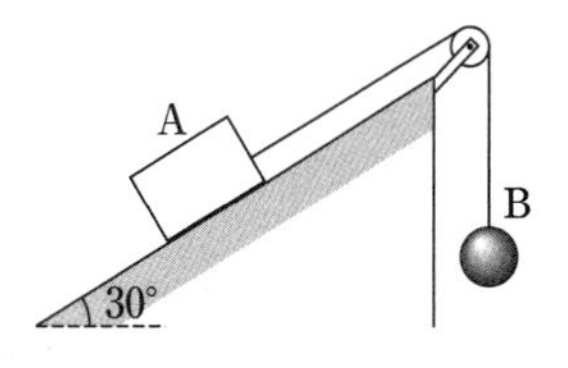

64.

集中トレーニング 1

力の成分の求め方

➡解答編 p.17～18

学習日 ／ 学習時間 分

力の分解を考えるとき，直角三角形の辺の長さの比や三角比が利用される。ここでは，それぞれについて学習し，理解を深めよう。

直角三角形の辺の長さの比

直角三角形では，直角以外の１つの角度が定まれば，３つの辺の長さの比が決まる。角度が 30°，45°，60° の場合，それらの辺の長さの比は比較的簡単な数値で表され，よく利用される。

辺の長さの比を示す

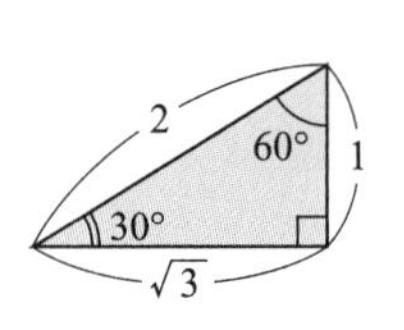

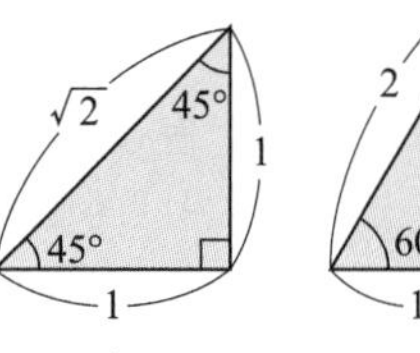

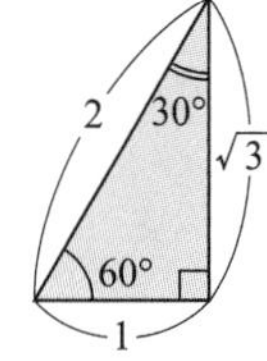

【例】右図の力の x 成分，y 成分は，次のようになる。

$F:F_x=2:\sqrt{3}$ から，$\sqrt{3}F=2F_x$ となり，

$$F_x=\frac{\sqrt{3}}{2}F=\frac{1.73}{2}\times10=8.65\,\mathrm{N}\qquad \mathbf{8.7\,N}$$

$F:F_y=2:1$ から，$F=2F_y$ となり，

$$F_y=\frac{1}{2}F=\frac{1}{2}\times10=\mathbf{5.0\,N}$$

比の関係式
$a:b=c:d$ のとき，
$ad=bc$ （外項の積＝内項の積）

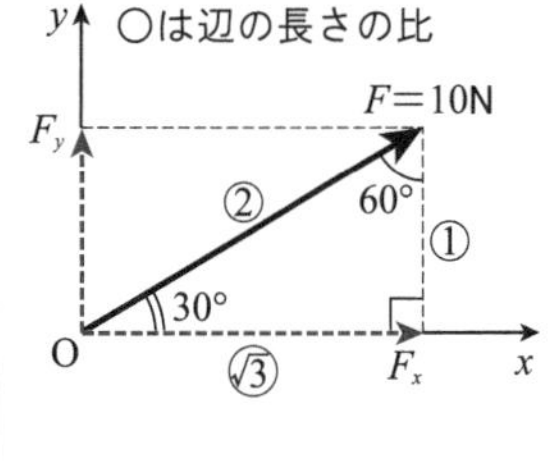

演習問題

知識

65. 直角三角形の辺の長さの比 直角三角形の辺の長さの比を利用して，次の力の x 成分，y 成分を求めよ。

(1)

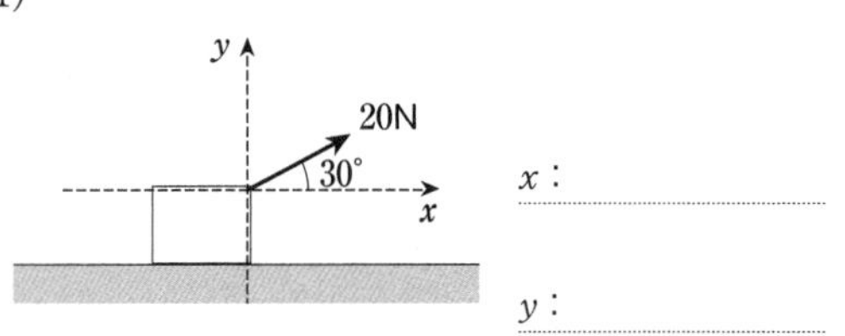

x：

y：

(2)

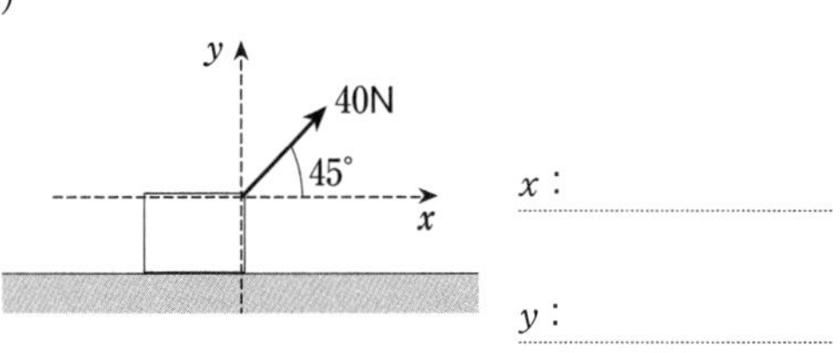

x：

y：

(3)

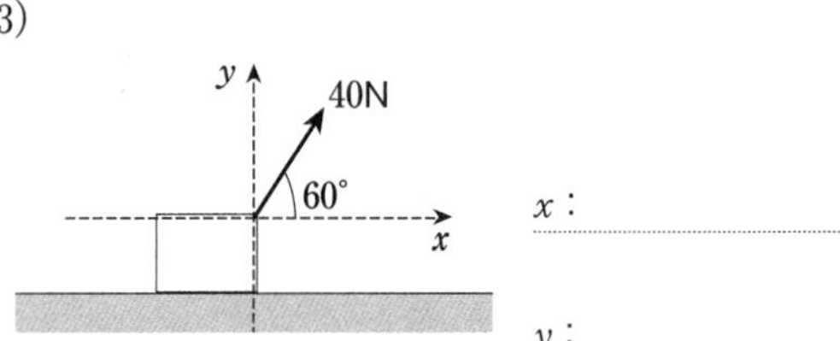

x：

y：

(4)

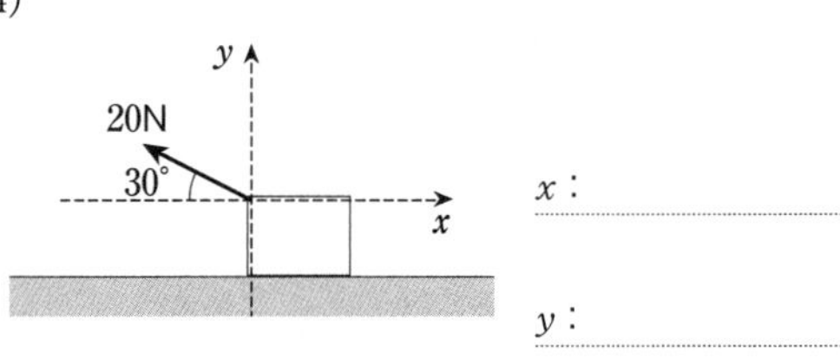

x：

y：

知識

66. 斜面上の物体 次の力（重力）の x 成分，y 成分は，それぞれ何Nか。直角三角形の辺の長さの比を用いて求めよ。

(1)

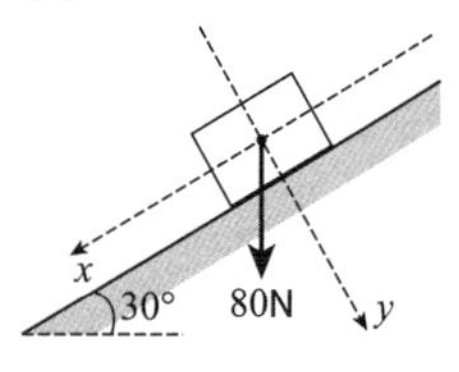

x：　　　y：

(2)

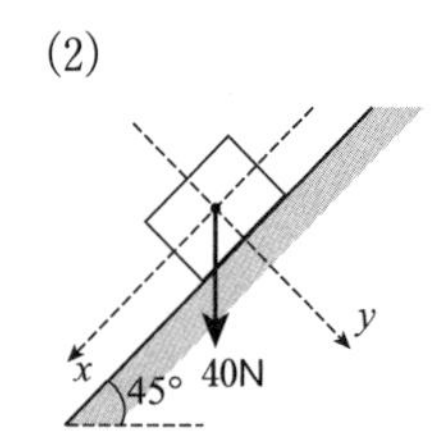

x：　　　y：

三角比

直角三角形 ABC の辺の長さの比 $\frac{y}{r}$，$\frac{x}{r}$，$\frac{y}{x}$ を，それぞれ ∠A の正弦(サイン)，余弦(コサイン)，正接(タンジェント)という。それぞれ $\sin\theta$，$\cos\theta$，$\tan\theta$ と表される。

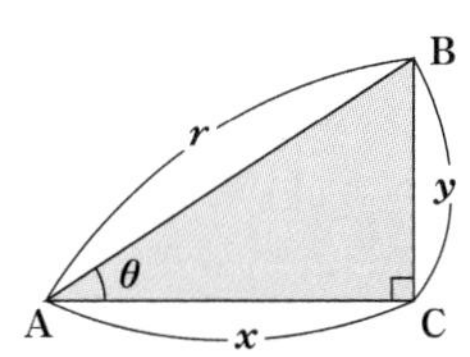

よく用いられる三角比の値 ＊tan90° は定義されない。

	0°	30°	45°	60°	90°
$\sin\theta=\frac{y}{r}$	0	$\frac{1}{2}$	$\frac{1}{\sqrt{2}}$	$\frac{\sqrt{3}}{2}$	1
$\cos\theta=\frac{x}{r}$	1	$\frac{\sqrt{3}}{2}$	$\frac{1}{\sqrt{2}}$	$\frac{1}{2}$	0
$\tan\theta=\frac{y}{x}$	0	$\frac{1}{\sqrt{3}}$	1	$\sqrt{3}$	—＊

【例】右図の力の x 成分，y 成分は，$\cos30°=\frac{F_x}{10}$，$\sin30°=\frac{F_y}{10}$ から，

$$F_x=10\cos30°=10\times\frac{\sqrt{3}}{2}=10\times\frac{1.73}{2}=8.65\,\text{N} \qquad \mathbf{8.7\,N}$$

$$F_y=10\sin30°=10\times\frac{1}{2}=\mathbf{5.0N}$$

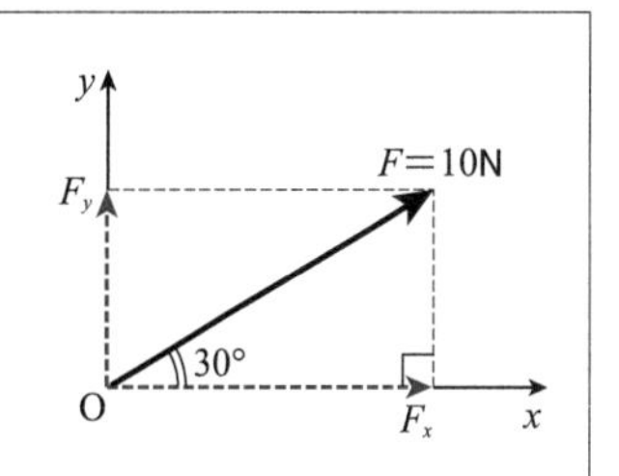

演習問題

知識

67. 三角比 次の直角三角形の $\sin\theta$，$\cos\theta$，$\tan\theta$ の値をそれぞれ求めよ。ただし，答えは分数のままでよく，ルートをつけたままでよい。なお，図には各辺の長さの比を示している。

(1)

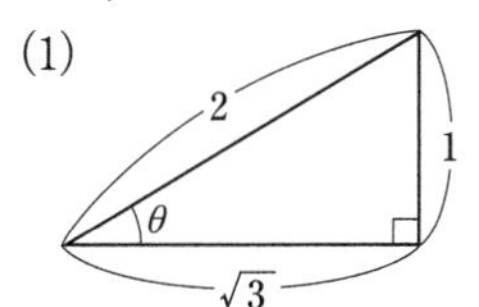

sinθ ……………

cosθ ……………

tanθ ……………

(2)

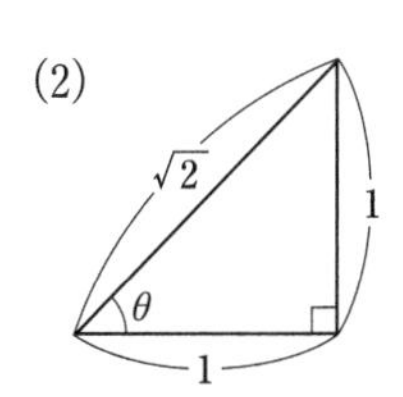

sinθ ……………

cosθ ……………

tanθ ……………

(3)

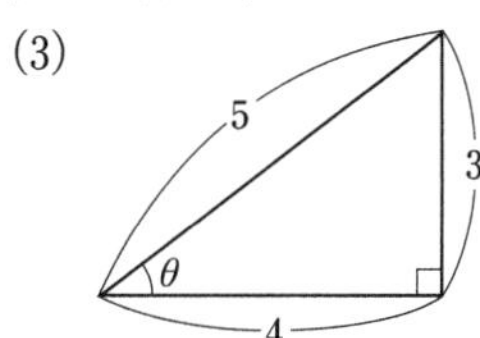

sinθ ……………

cosθ ……………

tanθ ……………

(4)

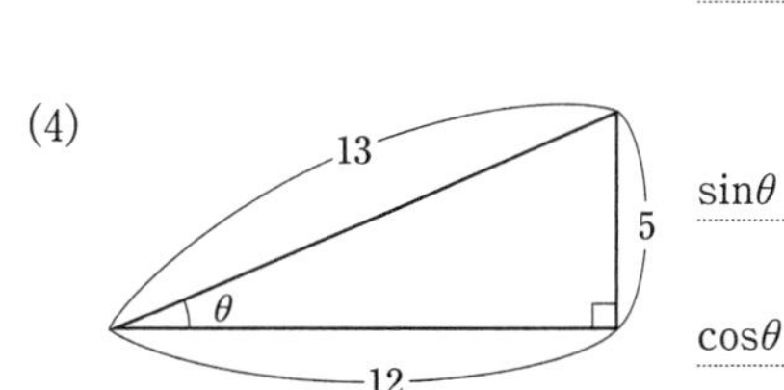

sinθ ……………

cosθ ……………

tanθ ……………

知識

68. 力の分解 次の力の x 成分，y 成分は，それぞれ何Nか。三角比を用いて求めよ。

(1)

y
10N
45°
x

x： ……………　y： ……………

(2)

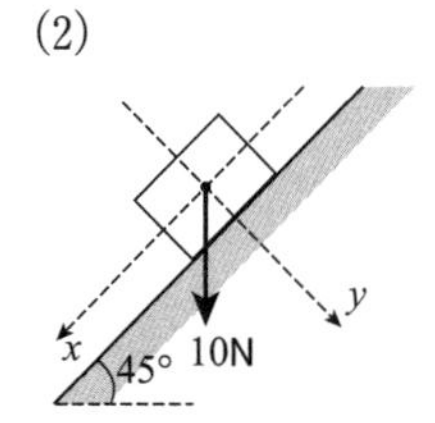

x： ……………　y： ……………

集中トレーニング 2

物体が受ける力のみつけ方

学習日	学習時間
／	分

➡解答編 p.19

物体が受ける力は目に見えないが，次の①，②の 2 点に留意してみつけることができる。*

①地球上のすべての物体は，鉛直下向きに重力を受ける。
②重力以外の力は，接触している他の物体から受ける。

＊ここでは，静電気力，磁気力などの力は考えないものとする。

物体が受ける力には，おもに次のものがある。

●重力
地球上のすべての物体が受ける力

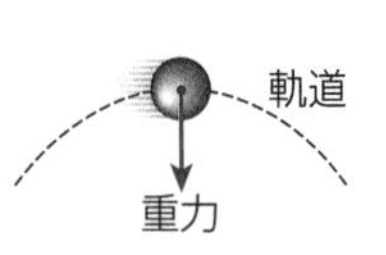

●張力
糸やひもから受ける力

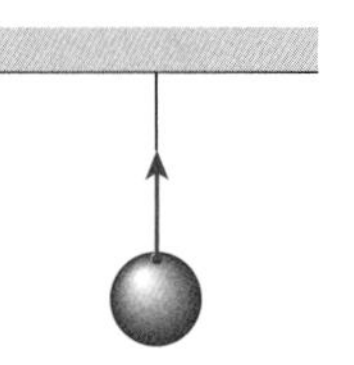

●弾性力
ばねから受ける力

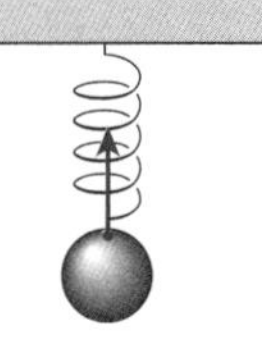

●垂直抗力
面から垂直な向きに受ける力

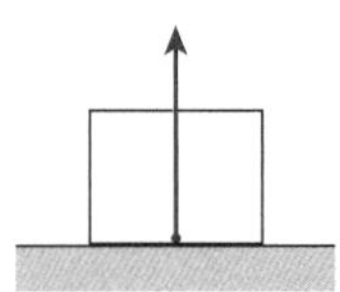

●静止摩擦力 動き出すのを妨げる向きに面から受ける力

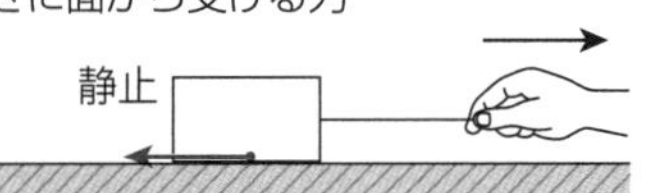

●動摩擦力 運動を妨げる向きに面から受ける力

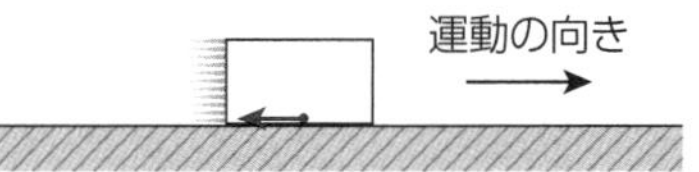

演習問題

知識

69. 物体が受ける力(静止) 次の物体が受ける力をすべて図示せよ。また，何から受ける力かも示せ。

(1)　2 本の糸でつるされた物体

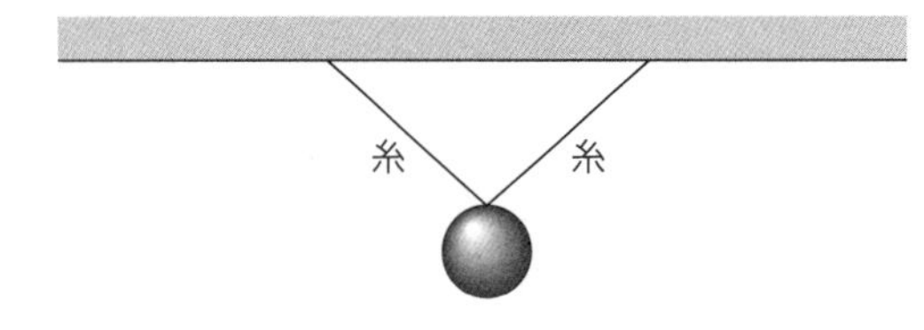

(2)　なめらかな水平面上で静止する物体

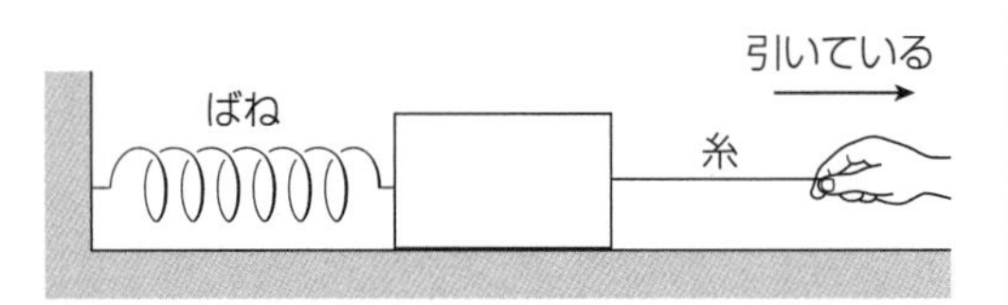

(3)　積み重ねられた物体A

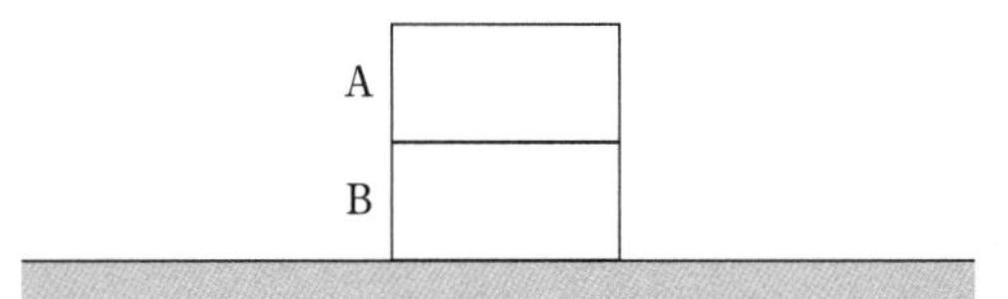

(4)　積み重ねられた物体B

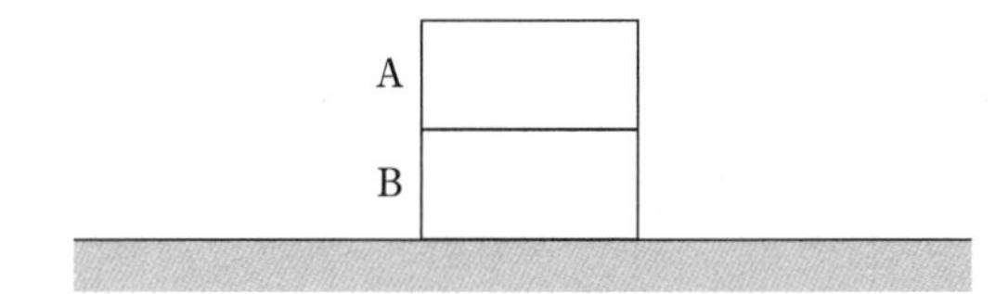

(5)　なめらかな斜面上で静止する物体

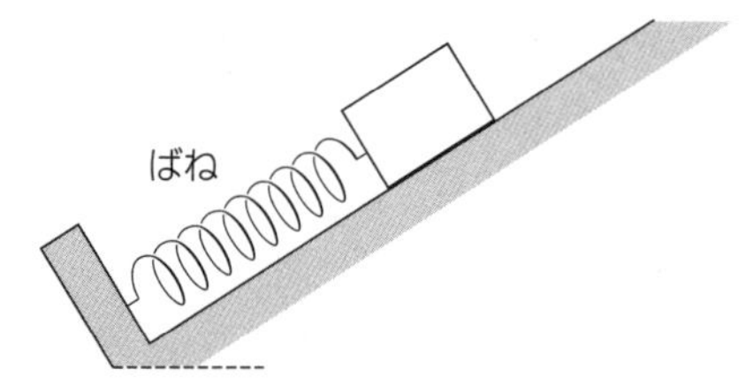

(6)　粗い水平面上で静止する物体

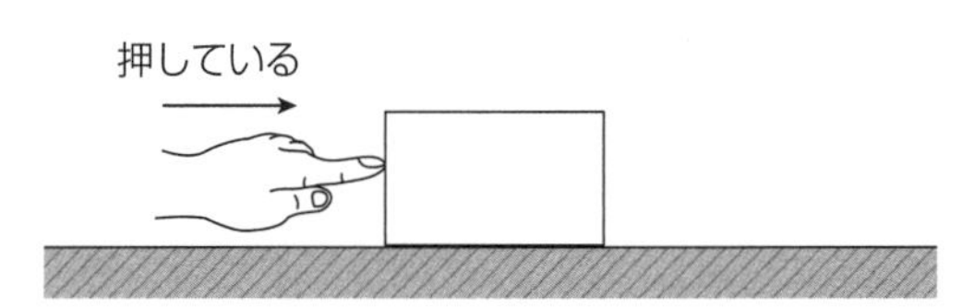

知識

☐ 70. 物体が受ける力(運動)

次の物体が受ける力をすべて図示せよ。また，何から受ける力かも示せ。

(1) 投げられた物体

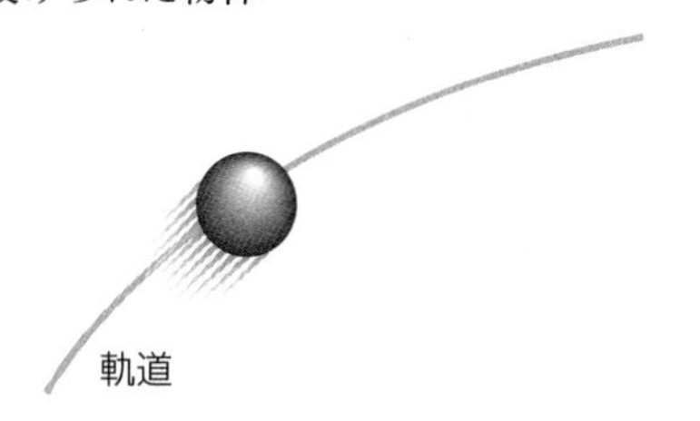

(2) なめらかな水平面上をすべる物体

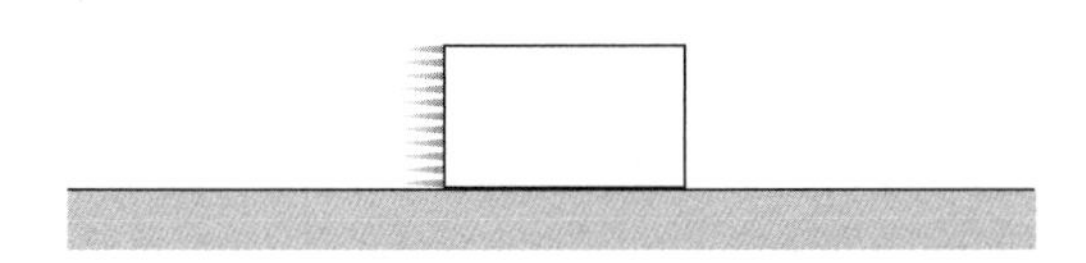

(3) 運動する振り子のおもり

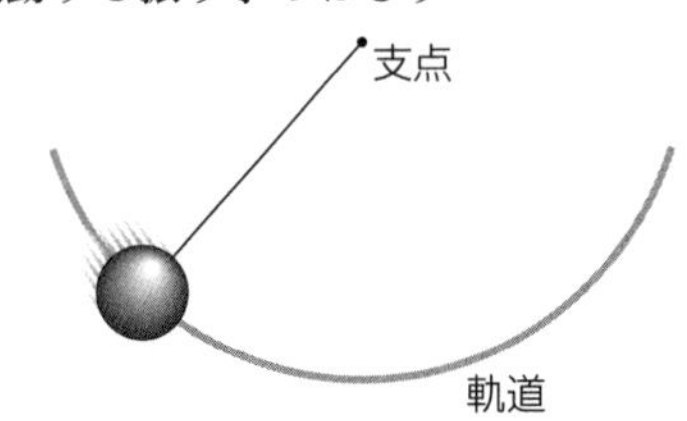

(4) なめらかな斜面上をすべりおりる物体

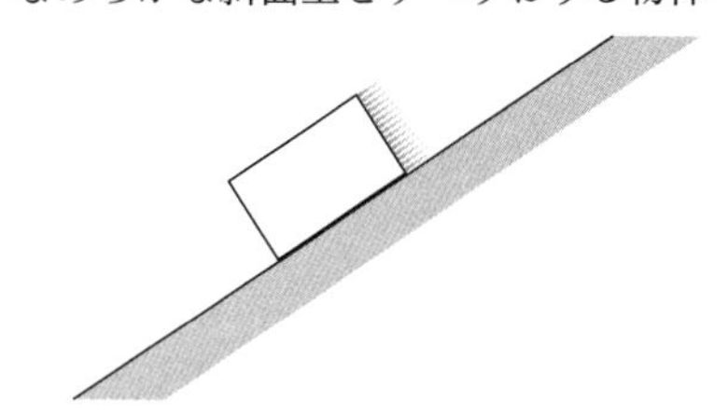

(5) 粗い水平面上をすべる物体

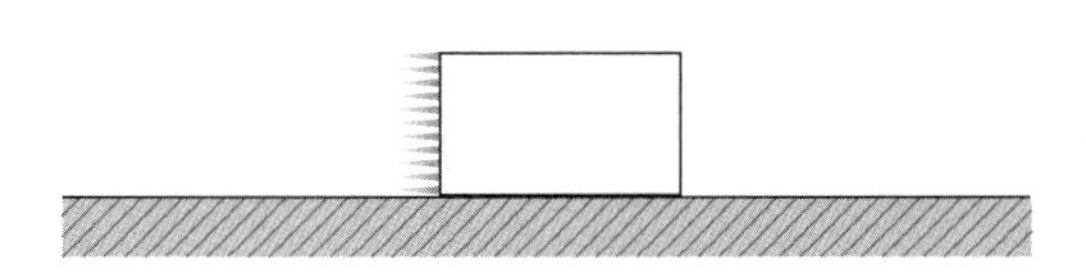

(6) 粗い水平面上で引かれる物体

(7) 粗い斜面上をすべりおりる物体

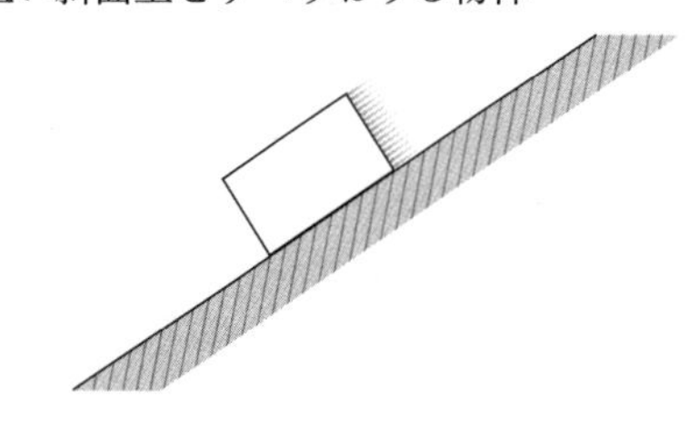

(8) 粗い斜面上をすべり上がる物体

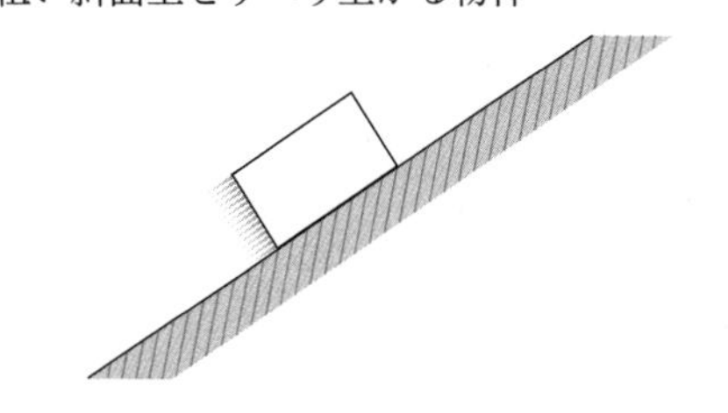

(9) なめらかな水平面上を運動する物体

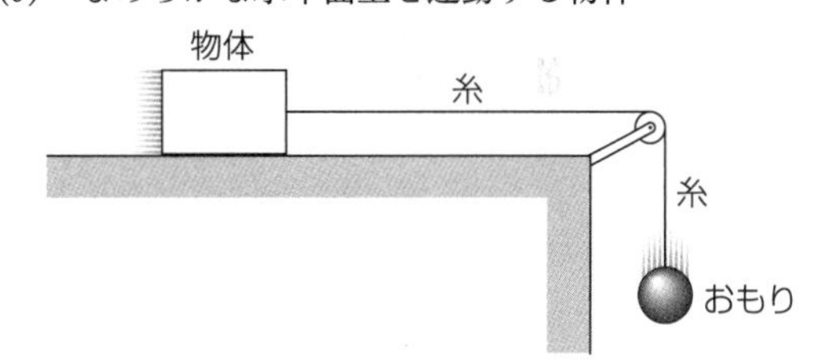

(10) 糸でつながれて下降するおもり

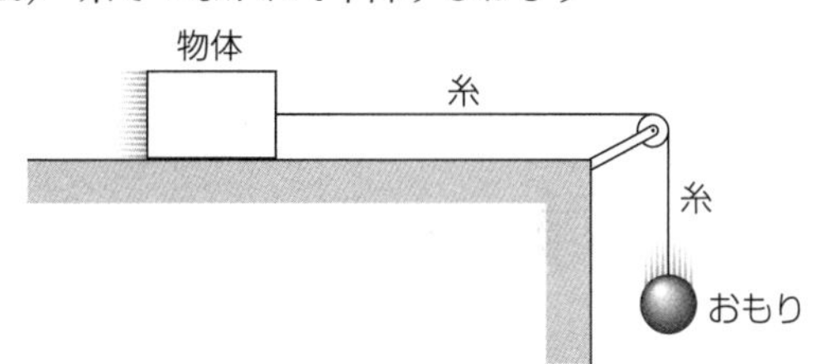

(11) 粗い水平面上で引かれる物体A

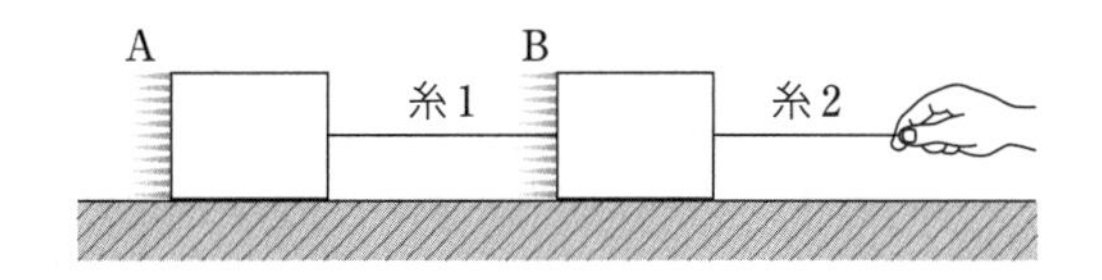

(12) 粗い水平面上で引かれる物体B

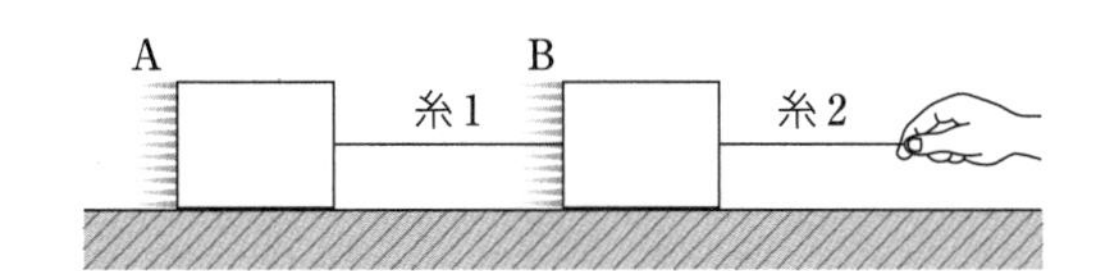

8 運動の法則

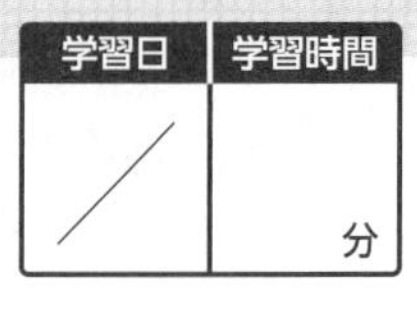

➡解答編 p.20～23

1 慣性の法則（運動の第１法則）

物体が外から力を受けないとき，あるいは，受けていてもそれらがつりあっているとき，静止している物体は静止し続け，運動している物体は等速直線運動を続ける。

2 運動の法則（運動の第２法則）

力 $\vec{F}$ を受ける物体は，その力 $\vec{F}$ の向きに加速度 $\vec{a}$ を生じる。この加速度 $\vec{a}$ の大きさは，受ける力 $\vec{F}$ の大きさに比例し，物体の質量 m に反比例する。

$$\vec{a}=k\frac{\vec{F}}{m}$$ （k は比例定数） …①

式①で k が１となるように定められた力の単位がニュートン（記号 N）。1 N は，質量 1 kg の物体に，1 m/s² の大きさの加速度を生じさせる力の大きさである。

●運動方程式　質量 m〔kg〕の物体が，力 $\vec{F}$〔N〕を受けて加速度 $\vec{a}$〔m/s²〕で運動するとき，式①から，

$$m\vec{a}=\vec{F}$$ （運動方程式） …②

直線上の運動では，$\vec{a}$，$\vec{F}$ の向きを正，負の符号で表し，式②は次のようにも表される。　$ma=F$　…③

●重力　質量 m〔kg〕の物体が受ける重力の大きさ W〔N〕は，式③から，$a=g$，$F=W$ として，

$$W=mg$$ …④

3 運動方程式の立て方

運動方程式は，次の手順で立てることができる。

(1)　どの物体について運動方程式を立てるかを決める。
(2)　着目する物体が受ける力を図示する。
(3)　正の向きを定め，加速度を a とする。
(4)　物体が受ける運動方向の力の成分の和を求め，運動方程式 $ma=F$ に代入する。

✓ チェック　次の各問に答えよ。

❶電車が急ブレーキをかけたとき，車内に立っている人は，前方，後方のどちらに倒れそうになるか。　（⇨ 1）

答

❷等速直線運動をしている物体が，運動の向きに大きさ F_1 の力と，運動の向きと逆向きに大きさ F_2 の力を受けている。F_1，F_2 の大小関係を正しく示しているものを選び，記号で答えよ。

（ア）　$F_1>F_2$　　（イ）　$F_1=F_2$　　（ウ）　$F_1<F_2$　（⇨ 1）

答

❸なめらかな水平面上に置かれた物体に，水平方向の力を加えて運動させると，1.0m/s² の加速度が生じた。加える力の大きさを 3.0 倍にすると，生じる加速度は何 m/s² になるか。　（⇨ 2）

答

❹なめらかな水平面上に置かれた物体に，水平方向の力を加えて運動させると，1.5m/s² の加速度が生じた。物体を 3.0 倍の質量をもつ別の物体に変えて，同じ大きさの力を加えると，生じる加速度は何 m/s² になるか。　（⇨ 2）

答

❺なめらかな水平面上に置かれた質量 3.0kg の物体に，右向きに 12N の力を加えて運動させた。物体に生じている加速度の大きさは何 m/s² か。　（⇨ 3）

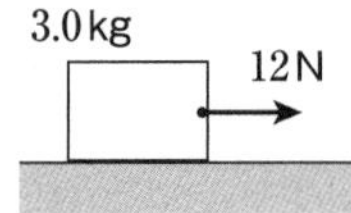

答

❻なめらかな水平面上に置かれた質量 2.0kg の物体に，右向きにある大きさの力を加えて運動させると，3.0 m/s² の加速度が生じた。物体に加えた力の大きさは何 N か。　（⇨ 3）

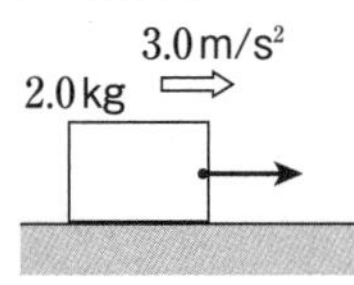

答

❼なめらかな水平面上に置かれた物体に，右向きに 18 N の力を加えて運動させると，1.5m/s² の加速度が生じた。物体の質量は何 kg か。　（⇨ 3）

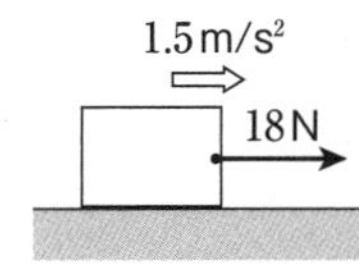

答

チェック 解答　❶前方　❷（イ）　❸3.0m/s²　❹0.50m/s²　❺4.0m/s²　❻6.0N　❼12kg

例題 12 鉛直方向の運動

➡ 基本問題 76

質量 0.40kg のおもりを軽い糸でつるし，糸の他端を手でもって鉛直方向に運動させる。重力加速度の大きさを $9.8\,\mathrm{m/s^2}$ として，次の各問に答えよ。

(1)　一定の速さで鉛直上向きに引いているとき，糸の張力の大きさは何Nか。

(2)　糸の張力の大きさを 4.60N としたとき，おもりの加速度はどちら向きに何 $\mathrm{m/s^2}$ か。

(3)　おもりを $3.0\,\mathrm{m/s^2}$ の鉛直下向きの加速度で運動させたとする。このとき，糸の張力の大きさは何Nか。

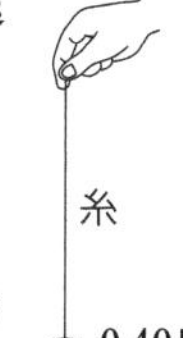

指針　おもりは，重力と糸の張力を受けて運動する。

(1)　おもりは等速で運動しており，慣性の法則から，おもりが受ける力はつりあっている。

(2)(3)　おもりが受ける力を図示し，正の向きを定めて運動方程式「$ma=F$」を立てる。

解説　(1)　おもりが受ける重力の大きさは，$0.40\times9.8=3.92\,\mathrm{N}$ であり，糸の張力の大きさを T_1[N] とすると，おもりが受ける力は図(1)のようになる。

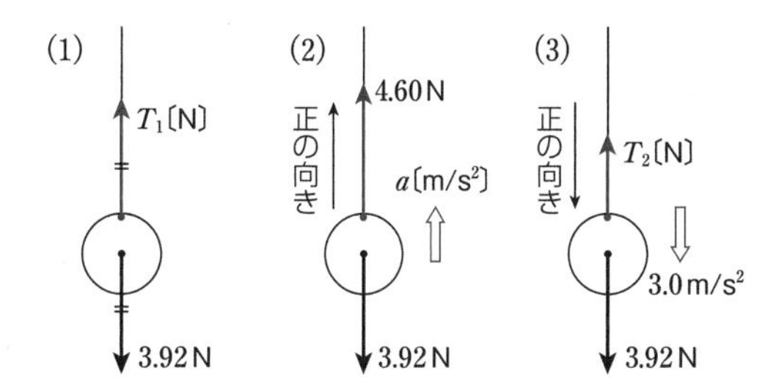

力のつりあいから，

$T_1-3.92=0$　　$T_1=3.92\,\mathrm{N}$　　**3.9 N**

(2)　おもりが受ける力は，図(2)のようになる。鉛直上向きを正として，加速度を a[m/s²] とすると，おもりの運動方程式「$ma=F$」は，

$0.40\times a=4.60-3.92$　　$a=1.7\,\mathrm{m/s^2}$

鉛直上向きに 1.7 m/s²

(3)　糸の張力の大きさを T_2[N] とすると，おもりが受ける力は，図(3)のようになる。鉛直下向きを正とすると，おもりの運動方程式「$ma=F$」は，

$0.40\times3.0=3.92-T_2$

$T_2=2.72\,\mathrm{N}$　　**2.7 N**

Advice　(2)のように，おもりの加速度の向きが未知の場合でも，正の向きを定めて運動方程式を立てる。求めた加速度の正，負の符号から，加速度の向きを判断する。

例題 13 接触する2物体の運動

➡ 標準問題 80

なめらかな水平面上に，質量 m[kg] の物体Aと $2m$[kg] の物体Bを互いが接触するように置き，図のように，Aを F[N] の力で右向きに押した。物体A，Bの加速度の大きさを a[m/s²]，A，Bが互いにおよぼしあう力の大きさを f[N] として，次の各問に答えよ。

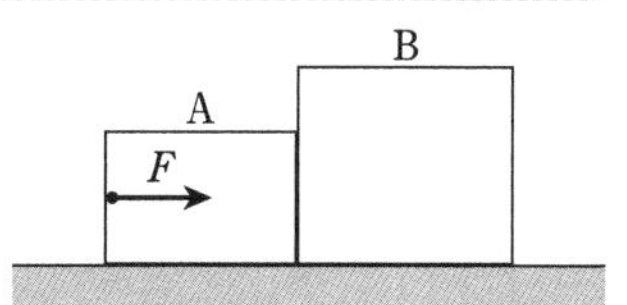

(1)　物体A，Bの運動方程式をそれぞれ示せ。

(2)　加速度の大きさ a と力の大きさ f をそれぞれ求めよ。

指針　(1)　A，Bは接触しているので加速度は等しい。

(2)　(1)の運動方程式から，a，f を求める。

解説　(1)　A，Bがおよぼしあう力 f は，作用・反作用の関係にある。Aは右向きに F，左向きに f の力を受け，Bは右向きに f の力を受ける。右向きを正として，それぞれの運動方程式を立てると，

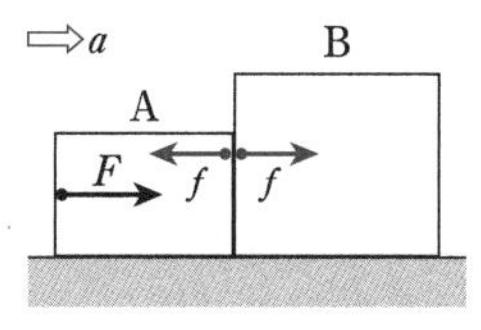

A：$\boldsymbol{m\times a=F-f}$　　B：$\boldsymbol{2m\times a=f}$

(2)　各運動方程式の辺々の和をとると，

$3ma=F$　　$a=\dfrac{F}{3m}$ [m/s²]

これをBの運動方程式に代入すると，

$2m\times\dfrac{F}{3m}=f$　　$f=\dfrac{2F}{3}$ [N]

Advice　物体A，Bを1つの物体とみなすと，運動方程式は，$(m+2m)\times a=F$ となり，$a=\dfrac{F}{3m}$ と求められる。しかし，f を求めるためには，物体ごとに運動方程式を立てる必要がある。

基本問題

思考

71. 慣性の法則 次に示された内容について，正しいものには○，誤っているものには×の記号を示せ。

(ア) 静止しているバスが急発進すると，乗客は後方へ倒れる。

(イ) 等速直線運動をしている物体が受ける力の合力は0である。

(ウ) 一定の速さで上昇するエレベーターに，重力ははたらいていない。

(エ) 等速度で走る電車内で手から静かに小球を落とす。床に達したとき，小球は，手の真下の位置よりも後方になる。

71. → 1

(ア)　　(イ)

(ウ)　　(エ)

思考

72. 運動の法則 図は，なめらかな水平面上の台車に，水平方向に一定の力を加えて運動させたときの速度 v〔m/s〕と時間 t〔s〕の関係を示している。

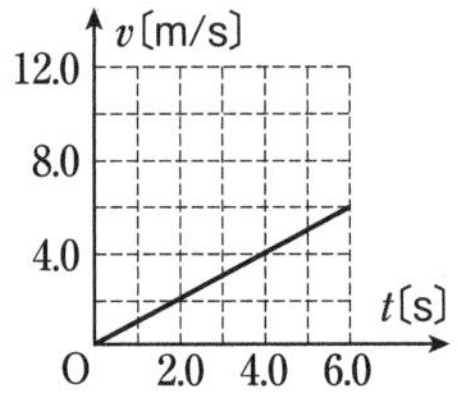

v〔m/s〕
12.0
8.0
4.0
t〔s〕
O
2.0
4.0
6.0

(1) 台車の加速度の大きさは何 m/s^2 か。

(2) 加える力の大きさを2倍にする。このときの $v-t$ グラフを図中に示せ。

(3) 台車の加速度を a〔m/s^2〕，移動距離を x〔m〕とする。$a-t$ グラフ，$x-t$ グラフのそれぞれの概形を表しているものとして最も適当なものを，以下の選択肢から一つずつ選べ。

(ア)
(イ)
(ウ)
O
t〔s〕
O
t〔s〕
O
t〔s〕

72. → 2

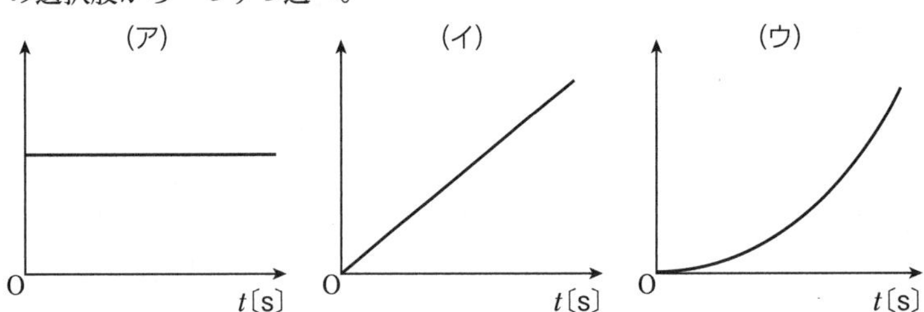

(1)

(3) $a-t$ グラフ：

$x-t$ グラフ：

知識

73. 水平面上の運動 なめらかな水平面上に置かれた質量2.0kgの物体に，右向きに5.0N，左向きに3.0Nの力を加えて運動させた。次の各問に答えよ。

3.0N
5.0N

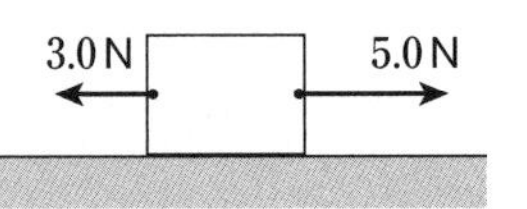

(1) 物体が受ける運動方向の力の成分の大きさは何Nか。

(2) 物体の加速度の大きさは何 m/s^2 か。

(3) 物体を質量4.0kgのものに変えて，同じように力を加えて運動させると，生じる加速度の大きさは何 m/s^2 か。

73. → 2

(1)

(2)

(3)

知識

74. 加速する運動 なめらかな水平面上を速さ3.0m/sで運動する質量2.0kgの物体に，運動方向に一定の力を加え続けると，4.0s後に，力を加える前と同じ向きに速さ5.0m/sとなった。加えた力はどちら向きに何Nか。

74. ➡3

知識

75. 減速する運動 速さ20m/sで走行する質量1.0×10^3kgの自動車がブレーキをかけ，水平な路面との摩擦によって200m進んで停止した。自動車の進んでいた向きを正の向きとすると，自動車が路面から受けた摩擦力はいくらか。ただし，この自動車の運動を等加速度直線運動とする。

75. ➡3

思考

76. 鉛直方向の運動と$v-t$グラフ 質量50kgの人が，鉛直上向きに上昇するエレベーターにのっている。図は，エレベーターの速度v〔m/s〕と時間t〔s〕との関係を示している。重力加速度の大きさを9.8m/s²とする。

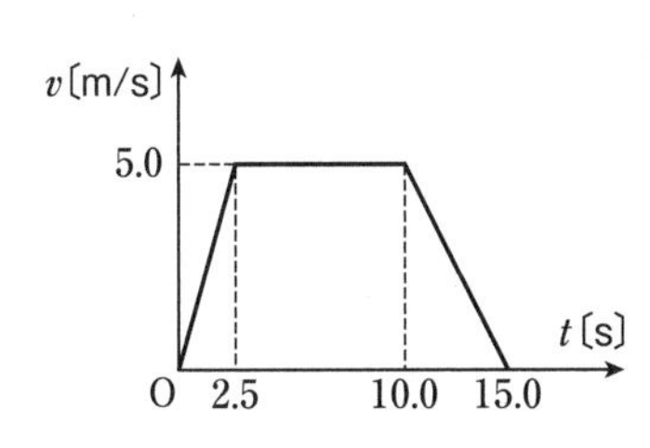

(1) 鉛直上向きを正として，人の加速度をa〔m/s²〕，人が床から受ける垂直抗力の大きさをN〔N〕とする。人の運動方程式を立てよ。

(2) 次の時間において，人が床から受ける垂直抗力の大きさは何Nか。
①0～2.5s　②2.5～10.0s　③10.0～15.0s

76. ➡3 例題12
(1)
(2) ①
②
③

知識

77. 斜面上の運動 水平とのなす角が30°のなめらかな斜面上に，質量m〔kg〕の物体を静かに置くと，物体は加速度の大きさa〔m/s²〕で斜面をすべり始めた。ただし，重力加速度の大きさをg〔m/s²〕とする。

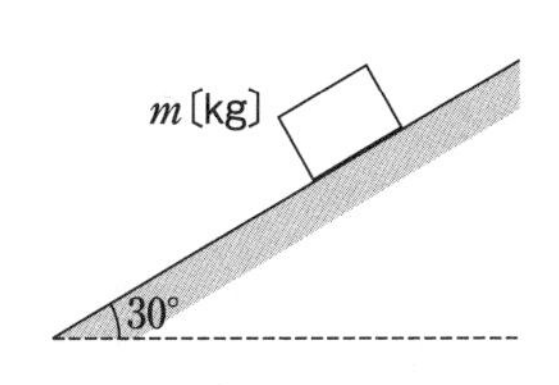

(1) 物体の加速度の大きさaは何m/s²か。

(2) 物体が斜面から受ける垂直抗力の大きさは何Nか。

77. ➡2 3
(1)
(2)

標準 問題

知識

78. 斜め上方に引かれる運動

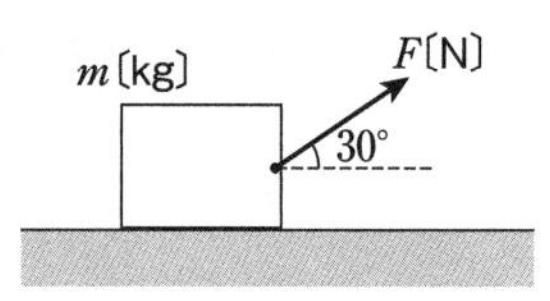

なめらかな水平面上に置かれた質量 m〔kg〕の物体に，水平とのなす角が 30°の向きに，大きさ F〔N〕の力を加えて運動させる。このとき，物体は，面からはなれずに運動した。次の各問に答えよ。ただし，答えは分数のままでよい。

(1) 運動する向きを正として，物体の加速度を a〔m/s²〕とする。物体の水平方向の運動方程式を示せ。

(2) 加速度 a〔m/s²〕を求めよ。

78.
(1)
(2)

知識

79. 斜面をすべり上がる運動

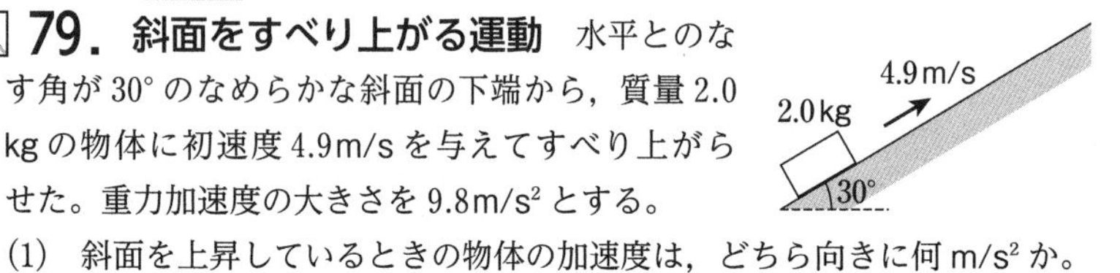

水平とのなす角が 30° のなめらかな斜面の下端から，質量 2.0 kg の物体に初速度 4.9 m/s を与えてすべり上がらせた。重力加速度の大きさを 9.8 m/s² とする。

(1) 斜面を上昇しているときの物体の加速度は，どちら向きに何 m/s² か。

(2) 最高点に達するのは，物体がすべり上がってから何 s 後か。

(3) 最高点に達したとき，物体が斜面をすべり上がった距離は何 m か。

79. ➡ 基本問題 75
(1)
(2)
(3)

知識

80. 連結された 2 物体の運動

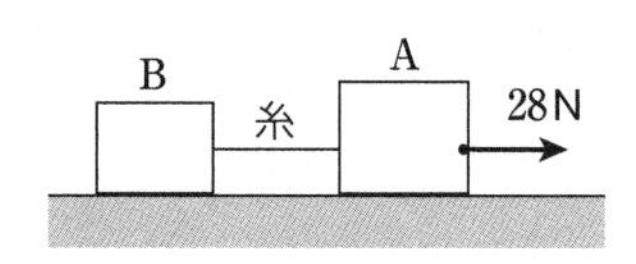

なめらかな水平面上で，質量 4.0 kg の物体Aと質量 3.0 kg の物体Bを軽い糸でつなぎ，Aを右向きに 28 N の力で引く。

(1) 物体A，Bの加速度の大きさを a〔m/s²〕，糸の張力の大きさを T〔N〕として，A，Bの運動方程式をそれぞれ示せ。

(2) 加速度の大きさ a〔m/s²〕，糸の張力の大きさ T〔N〕をそれぞれ求めよ。

80. ➡ 3 例題 13
(1) A：
B：
(2) a：
T：

知識

☐ 81. 連結された2物体の運動

図のように，なめらかな水平面上に置かれた質量 $2m$〔kg〕の物体Aに軽い糸をつけ，滑車に通して他端に質量 m〔kg〕の物体Bをつるすと，A，Bは動き始めた。重力加速度の大きさを g〔m/s²〕とする。

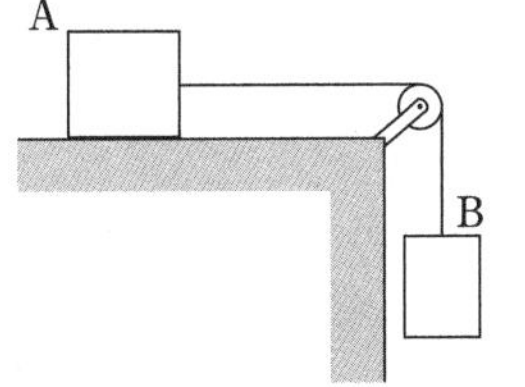

(1)　物体A，Bの加速度の大きさを a〔m/s²〕，糸の張力の大きさを T〔N〕として，A，Bの運動方程式をそれぞれ示せ。

(2)　加速度の大きさ a〔m/s²〕，糸の張力の大きさ T〔N〕をそれぞれ求めよ。

81.

(1) A：

B：

(2) a：

T：

知識

☐ 82. 連結されたおもりの運動

軽い定滑車に軽い糸をかけて，図のように，糸の両端に質量 5.5kg のおもりAと，4.5kg のおもりBをつるすと，おもりは動き始めた。重力加速度の大きさを 9.8m/s² として，次の各問に答えよ。ただし，滑車はなめらかに回転するものとする。

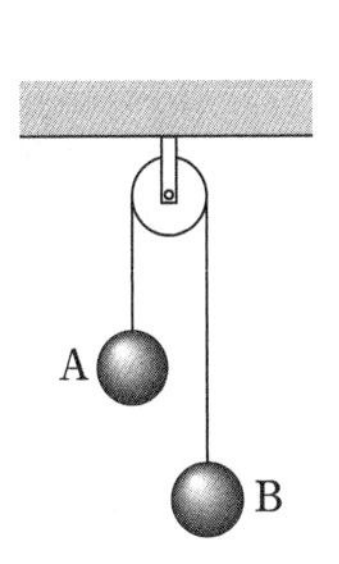

(1)　A，Bの加速度の大きさを a〔m/s²〕，糸の張力の大きさを T〔N〕として，A，Bの運動方程式をそれぞれ示せ。

(2)　加速度の大きさ a〔m/s²〕，糸の張力の大きさ T〔N〕をそれぞれ求めよ。

82.

(1) A：

B：

(2) a：

T：

思考

☐ 83. 連結された2物体の鉛直方向の運動

質量 m〔kg〕の2つの小球A，Bに軽い糸をつけ，糸の一端を大きさ F〔N〕の力で鉛直に引き上げる。小球A，Bの加速度の大きさを a〔m/s²〕，AB間の糸の張力の大きさを T〔N〕，重力加速度の大きさを g〔m/s²〕として，次の各問に答えよ。

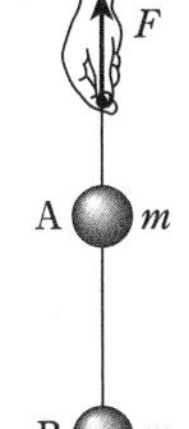

(1)　糸の張力 T と引き上げる力 F の関係を表す式の組みあわせとして正しいものを以下の選択肢から選べ。

(ア)　$T=2F$　　(イ)　$T=F$　　(ウ)　$T=\frac{1}{2}F$

(2)　引き上げていた手を急にはなしたとき，小球Bから見た小球Aの運動のようすについて，最も適切なものを以下の選択肢から選べ。ただし，手をはなした瞬間に，F，T ともに0となる。

(ア)　Aが加速しながら近づいてくる。

(イ)　Aが一定の速さで近づいてくる。

(ウ)　Aが一定の速さで遠ざかる。

(エ)　Aは静止したままである。

83.

ヒント

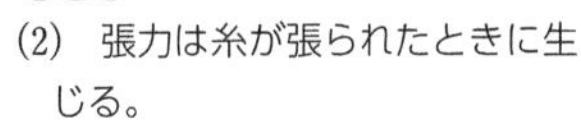

(2) 張力は糸が張られたときに生じる。

(1)

(2)

集中トレーニング 3

運動方程式の練習

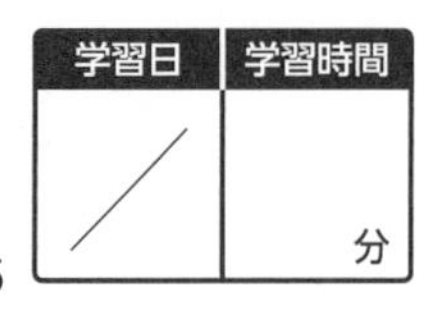

➡解答編 p.24～25

物体の運動状態を考える場合，運動方程式が用いられることが多く，式を的確に立てることが重要である。ここでは，運動方程式の立て方を改めて学習しよう。運動方程式は，次のような手順で立てることができる。

手順① どの物体について運動方程式を立てるかを決める。	手順② 着目する物体が受ける力を図示する。	手順③ 正の向きを定め，加速度を a とする。	手順④ 物体が受ける運動方向の力の成分の和を求め，運動方程式「$ma=F$」に代入する。
物体が複数ある場合は，各物体について運動方程式を立てる。	物体は，重力のほか，接触する他の物体から力を受ける。	運動する向きを正とすることが多い。	

例題 14 鉛直方向の運動

➡演習問題 85

質量 2.5kg の物体に軽い糸の一端をつけて，他端を手でもち，糸の張力の大きさが 29.5N で一定となるように，鉛直方向に物体を運動させた。このとき，物体の加速度はどちら向きに何 m/s^2 か。ただし，重力加速度の大きさを $9.8m/s^2$ とする。

指針 手順①～④に沿って，運動方程式を立てる。

解説 手順① 物体に着目する。

手順② 物体が受ける力は，重力 mg〔N〕，接触している糸からの張力 T〔N〕の 2 つである。

手順③ 運動の向きが未知であるが，鉛直上向きを正とし，物体の加速度を a〔m/s^2〕とする。

手順④ 運動方向の力の成分の和は，

$T-mg=29.5-2.5\times9.8$ N

これを運動方程式「$ma=F$」に代入すると，

$2.5\times a=29.5-2.5\times9.8$ $\quad a=2.0m/s^2$

鉛直上向きに $2.0m/s^2$

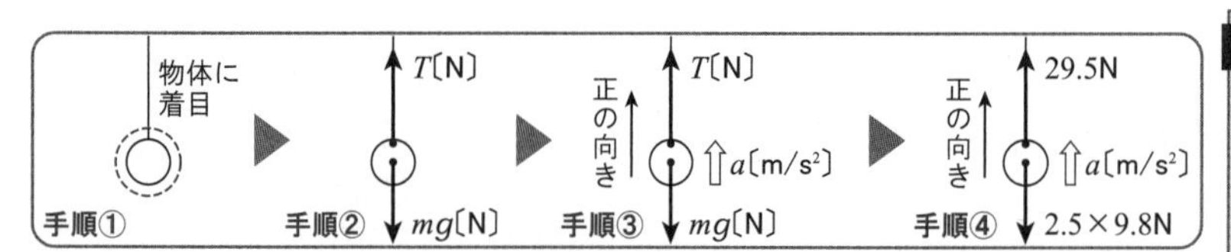

Advice 運動の向きが未知であるが，仮に正の向きを定めて運動方程式を立てる。得られた加速度の正，負から，加速度の向きを判断する。

演習問題

知識

84. 水平面上の運動 なめらかな水平面上に置かれた物体に，2 本の軽い糸をつけて水平方向に力を加え，等加速度直線運動をさせる。それぞれの図の物体の運動に関して，次に示された量を求めよ。

(1) 物体の加速度の大きさと向き

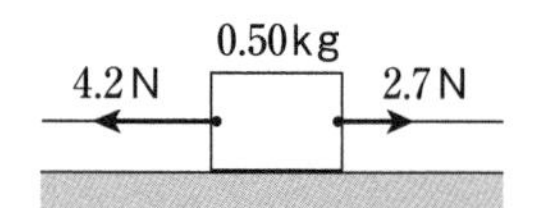

答

(2) 糸の張力の大きさ T〔N〕

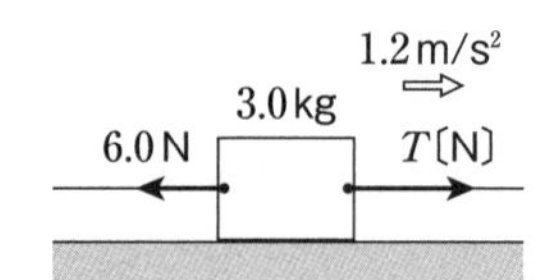

答

知識

85. 鉛直方向の運動

物体に軽い糸を取りつけ，鉛直方向に力を加えて運動させる。それぞれの図の物体の運動に関して，次に示された量を求めよ。ただし，重力加速度の大きさを $9.8\,\mathrm{m/s^2}$ とする。

(1) 物体の加速度の大きさと向き

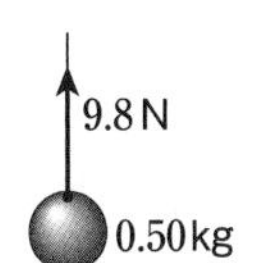

答

(2) 物体の加速度の大きさと向き

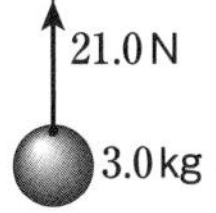
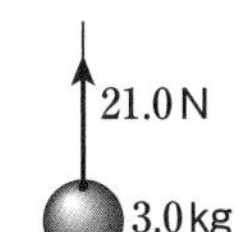

答

知識

86. 斜面上の運動

なめらかな斜面上を物体が運動している。それぞれの図の物体の運動に関して，次に示された量を求めよ。ただし，重力加速度の大きさを $9.8\,\mathrm{m/s^2}$ とする。

(1) すべりおりている物体の加速度の大きさ

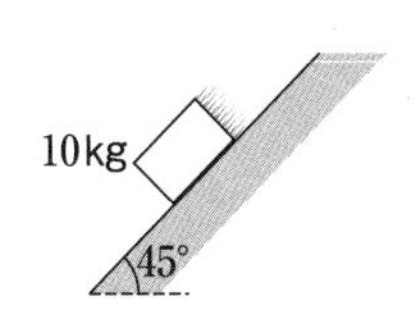

答

(2) 初速度を与えられてすべり上がる物体の加速度の大きさと向き

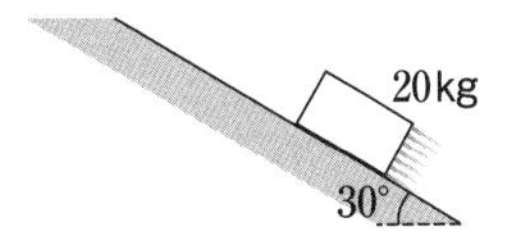

答

知識

87. 2物体の運動

図のように，なめらかな水平面上で，質量 2.0kg の物体A，質量 4.0kg の物体Bを運動させる。それぞれの運動に関して，次の各問に答えよ。

(1) A，Bを接するように置き，Aを右向きに 18 Nの力で押す。

①右向きを正とし，A，Bの加速度を a〔m/s²〕，互いにおよぼしあう力の大きさを f〔N〕として，A，Bの運動方程式をそれぞれ立てよ。

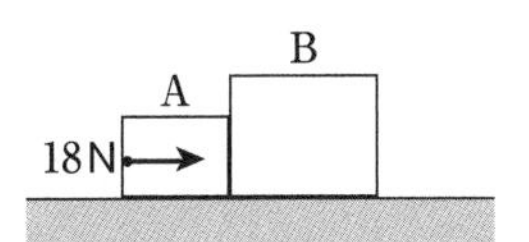

答 A： B：

②加速度 a〔m/s²〕，力の大きさ f〔N〕をそれぞれ求めよ。

答 a： f：

(2) A，Bを軽い糸でつなぎ，Bを右向きに24Nの力で引く。

①右向きを正とし，A，Bの加速度を a〔m/s²〕，糸の張力の大きさを T〔N〕として，A，Bの運動方程式をそれぞれ立てよ。

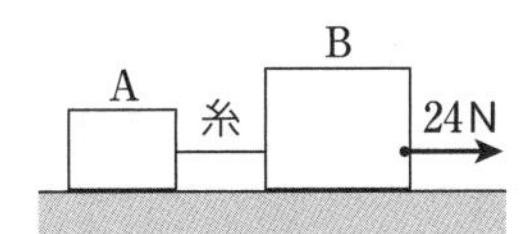

答 A： B：

②加速度 a〔m/s²〕，糸の張力の大きさ T〔N〕をそれぞれ求めよ。

答 a： T：

9 摩擦力を受ける運動

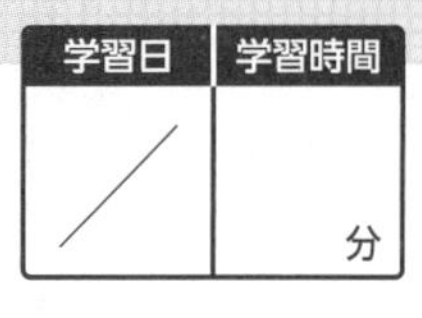

➡解答編 p.25～28

1 静止摩擦力

面から物体にはたらき，静止している物体がすべり出そうとするのを妨げる力。その大きさは，加えた力の大きさに応じて変化する。

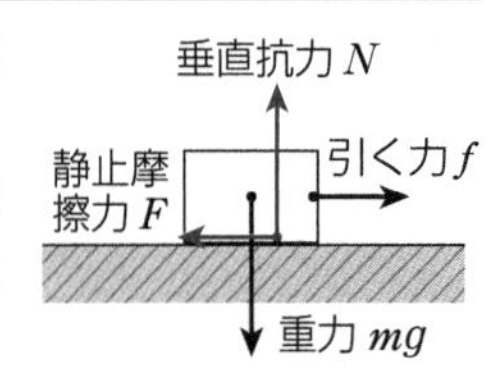

●**最大摩擦力**　物体がすべり始める直前の静止摩擦力(静止摩擦力の最大値)。その大きさ F_0〔N〕は，垂直抗力の大きさ N〔N〕に比例する。

$F_0=\mu N$　(μ：静止摩擦係数)　…①

2 動摩擦力

面上を運動している物体に，面から運動を妨げる向きにはたらく摩擦力。その大きさ F'〔N〕は，垂直抗力の大きさ N〔N〕に比例する。

$F'=\mu' N$　(μ'：動摩擦係数)　…②

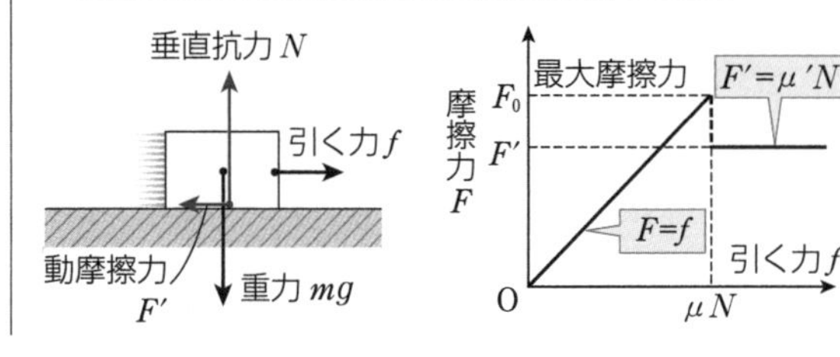

チェック

次の各問に答えよ。ただし，重力加速度の大きさを $9.8\,\mathrm{m/s^2}$ とする。

❶粗い水平面上に置かれた物体に，右向きに 3.0 N の力を加えたが，物体は静止したままであった。このとき，物体が受ける静止摩擦力は，どちら向きに何 N か。　(⇨ 1)

答

❷質量 5.0 kg の物体が，粗い水平面上をすべっている。物体と面との間の動摩擦係数を 0.20 とするとき，物体が面から受ける動摩擦力の大きさは何 N か。　(⇨ 2)

答

例題 15 静止摩擦力と力のつりあい

➡基本問題 88

図のように，粗い水平面上に置かれた質量 4.0 kg の物体に，右向きに大きさ f〔N〕の力を加える。重力加速度の大きさを $9.8\,\mathrm{m/s^2}$ として，次の各問に答えよ。

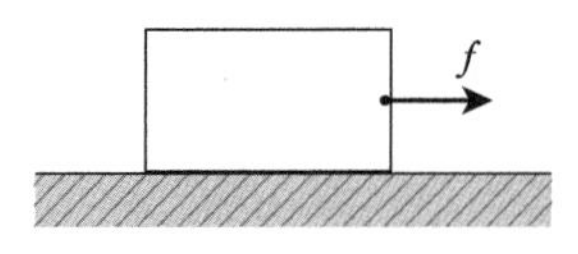

(1)　加える力の大きさが $f=12$ N のとき，物体は静止したままの状態であった。このとき，物体が受ける静止摩擦力の大きさは，どちら向きに何 N か。

(2)　加える力の大きさを徐々に大きくすると，$f=19.6$ N をこえたときに，物体がすべり始めた。物体と面との間の静止摩擦係数はいくらか。

指針　(1)　物体は静止しているので，受ける力はつりあっている。右向きに大きさ f の力を受けるので，静止摩擦力はすべり出すのを妨げる向き，すなわち，左向きとなる。

(2)　物体がすべり始める直前に受ける静止摩擦力が，最大摩擦力である。「$F_0=\mu N$」の公式を用いて，静止摩擦係数を計算する。

解説　(1)　物体は，重力，大きさ f の力，面から垂直抗力，静止摩擦力を受けている。静止摩擦力の大きさを F〔N〕，垂直抗力の大きさを N〔N〕とすると，それらの力は図のように示される。物体が受ける水平方向の力のつりあいから，

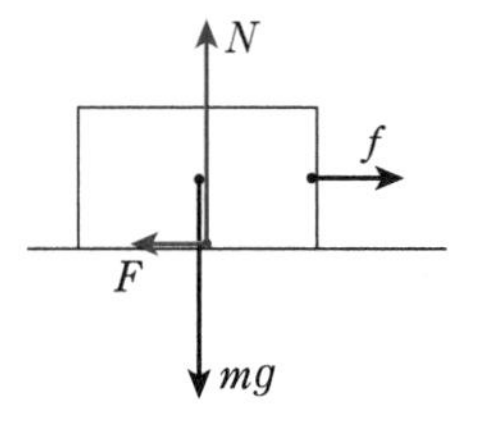

$12-F=0\qquad F=12$ N

したがって，**左向きに 12 N**

(2)　物体の最大摩擦力は 19.6 N である。静止摩擦係数を μ として，「$F_0=\mu N$」の公式に，$F_0=19.6$ N，$N=mg=4.0\times9.8=39.2$ N を代入すると，

$19.6=\mu\times39.2$

$\mu=\mathbf{0.50}$

Advice　静止摩擦力と最大摩擦力は，混同しやすいので注意する。静止摩擦力は，加えた力の大きさに応じて変化し，物体が受ける面に平行な方向の力の成分の和が 0 となる。最大摩擦力は，静止摩擦力の最大値であり，物体がすべり始める直前に受ける摩擦力である。

チェック 解答　❶左向きに 3.0 N　❷9.8 N

例題 16 粗い水平面上の運動

➡ 基本問題 90・92

粗い水平面上に置かれた質量 4.0kg の物体に，一定の大きさ 12.0N の力で右向きに引くと，物体は面上をすべり出した。物体と面との間の動摩擦係数を 0.20，重力加速度の大きさを 9.8m/s² として，次の各問に答えよ。

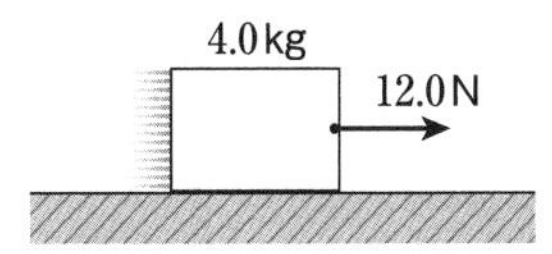

(1) 物体が受ける動摩擦力は，どちら向きに何Nか。

(2) 物体の加速度の大きさは何 m/s² か。

指針 (1) 物体は，運動の向きと逆向きに動摩擦力を受けており，その大きさは，「$F'=\mu' N$」と表される。物体が受ける力を図示して考える。

(2) 物体の運動方程式を立て，加速度の大きさを求める。

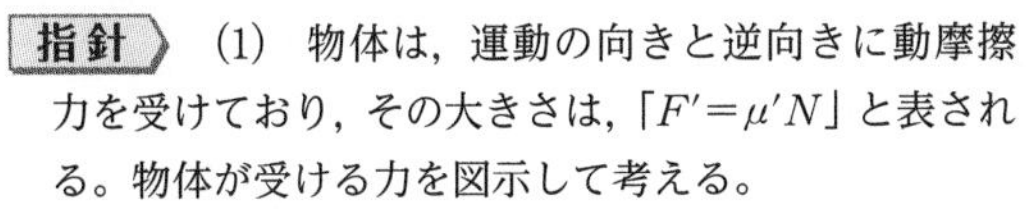

解説 (1) 物体は，重力，大きさ 12.0N の力，接触している面から垂直抗力，動摩擦力を受けている。垂直抗力の大きさを N〔N〕，動摩擦力の大きさを F'〔N〕とすると，それらの力は図のように示される。

鉛直方向に物体は運動しないので，その方向の力はつりあっている。

$N-4.0\times9.8=0$

$N=39.2$N

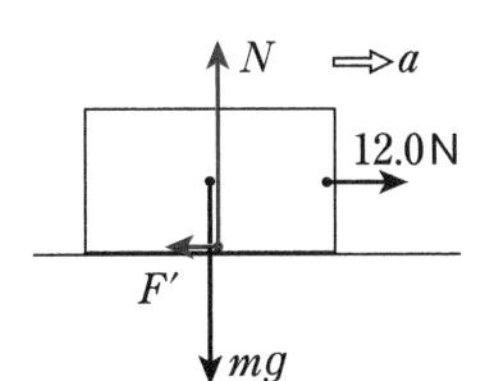

したがって，「$F'=\mu' N$」の公式に，$\mu'=0.20$，$N=39.2$N を代入すると，

$F'=0.20\times39.2=7.84$N　　**左向きに 7.8N**

(2) 右向きを正として，物体の加速度を a〔m/s²〕とする。物体の運動方程式「$ma=F$」に，それぞれの数値を代入して，

$4.0\times a=12.0-7.84$

$a=1.04$m/s²　　**1.0m/s²**

Advice 摩擦を無視できる面上の運動では，垂直抗力は，運動方向の力の成分をもたないので考慮する必要はない。しかし，摩擦を受ける面上の運動では，動摩擦力が垂直抗力の大きさに比例するので，考慮する必要がある。

基本問題

知識

88. 静止摩擦力 粗い水平面上に置かれた質量 5.0kg の物体に，大きさ F〔N〕の力を加えて右向きに引く。物体と面との間の静止摩擦係数を 0.60，重力加速度の大きさを 9.8m/s² とする。

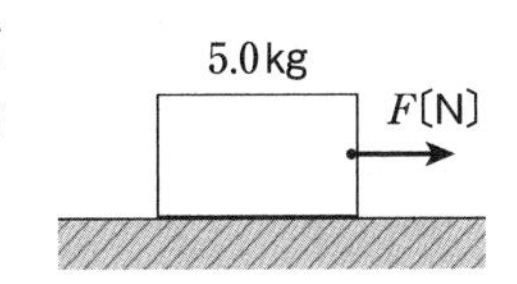

(1) $F=20$N のとき，物体は静止したままであった。このとき，物体が受ける静止摩擦力は，どちら向きに何Nか。

(2) 加える力を大きくしていくと，F〔N〕がある大きさをこえたときに物体はすべり始めた。すべり始める直前の F〔N〕はいくらか。

88. ➡ 1 例題 15

(1)

(2)

知識

89. 糸で結ばれた2物体 粗い水平面上の質量 2.0kg の物体Aに糸の一端をつけ，なめらかに回転する滑車に通して，他端におもりBをつるす。Bの質量を徐々に大きくしていくと，1.5kg をこえたときに，Aが動き出した。Aと面との間の静止摩擦係数はいくらか。ただし，重力加速度の大きさを 9.8m/s² とする。

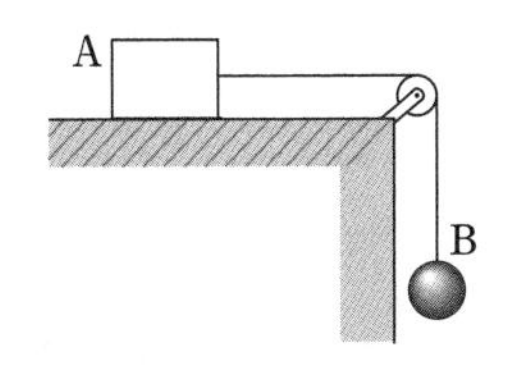

89. ➡ 1

知識

90. 動摩擦係数

図のように，質量 4.0kg の物体が，粗い水平面上を右向きにすべっている。このとき，物体は動摩擦力 14.7N を受けている。重力加速度の大きさを 9.8m/s² として，物体と面との間の動摩擦係数を求めよ。

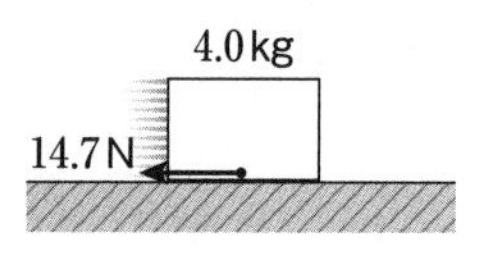

90. ➡ 2 例題 16

知識

91. 最大摩擦力

粗い水平面上に置かれた質量 1.0kg の物体を水平方向に引く。図は，物体が受ける摩擦力 F〔N〕と，引く力 f〔N〕との関係である。重力加速度の大きさを 9.8m/s² とする。

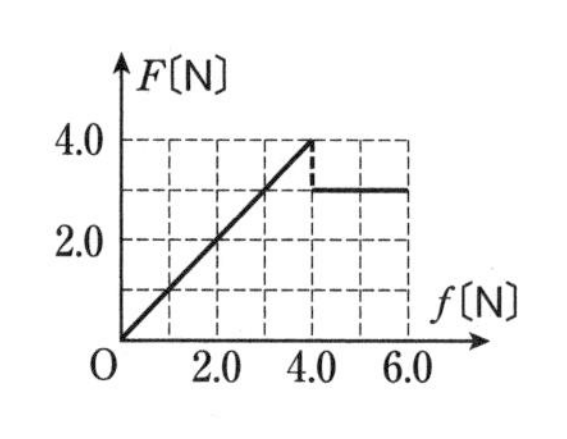

(1) 物体が受けた最大摩擦力の大きさは何 N か。

(2) 物体と面との間の静止摩擦係数はいくらか。

(3) 動摩擦係数はいくらか。

91. ➡ 1 2

(1)

(2)

(3)

知識

92. 水平面上の運動

質量 3.0kg の物体が，粗い水平面上を右向きに初速度 8.0m/s ですべり始め，16m 進んで停止した。重力加速度の大きさを 9.8m/s² とする。

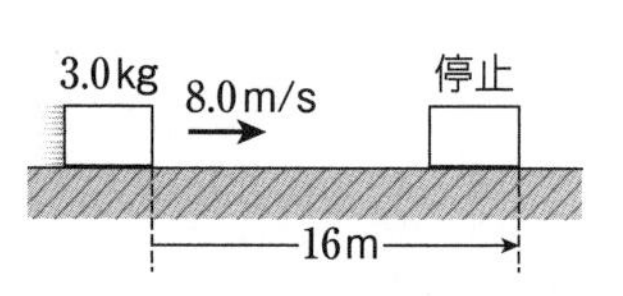

(1) すべっている間の，物体の加速度はどちら向きに何 m/s² か。

(2) 物体と面との間の動摩擦係数はいくらか。

92. ➡ 2 例題 16

(1)

(2)

思考

93. 摩擦力の向き

なめらかな水平面上に物体 A，B を重ねて置く。AB 間にのみ摩擦力がはたらくとき，次の各問の摩擦力を，向きが分かるように各図に作図せよ。

(1) 図 1 のように，物体 A を力 F で右向きに引くとき，物体 A にはたらく摩擦力。

(2) 図 2 のように，物体 B を力 F で右向きに引くとき，物体 A にはたらく摩擦力。

93. ➡ 1 2

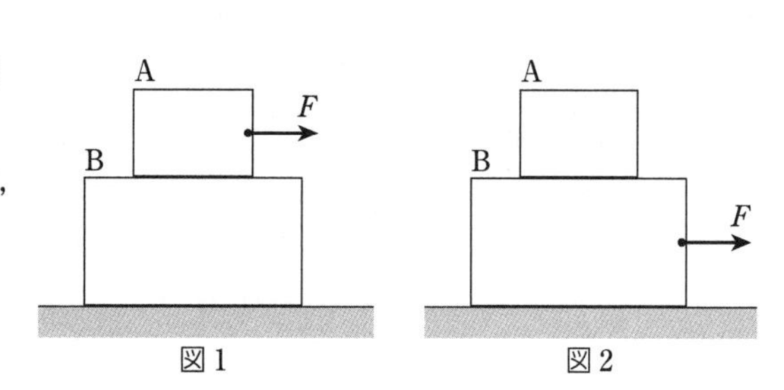

図 1　図 2

思考

94. 摩擦力のグラフ

粗い水平面上に置かれた物体に，ひもをつけて，水平方向に大きさ f〔N〕の力で引く。引く力の大きさ f を0から徐々に大きくしていったところ，物体にはたらく摩擦力の大きさ F〔N〕は右図のように変化した。図中の F_0，F' は，このときの最大摩擦力，動摩擦力を表す。次に，物体の上におもりを置き，固定した。f を0から徐々に大きくしたとき，得られる $F-f$ グラフは次の(ア)～(ウ)のどれか。最も適当なものを選べ。

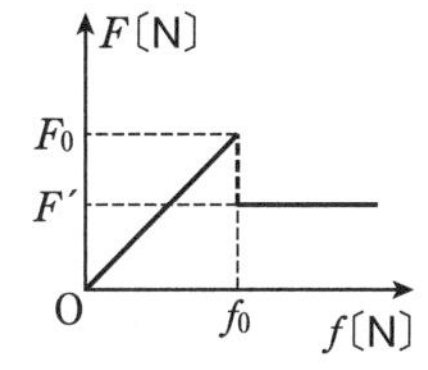

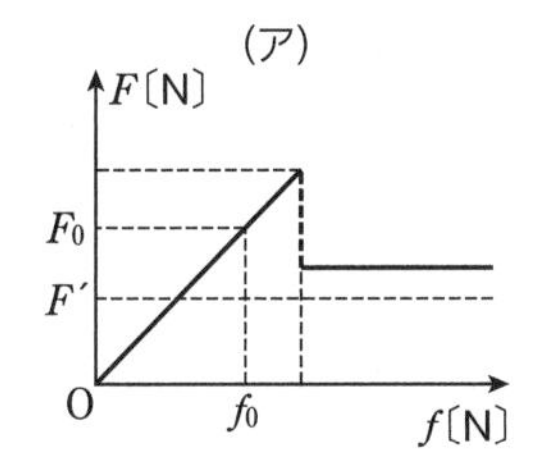

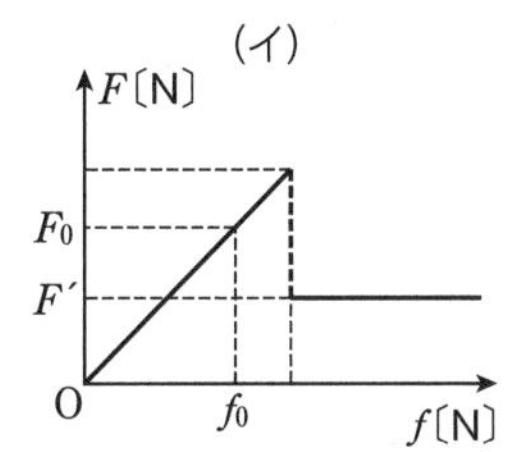

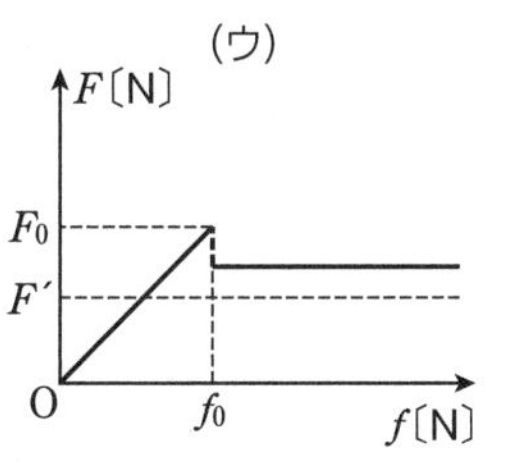

94. ➡ 1 2

標準問題

思考

95. 斜面上の静止摩擦力

水平とのなす角が θ の斜面上に，質量 m〔kg〕の物体を置くと，斜面上で静止した。重力加速度の大きさを g〔m/s²〕とする。

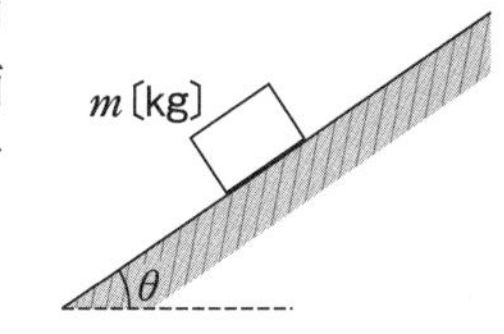

(1) 物体が受ける静止摩擦力の大きさは何Nか。

(2) 角 θ を徐々に大きくしていくと，θ_0 をこえたときに物体がすべり出した。物体と面との間の静止摩擦係数はいくらか。

(3) 物体の質量を $2m$ にしたとき，物体がすべり出す角度はどのように変化するか。理由とともに答えよ。

95. ➡ 基本問題 88

(1)

(2)

(3)

知識

96. 斜面上の運動

水平とのなす角が45°の粗い斜面の下端から，質量 m〔kg〕の物体に初速度 v_0〔m/s〕を与えて，斜面上向きにすべり上がらせた。物体と斜面との間の動摩擦係数を μ'，重力加速度の大きさを g〔m/s²〕とする。

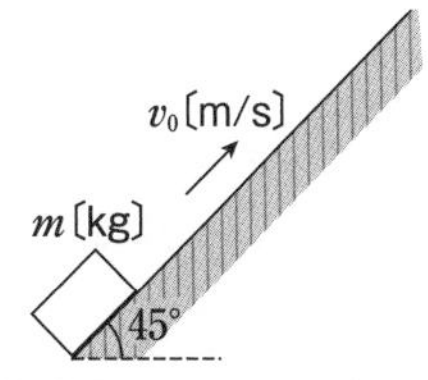

(1) 斜面上向きにすべっているとき，物体が受ける動摩擦力は，どちら向きに何Nか。

(2) 物体が達する斜面上の最高点は，下端から斜面に沿って何mはなれているか。

96.

(1)

(2)

思考

97. 板上を動く物体

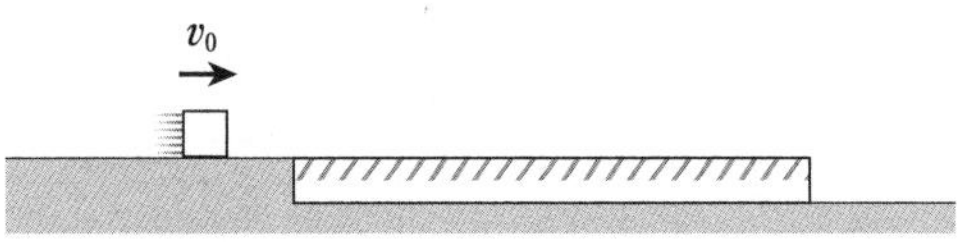

図のように，段差のあるなめらかな水平面があり，段差と同じ高さをもつ質量Mの板Bが静止している。いま，質量mの物体Aが，板Bの粗い上面を右向きに速さv_0で進入してきた。AとBとの間にのみ摩擦があり，その動摩擦係数をμ'，重力加速度の大きさをgとする。

(1) 物体Aが板B上をすべっているとき，Aの加速度a_1とBの加速度a_2を求めよ。

(2) 物体Aが板B上を移動するとき，Aはだんだん遅くなり，Bはだんだん速くなっていく。水平面やBの上面は十分な長さがあるものとして，十分時間が経過したときのA，Bの運動について，適切なものを以下の選択肢から一つ選べ。

(ア) AよりBの方が速くなる。

(イ) AとBはどちらも静止する。

(ウ) AとBは同じ速さになる。

97. ➡ 基本問題 92

(1)

(2)

知識

98. 動く板上の物体

なめらかな水平面上で，質量$2M$の板Aの上に質量Mの物体Bをのせ，Aを大きさFの力で右向きに引く。AとBとの間には摩擦力がはたらき，Fが小さいとき，AとBは一体となって運動する。重力加速度の大きさをgとする。

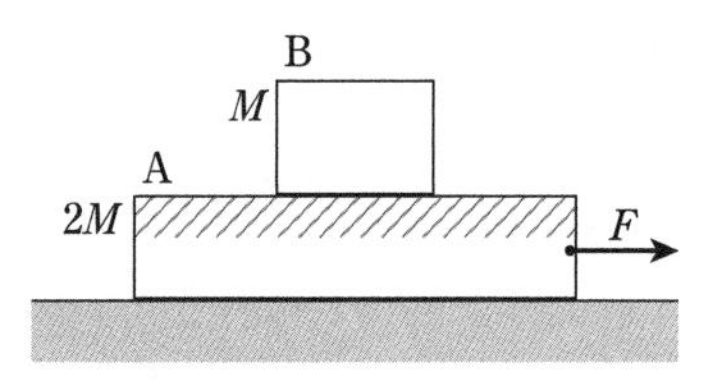

(1) A，B間では摩擦力をおよぼしあっている。A，Bが受ける摩擦力の向きをそれぞれ答えよ。

(2) A，B間でおよぼしあう摩擦力の大きさをf，水平面に対する物体A，Bの加速度の大きさをaとして，A，Bの運動方程式をそれぞれ示せ。

(3) AとBとの間の静止摩擦係数を$\mu=\frac{1}{2}$とする。引く力Fがある値をこえると，BはAに対してすべり始めた。すべり始める直前の力の大きさFを，M，gを用いて表せ。

98. ➡ 基本問題 93

(1) A：

B：

(2) A：

B：

(3)

10 液体や気体から受ける力

➡解答編 p.28〜29

1 圧力と浮力

●**圧力**　単位面積あたりにはたらく力の大きさ。単位はパスカル(記号 Pa)。面積 S〔m²〕の面に垂直に，大きさ F〔N〕の力がはたらくとき，圧力 p〔Pa〕は，

$$p=\frac{F}{S}\quad\left(\text{圧力〔Pa〕}=\frac{\text{力〔N〕}}{\text{面積〔m}^2\text{〕}}\right)\quad\cdots①$$

●**水圧**　水中で物体が受ける圧力。深さ h〔m〕における水圧 p〔Pa〕は，大気圧 p_0〔Pa〕，水の密度 ρ〔kg/m³〕，重力加速度の大きさ g〔m/s²〕を用いて，

$$p=p_0+\rho hg\quad\cdots②$$

●**浮力**　流体(液体や気体の総称)中の物体に，流体から鉛直上向きにはたらく力。
浮力の大きさは，物体が押しのけた流体の重さに等しい(アルキメデスの原理)。
水中の物体にはたらく浮力の大きさ F〔N〕は，水の密度 ρ〔kg/m³〕，物体の水中部分の体積 V〔m³〕，重力加速度の大きさ g〔m/s²〕を用いて，

$$F=\rho Vg\quad\cdots③$$

2 空気抵抗と終端速度

空気中を落下する物体は，空気抵抗を受ける。空気抵抗の大きさは，物体が落下する速さとともに大きくなり，やがて重力とつりあう。このとき，物体は一定の速度となり，この速度を終端速度という。

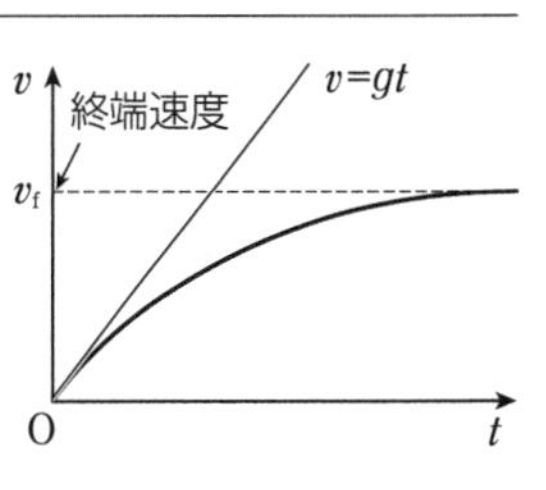

✔ チェック

次の各問に答えよ。ただし，重力加速度の大きさを 9.8m/s² とする。

❶水平面が，面に垂直に 1.0×10^{-2}m² あたり，10N の力で押されている。面にはたらいている圧力は何 Pa か。　(⇨ 1)

答

❷水面から深さが 50m の位置における圧力は何 Pa か。ただし，水の密度を 1.0×10^3kg/m³，水面における大気圧を 1.0×10^5Pa とする。　(⇨ 1)

答

❸水中に体積 1.0m³ の物体が沈んでいる。水の密度を 1.0×10^3kg/m³ とすると，物体にはたらく浮力の大きさは何 N か。　(⇨ 1)

答

❹質量 1.0kg の物体が，空気抵抗を受けて等速で落下している。このとき，物体が受ける空気抵抗の大きさは何 N か。　(⇨ 2)

答

例題 17 浮力と力のつりあい

➡基本問題 99・100

図のように，水平面上に置かれた水の入った容器に，軽い糸をつけた金属球を入れ，天井からつり下げて静止させた。次の各問に答えよ。ただし，水の密度を ρ〔kg/m³〕，金属球の体積を V〔m³〕，金属球の質量を m〔kg〕，重力加速度の大きさを g〔m/s²〕とする。

(1)　金属球にはたらく浮力の大きさは何 N か。
(2)　糸の張力の大きさは何 N か。

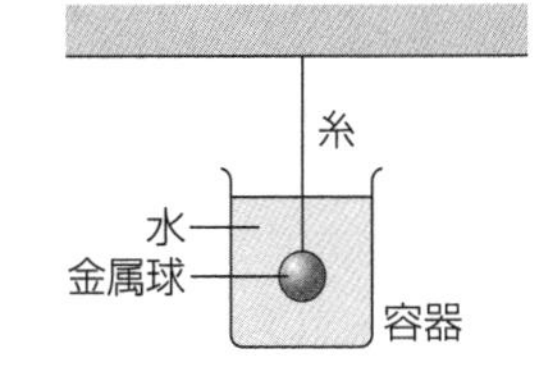

指針　(1)　アルキメデスの原理から，金属球にはたらく浮力の大きさは，それが押しのけた水の重さに等しく，次式で表される。
(浮力)＝(水の密度)×(金属球の体積)×(重力加速度)
(2)　金属球には，重力，糸の張力，浮力がはたらく。それらの力を図示して，力のつりあいの式を立てる。

解説　(1)　浮力の大きさは，金属球が押しのけた水の重さに等しい。これを F〔N〕とすると，
$F=\boldsymbol{\rho Vg}$〔N〕

(2)　金属球にはたらく重力の大きさは mg〔N〕であり，糸の張力の大きさを T〔N〕とすると，金属球にはたらく力は，図のようになる。鉛直方向の力のつりあいから，
$T+\rho Vg-mg=0$
$T=\boldsymbol{(m-\rho V)g}$〔N〕

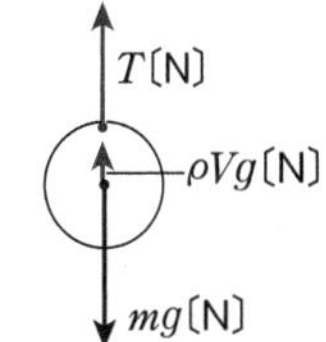

チェック 解答　❶$1.0\times10^3$Pa　❷$5.9\times10^5$Pa　❸$9.8\times10^3$N　❹9.8N

基本問題

知識

99. 水から受ける浮力

体積 V[m^3]のボールが水面に浮かんで静止している。ボールの体積の $\frac{4}{5}$ が水面より下にあるとき，ボールの受ける浮力の大きさ F[N]を求めよ。ただし，水の密度を ρ[kg/m^3]，重力加速度の大きさを g[m/s^2]とする。

99. ➡ 1 例題17

知識

100. 弾性力と浮力

ばね定数 98N/m の軽いばねの一端を天井に固定し，他端に質量 2.0kg の小球をつるして，図のように，小球を水中に沈めて静止させた。小球の体積を 5.0×10^{-4}m^3，水の密度を 1.0×10^3kg/m^3，重力加速度の大きさを 9.8m/s^2 とする。

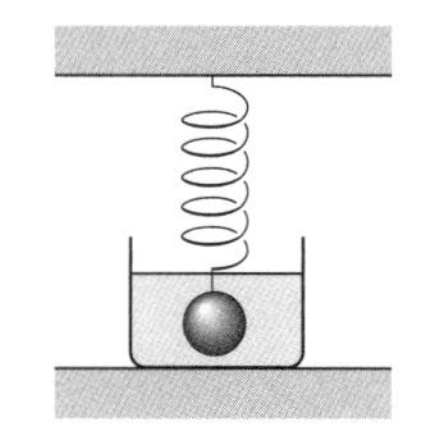

(1) 小球が受ける浮力の大きさは何 N か。

(2) ばねの伸びは何mか。

100. ➡ 1 例題17

(1)

(2)

思考

101. 浮き沈みの条件

2つの物体A，Bを，液体が入っている容器の中に入れると，物体Aは容器の底に沈み，物体Bは液体の表面に浮かんで静止した。物体A，Bについて，わかることを以下の選択肢の中から選べ。

(ア) 物体Aは，物体Bよりも体積が大きい。
(イ) 物体Aは，物体Bよりも質量が大きい。
(ウ) 物体Aは，物体Bよりも密度が大きい。

101. ➡ 1

知識

102. 物体の落下と空気抵抗

質量 m[kg]の物体が，空気抵抗を受けながら落下する。重力加速度の大きさを g[m/s^2]とする。

(1) 鉛直下向きを正とする。物体が a[m/s^2]の加速度で落下して，大きさ f[N]の空気抵抗を受けているとき，物体の運動方程式を示せ。

(2) 物体の速度が大きくなると，空気抵抗も大きくなり，やがて速度は一定の値となる。このときの空気抵抗の大きさ f[N]を，m，g を用いて表せ。

102. ➡ 2

(1)

(2)

11 仕事と仕事率

学習日	学習時間
／	分

➡解答編 p.29～31

1 仕事

物体に大きさ F〔N〕の力を加え続けて，力の向きに距離 x〔m〕だけ移動させたとき，この力が物体にした仕事 W は，

$W=Fx$（仕事〔J〕＝力〔N〕×移動距離〔m〕） …①

仕事の単位はジュール(記号 J)。

●**力の向きと移動の向きが異なる場合**　水平と角 θ をなす向きに，大きさ F〔N〕の力を加え，水平方向に距離 x〔m〕だけ移動させたとき，この力が物体にした仕事 W〔J〕は，

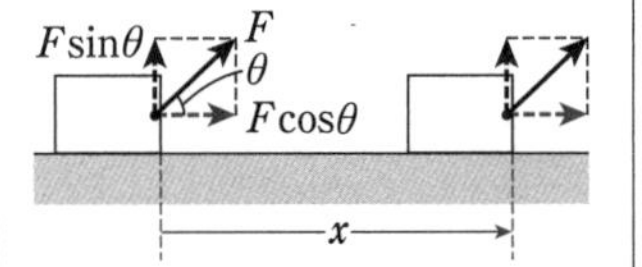

$W=Fx\cos\theta$ …②

●**仕事の原理**　一般に，道具を用いて仕事をするとき，道具の質量や摩擦が無視できるならば，仕事の量は道具を用いないときと変わらない。

2 仕事率

単位時間あたりの仕事を仕事率という。時間 t〔s〕の間に W〔J〕の仕事をしたときの仕事率 P は，

$$P=\frac{W}{t}\quad\left(仕事率〔W〕=\frac{仕事〔J〕}{時間〔s〕}\right)\quad …③$$

仕事率の単位はワット(記号 W)。

●**速さと仕事率**　物体に，一定の大きさ F〔N〕の力がはたらき，その向きに一定の速さ v〔m/s〕で移動するとき，力がする仕事の仕事率 P〔W〕は，**$P=Fv$** …④

✓ チェック　次の各問に答えよ。

❶水平面上に置かれた物体に，右向きに30Nの力を加え続け，3.0m移動させたとき，加えた力が物体にした仕事は何Jか。（⇨ 1）

答

❷水平面上で，物体が右向きに4.0m移動した。このとき，物体が面から受ける垂直抗力がした仕事は何Jか。（⇨ 1）

答

❸仕事率30Wで，1分間仕事をした。この間の仕事は何Jか。（⇨ 2）

答

❹水平面上の物体に15Nの力を加え続け，力の向きに一定の速さ4.0m/sで移動させている。この力がする仕事の仕事率は何Wか。（⇨ 2）

答

例題 18 水平面上の仕事

➡基本問題 103，標準問題 106

粗い水平面上に置かれた質量50kgの物体にロープをつけ，水平方向に100Nの力で引いて，ゆっくりと10m移動させた。このとき，次の力がした仕事は何Jか。ただし，重力加速度の大きさを9.8m/s² とする。

(1)　ロープの張力　(2)　重力　(3)　垂直抗力　(4)　動摩擦力

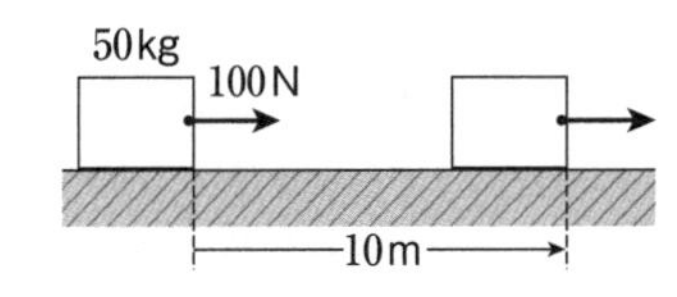

指針　ゆっくりと移動させているので，物体が受ける力はつりあっている。これらの力を図示して，仕事の公式「$W=Fx\cos\theta$」を用いる。そのとき，力の向きと移動の向きとのなす角に注意する。

解説　(1)　物体が受ける力は，図のように示される。ロープの張力と移動の向きは同じ($\theta=0°$)なので，

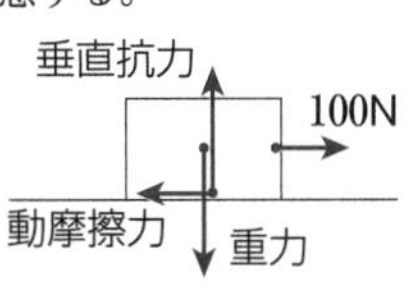

$W=100\times10\times\cos0°=1000=\mathbf{1.0\times10^3\ J}$

(2)　重力の向きと移動の向きは垂直($\theta=90°$)なので，

$W=(50\times9.8)\times10\times\cos90°=\mathbf{0\ J}$

(3)　垂直抗力の向きと移動の向きは垂直($\theta=90°$)なので，(2)から，垂直抗力がする仕事は **0 J** である。

(4)　動摩擦力の向きと移動の向きは逆($\theta=180°$)なので，動摩擦力がする仕事は負となる。

$W=100\times10\times\cos180°=-1000=\mathbf{-1.0\times10^3\ J}$

Advice　各力の仕事の和は，合力の仕事に等しく，物体がされた仕事の和になる。

チェック解答　❶90J　❷0J　❸$1.8\times10^3$J　❹60W

基本 問題

知識

103. 鉛直方向の移動と仕事　質量 m〔kg〕の物体を手にもち，ゆっくりと高さ h〔m〕だけもち上げた。重力加速度の大きさを g〔m/s²〕とする。

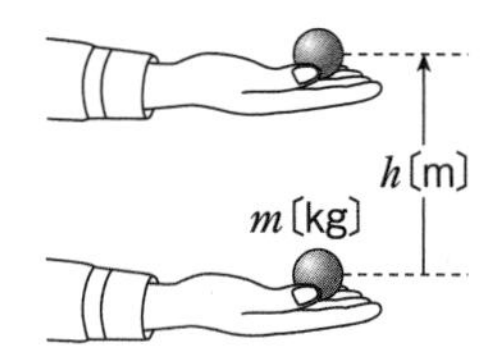

(1)　手の支える力が物体にした仕事は何 J か。

(2)　重力が物体にした仕事は何 J か。

103.　➡ 1 例題 18

(1)

(2)

知識

104. 仕事の原理　図のように，一定の割合でロープを巻き上げるモーターと動滑車を用いて，質量 100 kg の物体を 10 m もち上げた。滑車とロープの質量，および摩擦は無視できるとし，重力加速度の大きさを 9.8 m/s² とする。

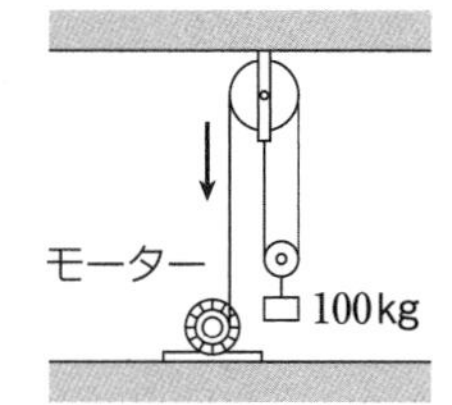

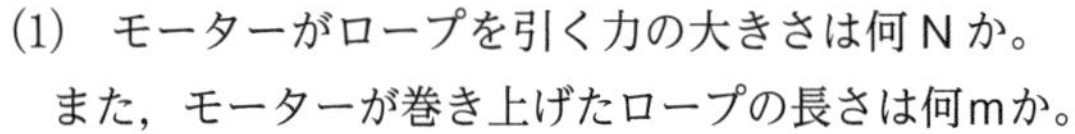

(1)　モーターがロープを引く力の大きさは何 N か。また，モーターが巻き上げたロープの長さは何 m か。

(2)　モーターで引き上げる力がした仕事は何 J か。

(3)　動滑車を使わず，物体を鉛直上向きに直接同じ高さまでもち上げる場合，モーターで引き上げる力がした仕事は何 J か。

104.　➡ 1

(1) 力の大きさ：

長さ：

(2)

(3)

知識

105. 仕事率　粗い水平面上に置かれた物体に，右向きに力を加えて移動させる。このとき，次の各問に答えよ。

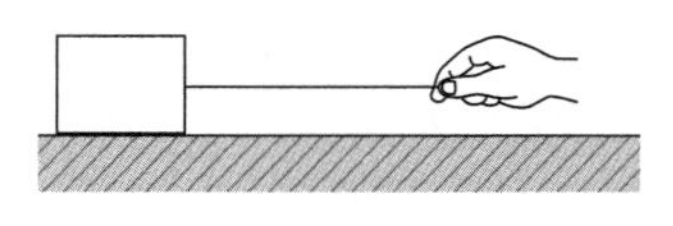

(1)　一定の大きさ 30 N の力で 4.0 m を移動させるのに，6.0 s かかった。このとき，力がする仕事の仕事率は何 W か。

(2)　一定の大きさ 30 N の力で，物体を 4.0 s 間移動させた。このとき，力がした仕事の仕事率は 18 W であった。この間，物体が移動した距離は何 m か。

105.　➡ 2

(1)

(2)

標準問題

📖知識

106. 斜面上をすべる物体と仕事 質量10kgの物体が，水平とのなす角30°の粗い斜面を2.0mすべりおりる。物体と面との間の動摩擦係数を0.20，重力加速度の大きさを9.8m/s^{2}とする。

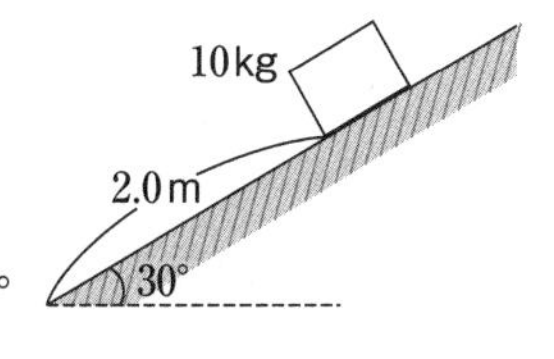

(1) 重力がする仕事は何Jか。

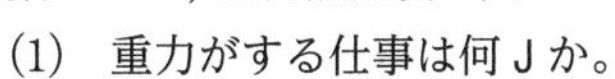

(2) 垂直抗力がする仕事は何Jか。

(3) 動摩擦力がする仕事は何Jか。

106. ➡ 例題18

(1) ……

(2) ……

(3) ……

思考

107. 仕事の原理 重い物体をもち上げる道具に，図のようなジャッキがある。アームの先端をもって，1回転させたとき，ジャッキの上端はねじの歩みdだけ上がる。ある物体を同じ高さだけもち上げるとき，より小さな力でもち上げるためには，どのようなジャッキを選べばよいか。以下の選択肢から正しいものをすべて選べ。ただし，ねじの摩擦力は無視できるものとする。

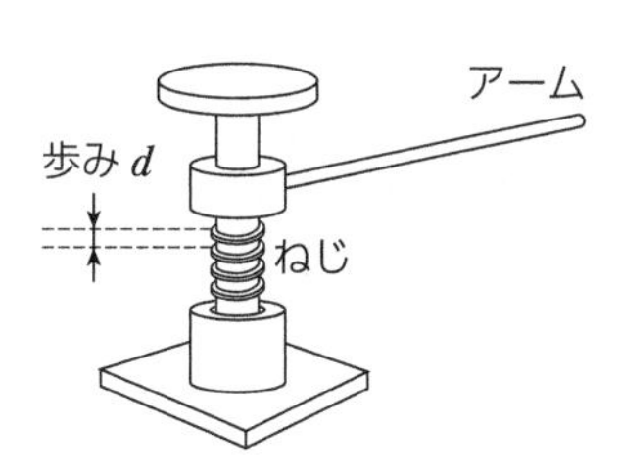

(ア) ねじの直径が大きいジャッキ　(イ) ねじの歩みが小さいジャッキ

(ウ) アームが太いジャッキ　(エ) アームが長いジャッキ

107.

……

思考

108. 仕事率 粗い水平面上の物体Aに，軽い糸の一端をつけ，なめらかに回転する滑車に通して，他端に質量m[kg]のおもりBをつるす。Bに鉛直下向きの初速度v_0[m/s]を与えると，そのままの速度で運動し続けた。重力加速度の大きさをg[m/s^2]とする。

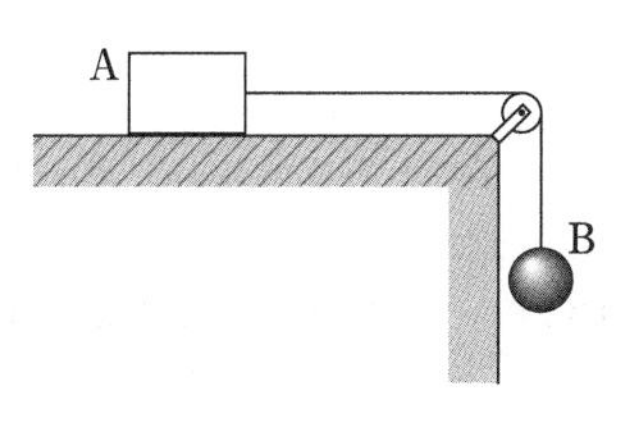

(1) Bにはたらく重力のする仕事の仕事率P_1[W]と，糸の張力のする仕事の仕事率P_2[W]を求めよ。

(2) 落下の途中で，Bのすぐ上の糸を切った。その後の重力のする仕事の仕事率は，(1)で求めたP_1の値よりも大きいか，小さいか，理由とともに答えよ。

108.

ヒント

(2) 糸を切った後のBの運動のようすを考える。

(1) P_1：……

P_2：……

(2) 値：……

理由：……

12 運動エネルギー

学習日	学習時間
／	分

➡解答編 p.31～32

1 エネルギー

物体が他の物体に仕事をする能力をもつとき，物体はエネルギーをもつという。エネルギーの量は，そのエネルギーによって行うことのできる仕事の量で表される。単位はジュール(記号 J)。

2 運動エネルギー

運動している物体がもつエネルギー。質量m[kg]の物体が，速さv[m/s]で運動しているとき，物体の運動エネルギーK[J]は，

$$K=\frac{1}{2}mv^2 \quad \cdots ①$$

3 運動エネルギーの変化と仕事

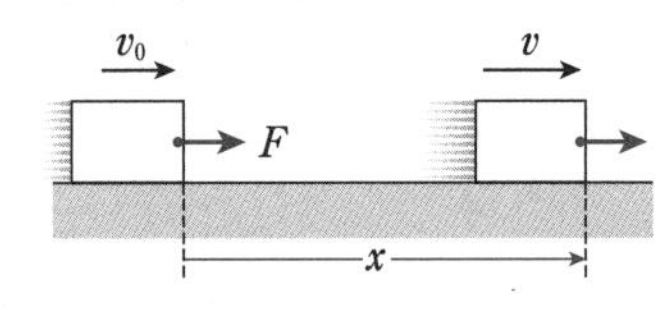

速さv_0[m/s]で運動している質量m[kg]の物体が，運動方向に力を受けてW[J]$(=Fx)$の仕事をされ，その速さがv[m/s]になったとき，次の関係が成り立つ。

$$\frac{1}{2}mv^2-\frac{1}{2}mv_0^2=W \quad \cdots ②$$

物体の運動エネルギーの変化は，その間に物体がされた仕事に等しい。

✔ チェック　次の各問に答えよ。

❶質量 0.20kg のボールが，速さ 20m/s で運動している。ボールの運動エネルギーは何 J か。　(⇨ 2)

答

❷速さ 4.0m/s で運動する物体の運動エネルギーが 8.0J であった。物体の質量は何 kg か。　(⇨ 2)

答

❸水平面上を走る台車が，水平方向に仕事をされ，その運動エネルギーが 30J から 80J に変化した。台車がされた仕事は何 J か。　(⇨ 3)

答

❹粗い水平面上を運動エネルギー 32J で移動する物体が，動摩擦力によってやがて停止した。動摩擦力が物体にした仕事は何 J か。　(⇨ 3)

答

例題 19 運動エネルギーの変化と仕事

➡ 基本問題 110，標準問題 111

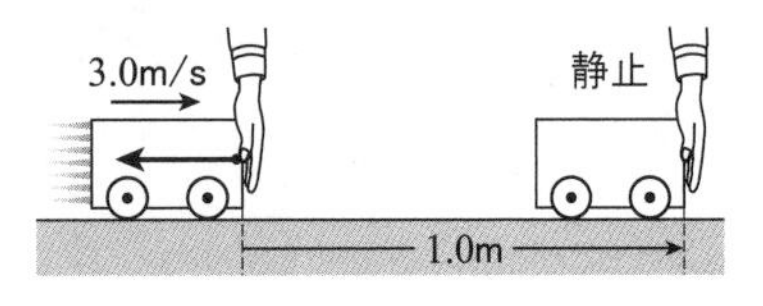

なめらかな水平面上を，質量 1.0kg の台車が速さ 3.0m/s で右向きに運動している。この台車に，運動の向きと逆向きに一定の力を加え続けると，台車は力を加え始めてから 1.0m 移動して静止した。加えた力の大きさは何Nか。

指針　台車の運動エネルギーの変化は，台車がされた仕事に等しい。「$\frac{1}{2}mv^2-\frac{1}{2}mv_0^2=W$」の公式を用いる。

解説　台車に加えた力をF[N]とすると，

$$\frac{1}{2}\times1.0\times0^2-\frac{1}{2}\times1.0\times3.0^2=F\times1.0$$

$F=-4.5$N　　加えた力の大きさは **4.5N**

(力Fの負の符号は，力が運動の向きと逆向きであることを意味する。)

Advice　運動エネルギーの変化は，(変化後の量)－(変化前の量)である。計算結果が負になる場合は，運動エネルギーが減少したことを意味する。

チェック 解答　❶40J　❷1.0kg　❸50J　❹－32J

基本問題

□知識

□109. 運動エネルギー 質量 1.0×10^3kg の自動車が，速さ36km/hで走行している。自動車がもつ運動エネルギーは何Jか。また，自動車が速さ72km/hに加速したとき，運動エネルギーは何倍になるか。

109. ➡ 2

運動エネルギー：

倍率：

□知識

□110. 運動エネルギーの変化と仕事

なめらかな水平面上を，速さ2.0m/sで運動をしている質量2.0kgの台車が，その進む向きに6.0Nの力を受け続けて，2.0m移動したとき，その速さは何m/sになるか。

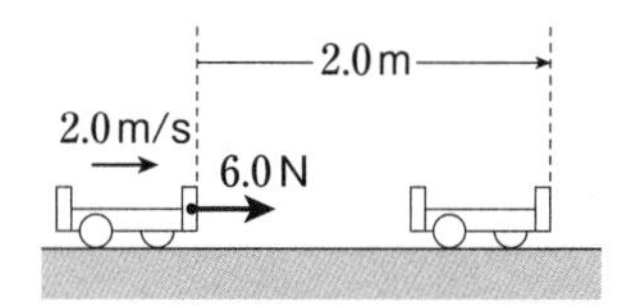

110. ➡ 3 例題19

標準問題

□知識

□111. 動摩擦力による仕事と運動エネルギー 質量20gの弾丸が，1.0×10^3m/sの速さで，固定された均質の木材に打ちこまれ，表面から深さ10cmまで入った。弾丸が木材から受ける動摩擦力は一定であるとする。

(1) 動摩擦力が弾丸にした仕事は何Jか。

(2) 動摩擦力の大きさは何Nか。

111. ➡ 例題19，基本問題110

(1)

(2)

□知識

□112. 運動エネルギーの変化と仕事

図のように，質量2.0kgの物体が，水平とのなす角30°の粗い斜面上を初速度10m/sですべりおりた。物体は，斜面上を10mすべった後に静止した。重力加速度の大きさを 9.8m/s^2 とする。

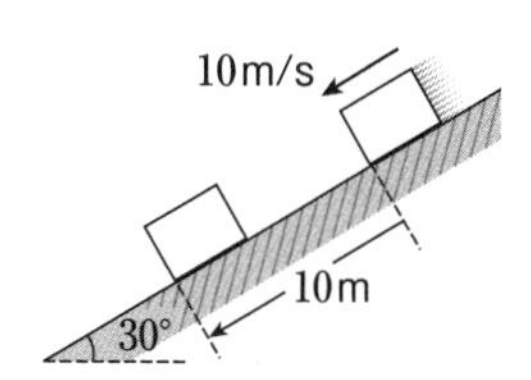

(1) 重力が物体にした仕事は何Jか。

(2) 物体が受ける動摩擦力の大きさは何Nか。運動エネルギーの変化と仕事との関係を用いて求めよ。

112.

ヒント

(2) 物体は重力と動摩擦力から仕事をされる。

(1)

(2)

13 位置エネルギー

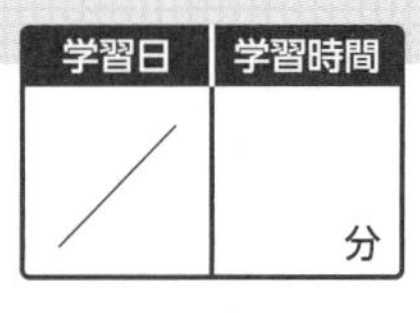

➡解答編 p.32〜33

1 重力による位置エネルギー

基準面から高さ h〔m〕にある質量 m〔kg〕の物体がもつ重力による位置エネルギー U〔J〕は，重力加速度の大きさ g〔m/s²〕を用いて，

$U=mgh$ …①

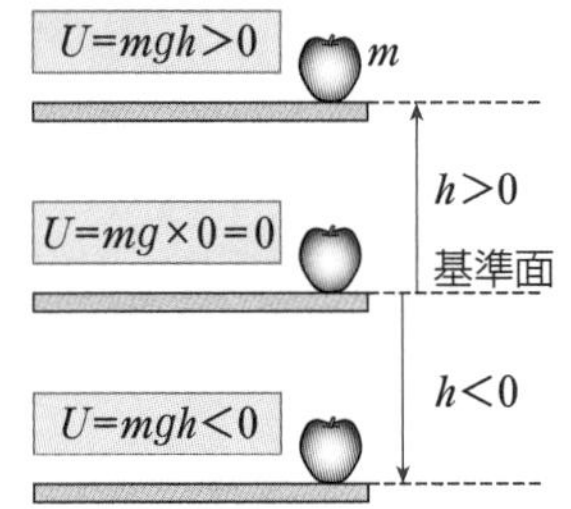

2 弾性力による位置エネルギー

ばね定数 k〔N/m〕のばねが，自然の長さから x〔m〕伸びたり，あるいは縮んだりしているとき，ばねにつながれた物体の弾性力による位置エネルギー U〔J〕は，

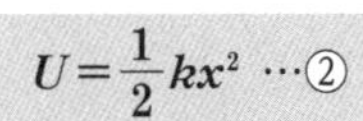

$U=\frac{1}{2}kx^2$ …②

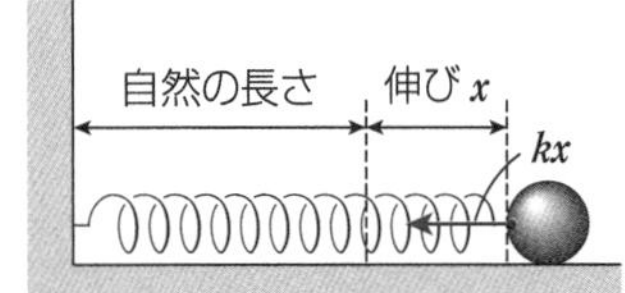

弾性力による位置エネルギーは，変形したばねがもつと考え，弾性エネルギーともよばれる。

3 保存力と位置エネルギー

●**保存力**　力が物体にする仕事が，途中の経路によらず，はじめと終わりの 2 点だけで決まるとき，その力を保存力という。保存力には，重力や弾性力がある。

●**位置エネルギー**　重力や弾性力による位置エネルギーのように，位置だけで定まるエネルギー。

物体が点Aから点Bの間を移動するとき，保存力がする仕事 W〔J〕は，点A，Bにおける位置エネルギーを U_A〔J〕，U_B〔J〕とすると，

$W=U_A-U_B$ …③

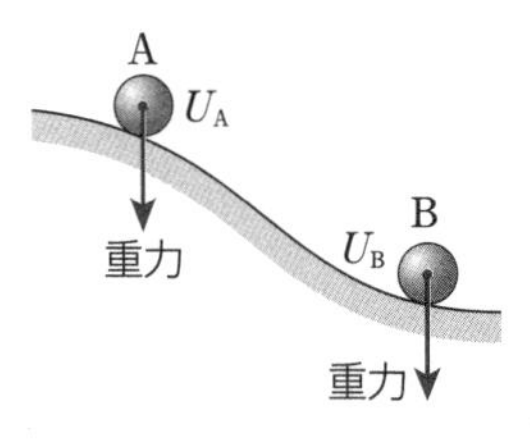

摩擦力や空気抵抗などは，移動経路によって物体にする仕事が変わり，保存力ではない。

チェック　次の各問に答えよ。

❶地面から高さ 5.0m の位置にある，質量 20kg の物体の重力による位置エネルギーは何 J か。重力加速度の大きさを 9.8m/s² とし，地面の高さを位置エネルギーの基準とする。　(⇨ 1)

答

❷ばね定数 120N/m のばねに物体がつながれている。ばねが自然の長さから 5.0×10^{-2}m 縮んでいるとき，物体の弾性力による位置エネルギーは何 J か。　(⇨ 2)

答

例題 20 重力による位置エネルギー

➡ 基本問題 113

地面に質量 2.0kg の物体が置かれている。次の高さを基準としたとき，物体がもつ重力による位置エネルギーは何 J か。ただし，重力加速度の大きさを 9.8m/s² とする。

(1)　地面の高さ

(2)　地面から地下 15m の地点

(3)　地面から高さ10m のビルの屋上

2.0kg　10m　地面　15m

指針　重力による位置エネルギー U〔J〕は，基準からの高さを h〔m〕として，$U=mgh$ と表される。その値は，物体が基準の高さよりも上にあるときは $U>0$，下にあるときは $U<0$，基準の高さでは $U=0$ である。

解説　(1)　物体は，基準と同じ高さにあるので，

$U=2.0\times9.8\times0=$**0J**

(2)　物体は基準よりも15m 上にあるので，

$U=2.0\times9.8\times15=294$J　　**$2.9\times10^2$J**

(3)　物体は基準よりも 10m 下にあるので，

$U=-2.0\times9.8\times10=-196$J　　**$-2.0\times10^2$J**

Advice　重力による位置エネルギーは，基準の高さの定めた位置によって変化する。問題文で示されていない場合は，任意に決めることができ，地面や床などの水平面にとることが多い。

チェック解答　❶$9.8\times10^2$J　❷0.15J

例題 21 弾性力による位置エネルギー

➡基本問題 114，標準問題 117

図のように，ばね定数が 40N/m のばねの一端を壁に固定し，他端をゆっくりと引き，ばねを自然の長さから 0.25m 伸ばした。

(1) ばねを 0.25m 伸ばしたときのばねを引く力の大きさは何Nか。

(2) ばねを引く力がした仕事の合計は何Jか。

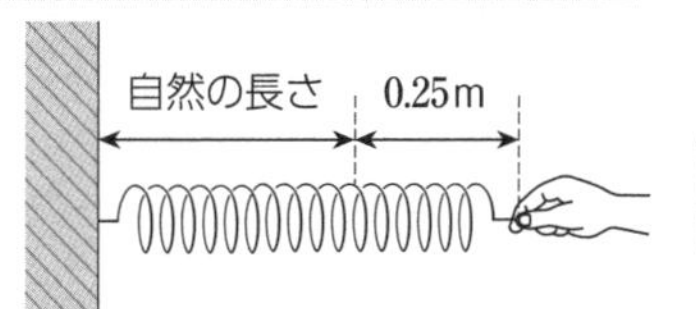

指針 (1) 作用・反作用の法則から，ばねを引く力と，ばねに生じる弾性力は，逆向きで大きさが等しい。

(2) ばねのもつ弾性力による位置エネルギーは，両端から引く力がばねにした仕事に等しい。

解説 (1) ばねを引く力の大きさを F〔N〕とする。このとき，作用・反作用の法則から，Fはばねに生じる弾性力の大きさに等しい。したがって，

$F=40\times0.25=$ **10N**

(2) ばねのもつ弾性力による位置エネルギーは，ばねが自然の長さから 0.25m 伸びる間に，ばねを引く力がばねにした仕事に等しい。したがって，ばねを引く力がした仕事を W〔J〕とすると，

$W=\frac{1}{2}\times40\times0.25^2=1.25$ **1.3J**

基本問題

知識

113. 位置エネルギー

地面からの高さ 15m のビルの屋上から，質量 3.0kg の物体を鉛直上向きに投げ上げた。位置エネルギーの基準の高さを投げ上げた位置とすると，物体が次に示す位置にあるとき，物体の重力による位置エネルギーは何Jか。ただし，重力加速度の大きさを 9.8m/s² とする。

(1) 投げ上げた位置から高さ 10m の位置

(2) 投げ上げた位置

(3) 地面

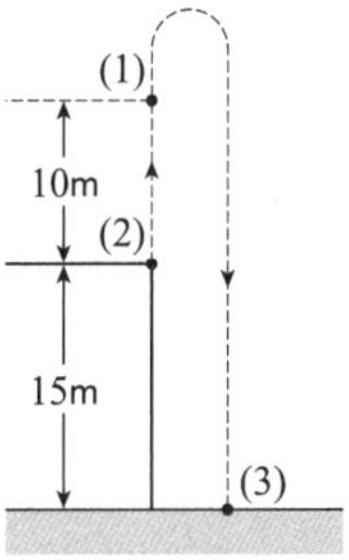

(図：(1)，(2)，(3)，10m，15m)

113. ➡1 例題 20

(1)

(2)

(3)

知識

114. 弾性力による位置エネルギー

ばね定数 50N/m のばねに物体をつなぎ，ばねの伸びを0.10m とした。物体の弾性力による位置エネルギーは何Jか。また，ばねの伸びを 0.20m とする(2.0倍にする)と，弾性力による位置エネルギーは何倍になるか。

114. ➡2 例題 21

弾性力による位置エネルギー：

倍率：

知識

115. 弾性力による位置エネルギー

質量 2.0kg の物体をばねにつるすと，自然の長さから 5.0cm 伸びて静止した。物体の弾性力による位置エネルギーは何Jか。ただし，重力加速度の大きさを 9.8m/s² とする。

115. ➡2

知識

116. 保存力のする仕事

図のように，質量 m の小球が，①→②→③→④の順に移動した。この間に，重力が小球にした仕事はいくらか。ただし，重力加速度の大きさを g とする。

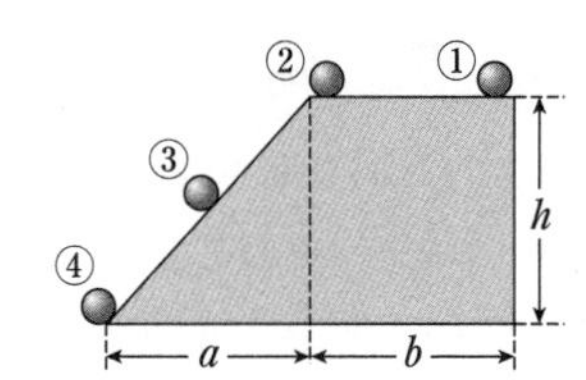

116. ➡ 3

標準問題

思考

117. 弾性力と仕事

なめらかな水平面上で，ばねに力を加えて，ばねの伸び x〔cm〕とばねに生じる弾性力の大きさ F〔N〕との関係を調べたところ，表のようなデータが得られた。次の各問に答えよ。

ばねの伸び x〔cm〕	2.5	5.0	7.5	10.0
弾性力の大きさ F〔N〕	0.50	1.00	1.50	2.00

(1) ばねの伸びと弾性力の大きさの関係を表すグラフを描け。

(2) ばねの伸びが 5.0cm のとき，弾性力による位置エネルギーは何 J か。

(3) ばねの伸びを 5.0cm から 10.0cm にするための仕事量は，(2)の何倍か。

117. ➡ 例題 21

ヒント
(3) 弾性力に逆らってする仕事は，弾性力による位置エネルギーの変化量になる。

(1)

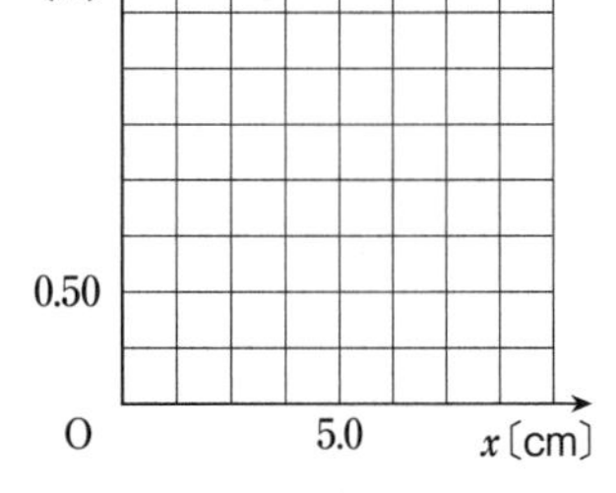

(2)

(3)

知識

118. 位置エネルギー

軽いばねを天井に固定し，下端に質量 m〔kg〕の物体をつるしたところ，図(a)のように，ばねが自然の長さから x_0〔m〕伸びた点Aで静止した。次に，物体に力を加えて，ばねをさらに $2x_0$〔m〕伸ばした点Bまで下げた（図(b)）。重力加速度の大きさを g〔m/s²〕とし，ばねが自然の長さのときの物体の高さを，重力による位置エネルギーの基準とする。

(1) ばねのばね定数は何 N/m か。

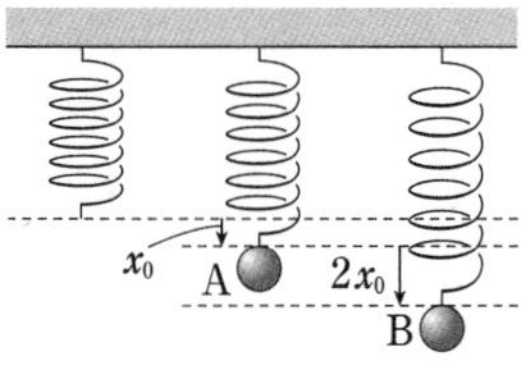

(2) 点Aにおける物体の重力による位置エネルギー，弾性力による位置エネルギーはそれぞれ何 J か。

x_0　A　$2x_0$　B

図(a)　図(b)

(3) 点Bにおける物体の重力による位置エネルギー，弾性力による位置エネルギーはそれぞれ何 J か。

118. ➡ 基本問題 113・115

(1)

(2) 重力：

弾性力：

(3) 重力：

弾性力：

14 力学的エネルギー

学習日	学習時間
／	分

➡解答編 p.33～38

1 力学的エネルギー

物体の運動エネルギーと位置エネルギーの和を力学的エネルギーという。

2 力学的エネルギー保存の法則

物体が保存力だけから仕事をされるとき，その運動エネルギーKと位置エネルギーUは相互に変換するが，それらの和(力学的エネルギーE)は一定に保たれる。

$E=K+U=$一定　…①

●**落下運動**　物体は，重力だけから仕事をされるので，点A，Bにおける物体の力学的エネルギーは等しい。

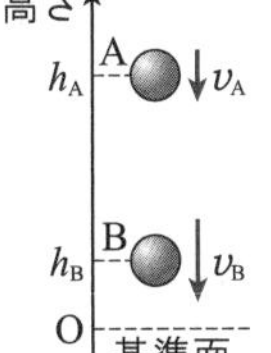

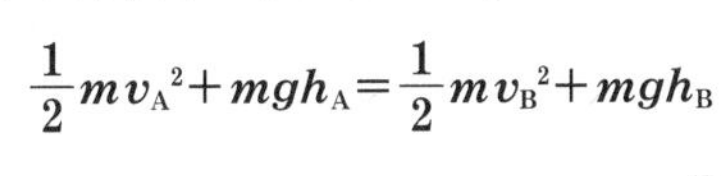

$$\frac{1}{2}mv_A{}^2+mgh_A=\frac{1}{2}mv_B{}^2+mgh_B \quad \cdots ②$$

なめらかな曲面を運動する物体(垂直抗力は仕事をしない)，振り子のおもり(糸の張力は仕事をしない)においても，同様に力学的エネルギーは保存される。

●**ばねによる運動**

物体は，ばねの弾性力だけから仕事をされるので，点A，Bにおける物体の力学的エネルギーは等しい。

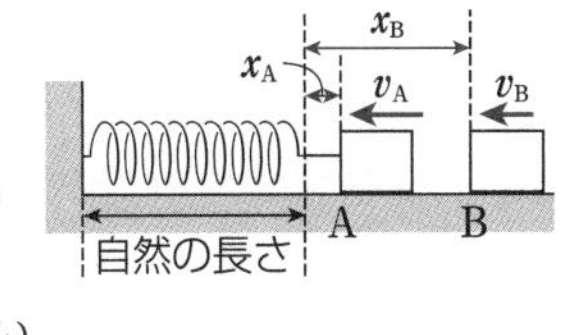

$$\frac{1}{2}mv_A{}^2+\frac{1}{2}kx_A{}^2=\frac{1}{2}mv_B{}^2+\frac{1}{2}kx_B{}^2 \quad \cdots ③$$

3 力学的エネルギーの変化

物体が保存力以外の力から仕事をされると，物体の力学的エネルギーはその分だけ変化する。

$E_2-E_1=W$　…④

(力学的エネルギーの変化＝保存力以外の力がする仕事)

✓ チェック

次の各問に答えよ。ただし，位置エネルギーの基準の高さを地面とする。

❶質量 10kg の物体が自由落下を始め，地面から高さ 5.0m の位置を速さ 2.0m/s で通過した。このとき，物体の力学的エネルギーは何 J か。ただし，重力加速度の大きさを 9.8m/s²とする。　(⇨ 2)

答

❷物体を地面から鉛直上向きに投げ上げた。投げ上げた直後，物体の力学的エネルギーが 49J であったとすると，最高点に達したときの力学的エネルギーは何 J か。　(⇨ 2)

答

例題 22 鉛直投げ上げと力学的エネルギーの保存

➡ 基本問題 120

質量 0.20kg の物体を，地面から鉛直上向きに速さ 20m/s で投げ上げた。重力加速度の大きさを 9.8m/s² として，次の各問に答えよ。

(1)　投げ上げた位置を重力による位置エネルギーの基準として，投げ上げた直後の力学的エネルギーは何 J か。

(2)　最高点の高さは何mか。力学的エネルギー保存の法則を用いて求めよ。

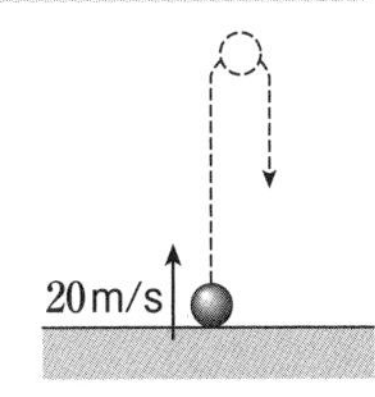

指針　物体は，重力のみから仕事をされるので，その力学的エネルギーは保存される。力学的エネルギーEは，運動エネルギー $K=\frac{1}{2}mv^2$ と，重力による位置エネルギー $U=mgh$ との和である。

(1)　投げ上げた直後，物体は基準の高さにあるので，重力による位置エネルギーが 0 となる。

(2)　最高点では物体の速さが 0 となり，運動エネルギーが 0 となる。このときの力学的エネルギーが，(1)で求めたものと等しいとして計算する。

解説　(1)　求める力学的エネルギーE〔J〕は，

$$E=K+U=\frac{1}{2}\times0.20\times20^2+0.20\times9.8\times0=\mathbf{40\,J}$$

(2)　最高点における物体の速さは 0 であり，そのときの力学的エネルギーは，重力による位置エネルギーのみである。最高点の高さを h〔m〕とすると，

$$40=\frac{1}{2}\times0.20\times0^2+0.20\times9.8\times h$$

$h=20.4$ m　　**20m**

チェック解答　❶$5.1\times10^2$J　❷49J

例題 23 ばねによる振動と力学的エネルギー

➡ 基本問題 122

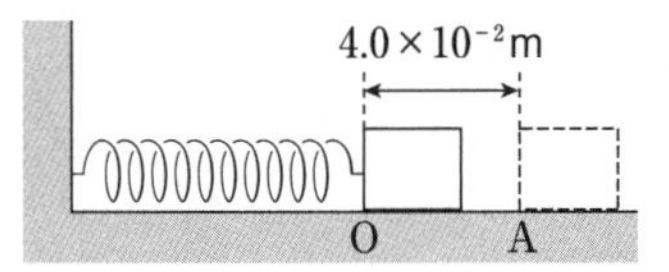

なめらかな水平面上の壁に，ばね定数 5.0N/m のばねの一端を固定し，他端に質量 0.80kg の物体をつける。ばねが自然の長さとなる点Oから物体を引いて，4.0×10^{-2}m 伸ばした点Aで静かにはなすと，物体は水平面上を振動した。次の各問に答えよ。

(1)　点Aにおける物体の弾性力による位置エネルギーは何Jか。

(2)　物体が点Oを通過するときの速さは何 m/s か。

(3)　ばねの縮みの最大値は何mか。

指針　物体はばねの弾性力だけから仕事をされるので，その力学的エネルギーは保存される。

(1)　「$U=\frac{1}{2}kx^2$」を用いて計算する。

(2)　点Oでは，ばねが自然の長さであり，物体の弾性力による位置エネルギーは0である。

(3)　ばねの縮みが最大となる位置では，物体の速さが0となり，運動エネルギーは0となる。

解説　(1)　弾性力による位置エネルギー U〔J〕は，

$$U=\frac{1}{2}kx^2=\frac{1}{2}\times5.0\times(4.0\times10^{-2})^2$$

$$=\mathbf{4.0\times10^{-3}J}$$

(2)　点Aと点Oにおいて，力学的エネルギー保存の法則の式を立てる。物体が点Oを通過するときの速さを v〔m/s〕とすると，

$$\frac{1}{2}\times5.0\times(4.0\times10^{-2})^2=\frac{1}{2}\times0.80\times v^2$$

$v^2=0.010$　　$v=\mathbf{0.10m/s}$

(3)　ばねの縮みの最大値を x〔m〕として，その位置と点Aとで，力学的エネルギー保存の法則の式を立てると，

$$\frac{1}{2}\times5.0\times x^2=\frac{1}{2}\times5.0\times(4.0\times10^{-2})^2$$

$x^2=(4.0\times10^{-2})^2$　　$x=\mathbf{4.0\times10^{-2}m}$

Advice　ばねにつながれた物体の振動では，振動の中心で速さが最大，振動の両端で速さが0となる。

基本問題

知識

119. 自由落下と力学的エネルギー　水面からの高さ 10m の橋で，質量 2.0kg の小球を静かにはなす。水面の高さを位置エネルギーの基準としたとき，手をはなした直後の小球の力学的エネルギーは何Jか。また，水面に達する直前の小球の速さは何 m/s か。ただし，重力加速度の大きさを 9.8m/s² とする。

119.　➡ 2

力学的エネルギー：

速さ：

知識

120. 投げ上げと力学的エネルギー　高さ 19.6 m のビルの屋上から，鉛直上向きに速さ 9.8m/s で質量 0.30kg の小球を投げ上げた。重力加速度の大きさを 9.8 m/s² として，次の各問に答えよ。ただし，(2)は力学的エネルギー保存の法則を用いて答えよ。

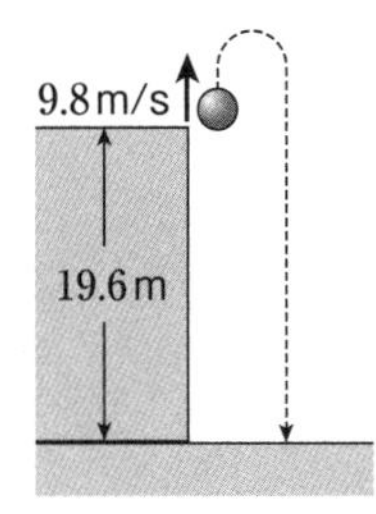

(1)　投げ上げた地点を位置エネルギーの基準として，投げ上げた直後の小球の力学的エネルギーは何Jか。

(2)　小球が達する最高点の地面からの高さは何mか。

120.　➡ 2 例題 22

(1)

(2)

知識

121. 曲面上での運動

図のような，なめらかな曲面上を，質量 m〔kg〕の小球が高さ h〔m〕の点Aから静かにすべり始め，水平面上の点Bを通過した。重力加速度の大きさを g〔m/s^2〕とする。

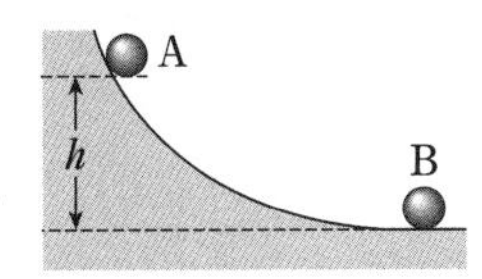

(1) 点Aから点Bまで移動する間に，垂直抗力が小球にする仕事は何Jか。

(2) 点Bにおける小球の速さは何m/sか。

121. ➡ 2

(1)

(2)

知識

122. ばねの運動

なめらかな水平面上の壁に，ばね定数 k〔N/m〕のばねの一端を固定し，他端に質量 m〔kg〕の物体をつける。物体を押してばねを d〔m〕だけ縮めた点Aで，静かにはなすと，物体はばねが自然の長さとなる点Bでばねからはなれた。

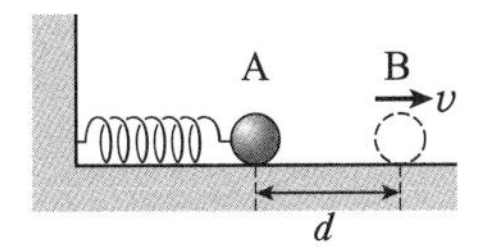

(1) 点Bでの物体の運動エネルギーは何Jか。

(2) 点Bにおける速さ v〔m/s〕はいくらか。

122. ➡ 2 例題 23

(1)

(2)

思考

123. 曲面上での運動とばね

図のように，なめらかな曲面と水平面がつながっている。水平面から高さ1.0mの曲面上に，質量0.40kgの物体を置き，静かに手をはなす。物体は水平面上に達し，一端が固定されたばね定数49N/mのばねを押し縮めた。重力加速度の大きさを9.8m/s^{2}として，次の各問に答えよ。

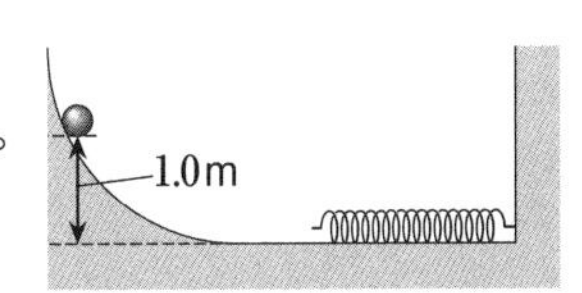

(1) 水平面に達したときの物体の運動エネルギーは何Jか。

(2) ばねの縮みの最大値は何mか。

(3) ばねの縮みが x〔m〕のとき，物体の弾性力による位置エネルギー U〔J〕との関係を表すグラフを，以下の選択肢から最も適当なものを選べ。

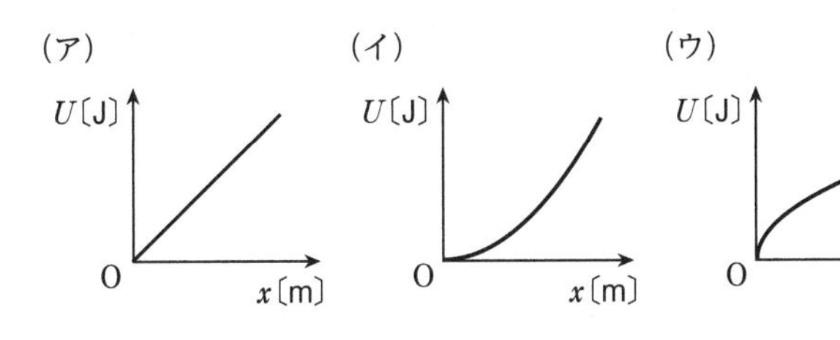

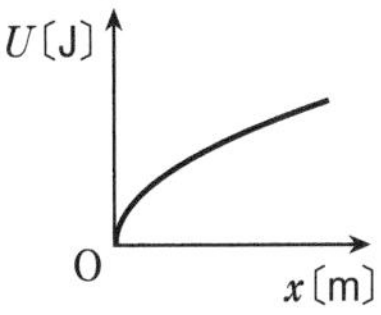

123. ➡ 2

(1)

(2)

(3)

知識

124. 振り子の運動

図のように，長さ L〔m〕の糸の一端に質量 m〔kg〕のおもりをつけ，他端を天井に固定する。糸がたるまないようにおもりを点Aから，糸と鉛直方向とのなす角が 60° となる点Bまでもち上げ，静かにはなした。重力加速度の大きさを g〔m/s²〕として，次の各問に答えよ。

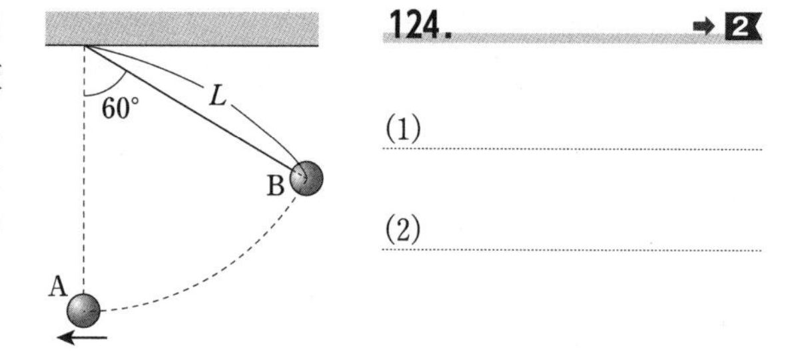

(1) 最下点Aから点Bまでの高さは何mか。

(2) 最下点Aを通過するときのおもりの速さは何 m/s か。

知識

125. 力学的エネルギーの減少

図のように，質量 2.0kg の物体が，高さ 10 m の位置から静かに斜面上をすべりおり，水平面上を 20m すべって停止した。物体と斜面との間に摩擦はなく，水平面との間に摩擦があるとする。重力加速度の大きさを 9.8m/s² として，次の各問に答えよ。

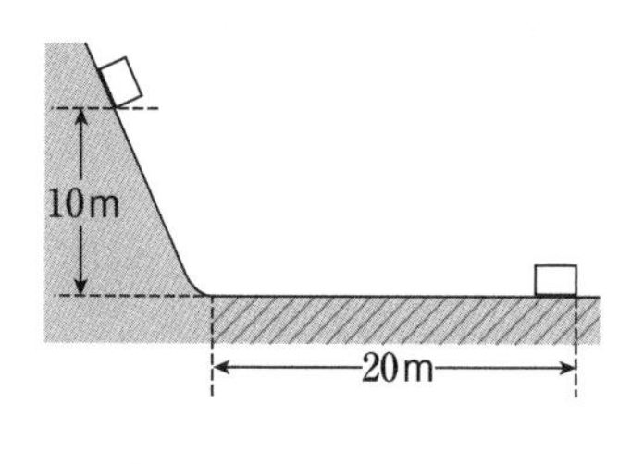

125. ➡ 3

(1)

(2)

(1) すべり始めてから停止するまでの間において，物体の力学的エネルギーの変化は何 J か。

(2) 物体が水平面から受けた動摩擦力の大きさは何N か。

知識

126. 粗い面上での運動

図のような，粗い水平面となめらかな曲面がある。質量 1.0kg の物体に 14m/s の初速を与えると，物体は水平面を10 mすべってから曲面を上った。物体と水平面との間の動摩擦係数を 0.50，重力加速度の大きさを 9.8m/s² とする。

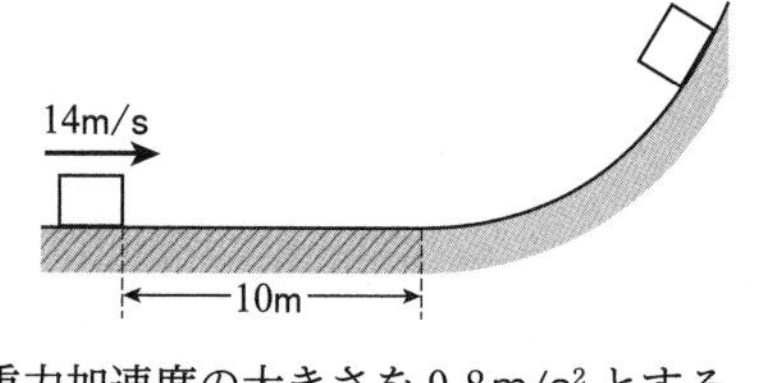

126. ➡ 3

(1)

(2)

(1) 水平面上をすべったとき，物体が動摩擦力からされた仕事は何 J か。

(2) 物体は曲面を何mの高さまで上るか。

思考

127. 斜方投射と力学的エネルギー

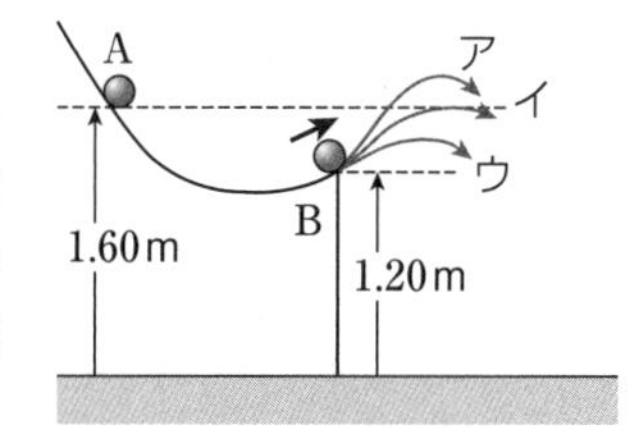

図のような，なめらかな曲面がある。床からの高さ 1.60m の点Aから小球を静かにはなすと，小球は曲面をすべり，1.20m の高さの点Bから斜めの方向に飛び出した。重力加速度の大きさを 9.8m/s² とする。

(1) 点Bを飛び出すときの小球の速さは何 m/s か。

(2) 点Bを飛び出した小球の描く軌道は，図のア～ウのどれか。

127.

ヒント

(2) 飛び出した小球は，最高点でも速さをもつ。

(1)

(2)

知識

128. ばねによる運動

床に一端を固定したばね定数 98N/m の軽いばねに，質量 0.50kg の小球をのせる。自然の長さの位置を点Aとし，ばねの縮みが 0.20m となる点Bまで小球を押し，静かにはなすと，小球は上方へ飛ばされる。重力加速度の大きさを 9.8m/s² とし，重力による位置エネルギーの基準を点Bとする。

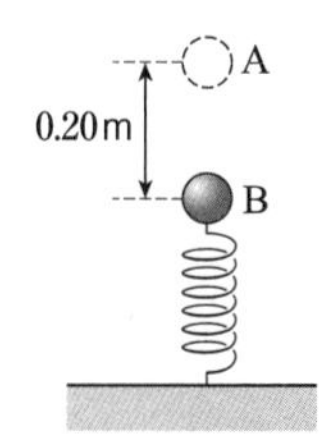

(1) 点Bでの小球の力学的エネルギーは何 J か。

(2) 小球が到達する最高点は点Aから何mか。

128.

(1)

(2)

知識

129. ばねと力学的エネルギーの保存

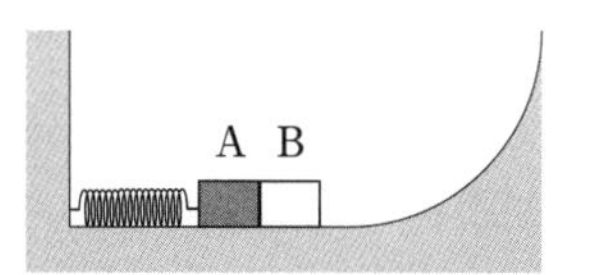

ばねの一端を壁に固定し，他端に質量 m〔kg〕の物体Aをとりつけた。図のように，同じ質量の物体Bを手でAに押しあて，自然の長さから d〔m〕だけ縮ませて，静かに手をはなした。ばね定数を k〔N/m〕，重力加速度の大きさを g〔m/s²〕とし，面はすべてなめらかとする。

(1) 物体Bが物体Aからはなれる直前の速さは何 m/s か。

(2) 物体Bが曲面を上るとき，達する最高点の高さは何mか。

(3) 物体Bがはなれたあと，ばねの縮みの最大値は何mか。ただし，ばねの縮みが最大のとき，物体Bは曲面上にあるとする。

129. ➡ 基本問題 123

(1)

(2)

(3)

知識

130. 鉛直方向に振動する物体

天井に一端を固定したばね定数 k のばねに，質量 m のおもりをつけ，ばねが自然の長さとなる位置で静止させる。この位置で手をはなすと，鉛直方向に振動を始めた。重力加速度の大きさを g とする。

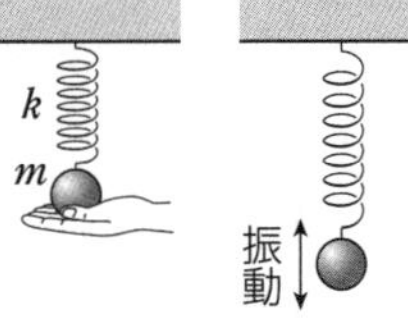

(1) 振動の中心は，おもりが受ける重力と弾性力がつりあう位置である。手をはなした位置から振動の中心までの距離を求めよ。

(2) 手をはなした高さを位置エネルギーの基準として，振動の中心におけるおもりの力学的エネルギーを求めよ。

(3) 振動の中心におけるおもりの速さを求めよ。

130. ➡ 基本問題 122

ヒント

(2) 手をはなした点と振動の中心とで，おもりの力学的エネルギーは保存される。

(1)

(2)

(3)

思考

131. ばねと力学的エネルギーの保存

天井に一端を固定したばねに，おもりをつけ，自然の長さの位置でおもりを手で支えて静止させる。次の 2 つの方法で手の支えをはなしたとき，それぞれのつりあいの位置における力学的エネルギーが，異なる理由を「負の仕事」という語句を用いて述べよ。ただし，重力による位置エネルギーの基準の高さは同じものとする。

方法 1：自然の長さの位置で，手をはなす。

方法 2：支えながらゆっくり下げて，手をはなす。

131.

ヒント

方法 2 において，ゆっくり下げている間にも，手はおもりに力を及ぼしている。

知識

132. 滑車と力学的エネルギーの保存

天井に固定された軽い滑車に糸を通し，糸の両端に質量 1.0kg の物体A，質量 3.0kg の物体Bをつけて，両者が同じ高さとなるように，手で支えて静止させる。静かに手をはなすと，A，Bは動き始めた。重力加速度の大きさを 9.8m/s^2 とする。

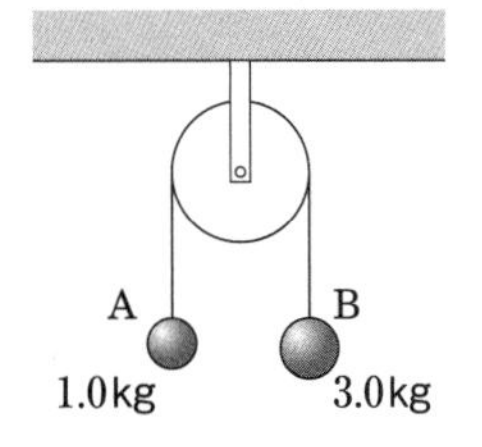

(1) A，Bがはじめに静止していた高さを位置エネルギーの基準とすると，はなした直後にA，Bがもっていた力学的エネルギーの和は何 J か。

(2) Aがはじめの位置から 0.20m 上昇したとき，A，Bの速さは何 m/s か。力学的エネルギー保存の法則を用いて求めよ。

132.

(1)

(2)

知識

133. 粗い斜面上での力学的エネルギー

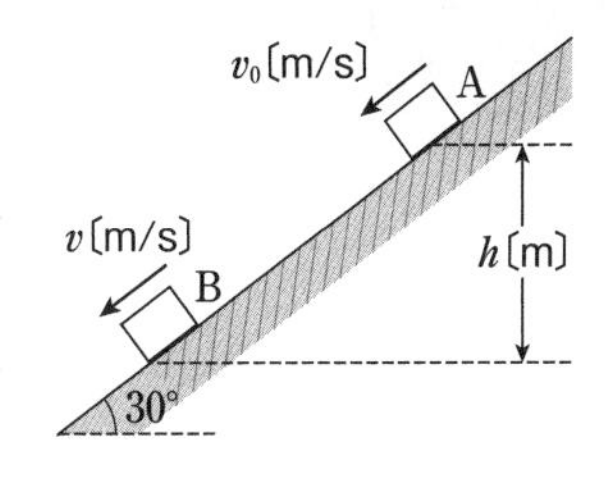

図のように，水平とのなす角が 30° の粗い斜面上を，質量 m〔kg〕の物体が，点Aから速さ v_0〔m/s〕ですべりおり，点Bを速さ v〔m/s〕で通過した。AB 間の高さの差を h〔m〕，重力加速度の大きさを g〔m/s^2〕とする。

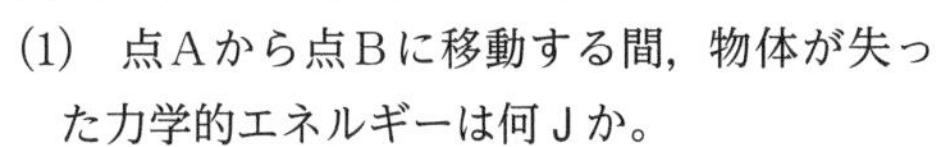

(1)　点Aから点Bに移動する間，物体が失った力学的エネルギーは何 J か。

(2)　物体と面との間の動摩擦係数はいくらか。

133.

(1)

(2)

知識

134. 力学的エネルギーの変化

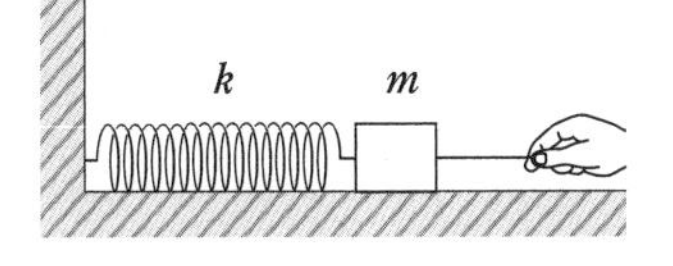

図のように，粗い水平面上で，ばね定数 k のばねの一端を壁に固定し，他端に質量 m の物体をとりつけ，軽い糸で物体を引いた。ばねの伸びが x の位置で，手をはなすと，物体は x だけ動き，ばねが自然の長さの位置で静止した。重力加速度の大きさを g とする。

(1)　手をはなしてから，物体が静止するまでに摩擦力のする仕事 W を求めよ。

(2)　動摩擦係数 μ' を求めよ。

134.

(1)

(2)

思考

135. 力学的エネルギーの変化

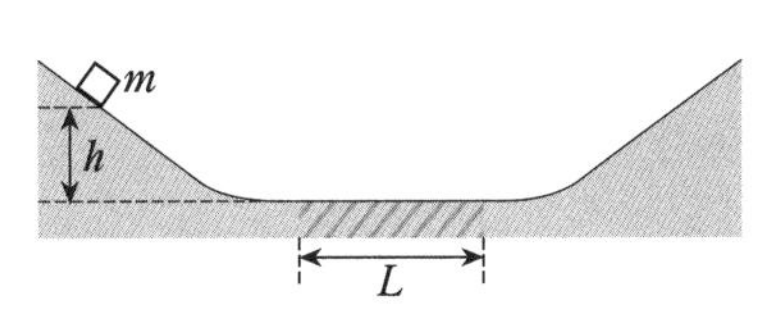

図のように，質量 m の物体を，水平面から高さ h のなめらかな斜面上から，静かにすべらす。物体は，長さ L の粗い水平面を通り過ぎ，同じ傾斜をもつなめらかな斜面上を，高さ $\frac{4}{7}h$ まで上がった。重力加速度の大きさを g として，次の各問に答えよ。

(1)　動摩擦力が物体にする仕事を求めよ。

(2)　時間が経過すると，物体は粗い水平面を往復し，いずれ静止する。物体が静止する位置の，粗い水平面上の左端からの距離を求めよ。

(3)　右側の斜面だけ，傾斜を大きくしたとき，物体が静止する位置は，(2)と比べてどうなるか。以下の選択肢から最も適当なものを選べ。

(ア)　やや左側　　(イ)　同じ位置　　(ウ)　やや右側

135. ➡ 基本問題 124

ヒント

(2)(3)　摩擦力から，仕事をされた分だけ，物体のもつ力学的エネルギーは変化する。

(1)

(2)

(3)

第Ⅰ章 章末問題

思考

136. 斜面を下る台車

図のように，なめらかな斜面上の点Aから，台車を静かにはなし，下方にある点Bに到達するまでの時間 T〔s〕を測定した。AB 間の距離 x〔m〕を変えながら同様の測定を複数回行い，図に示したグラフが得られた。

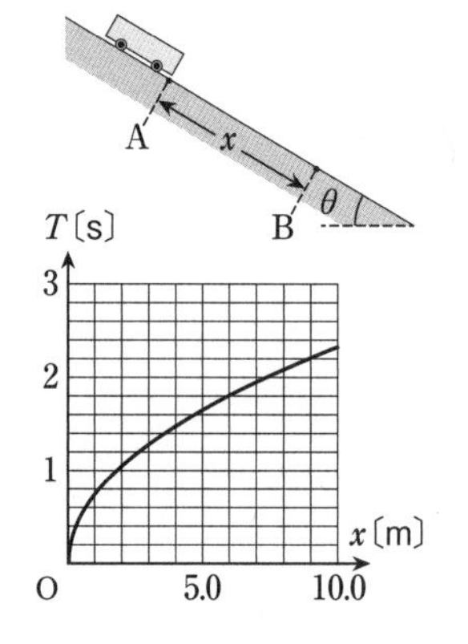

(1) 物体の加速度の大きさは何 m/s² か。以下の選択肢から最も適当な数値を選べ。

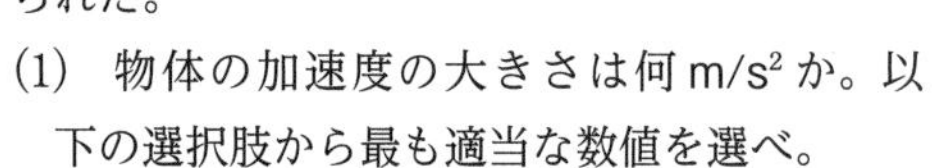

（ア） 1.9　　（イ） 3.7

（ウ） 4.9　　（エ） 9.8

(2) グラフの横軸を小球が点Bに到達するまでの時間 T〔s〕にし，縦軸を点Bに到達したときの速さにした。対応するグラフは以下の中のどれか。

（ア）
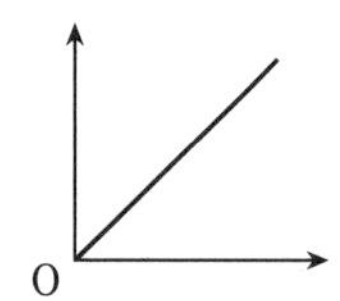

（イ）
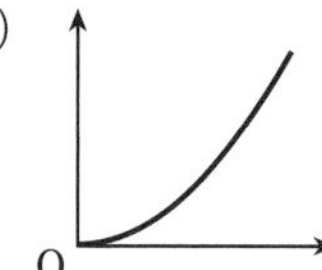

（ウ）
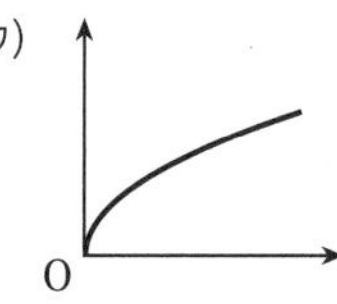

思考

137. 浮力と力のつりあい

台ばかりの上に，液体の入った容器を置く。このときの台ばかりが示す値を基準値とする。図のように，容器の液体の中に，質量 m〔kg〕の物体を軽い糸でつるし，静止させると，台ばかりは基準値から W〔N〕だけ増加した。重力加速度の大きさを g〔m/s²〕とする。

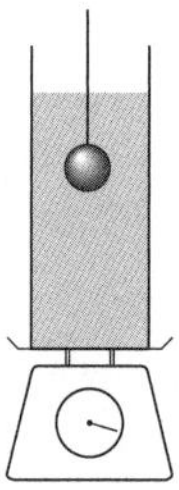

以下は，この実験に関する生徒と先生の会話である。

先生：基準値から増加した W〔N〕は，何の力によるものだと思いますか。

生徒：物体の重さによるものだと思います。

先生：なるほど。液体が物体から受ける力に注目したのは良いですね。しかし，作用・反作用の法則に着目して考えてみましょう。液体が物体から受ける力の反作用は，物体が液体から受ける力ですね。

生徒：あ，そうか。ということは，増加した W〔N〕は，物体が液体から受ける［ア］の反作用なのですね。

先生：そうです。したがって，物体にはたらく力のつりあいから，糸の張力の大きさは［イ］〔N〕とわかります。

生徒：もし，手をはなして物体が一定の速さで落下しているときは，台ばかりは基準値から［ウ］〔N〕だけ大きくなるのですか。

先生：正解です。

(1) ［ア］に入る言葉を答えよ。

(2) ［イ］，［ウ］に入る力の大きさを求めよ。

136.

(1)

(2)

137.

(1) ア

(2) イ

ウ

思考

138. 2物体の運動

図のように，質量Mの台車上の右端Bに，質量mの小物体がのっている。台車，小物体ともに静止している状態から，台車にロープをつけ，水平右向き（x軸の正の向き）に大きさFの一定の力で引き続けた。すると，台車と小物体は異なる加速度で動きはじめた。台車と小物体の間の動摩擦係数をμ'とし，重力加速度の大きさをgとする。

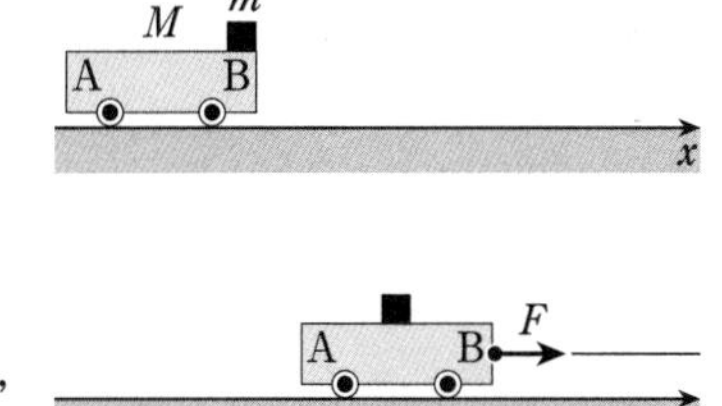

(1) 台車と小物体の加速度の大きさをそれぞれ求めよ。

(2) 時刻t_1で小物体は台車の左端Aに達して落下をし，時刻t_2で床に着地した。力を加えはじめた時刻を$t=0$とし，$t=0\sim t_2$の台車の速さu，および小物体の水平方向の速さvと時間tとの関係を表すグラフは，以下のうちのどれか。最も適当なものを一つ選べ。ただし，uを実線で，vを破線で表している。

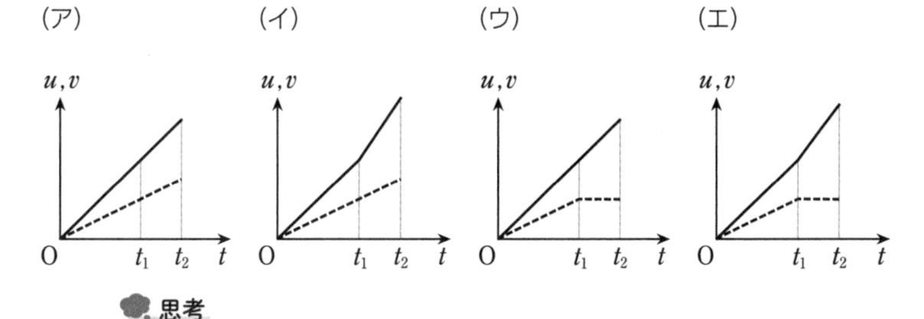

思考

139. 仕事と仕事率

リュックを背負った生徒が，階段を1階から3階までかけ上がるのに要する時間を測定した。測定は3回行い，それぞれのリュックの質量と，要した時間は表のようになった。1階から3階までの高さは10mであり，重力加速度の大きさを9.8m/s²として，次の各問に答えよ。

	測定1	測定2	測定3
リュックの質量	5.0kg	10kg	15kg
要した時間	9.8s	20.6s	31.6s

(1) 測定1で生徒がリュックにした仕事は何Jか。また，仕事率は何Wか。

(2) 表のデータをもとに，リュックの質量と，要した時間をグラフにプロットした。また，原点と測定1を結んだ直線を破線で記した。このグラフから，生徒がリュックにした仕事と仕事率は，リュックの質量を増やしたときにどのように変化したか。

(ア) 仕事量，仕事率ともに減少した。
(イ) 仕事量，仕事率ともに増大した。
(ウ) 仕事量は減少し，仕事率は増大した。
(エ) 仕事量は増大し，仕事率は減少した。

要した時間〔s〕
35.0 30.0 25.0 20.0 15.0 10.0 5.0
O 5.0 10.0 15.0
リュックの質量〔kg〕

138.

(1) 台車：

小物体：

(2)

139.

(1) 仕事：

仕事率：

(2)

15 熱と温度

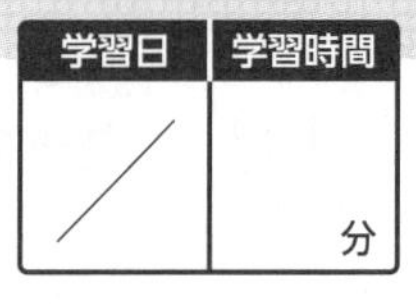

➡解答編 p.39～41

1 熱運動と温度

●熱運動　物体を構成する原子や分子など(構成粒子)の無秩序な運動。

●温度　構成粒子の熱運動の激しさを表す量。

熱運動のエネルギーが0となる−273℃を基準とし，目盛りの間隔をセルシウス温度と同じにした温度を絶対温度という。単位はケルビン(記号K)。絶対温度をT〔K〕，セルシウス温度をt〔℃〕とすると，

$$T=t+273 \quad \cdots①$$

(絶対温度〔K〕＝セルシウス温度〔℃〕＋273)

2 熱の移動と熱量

温度の異なる2つの物体を接触させたとき，高温の物体から低温の物体へ熱運動のエネルギーが移動し，温度が等しくなる(熱平衡)。移動する熱運動のエネルギーを熱，その量を熱量という。熱量の単位はジュール(記号J)。

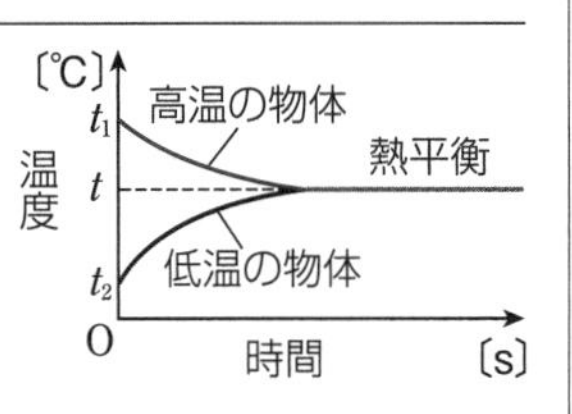

3 熱容量と比熱

●熱容量　物体の温度を1K上昇させるのに必要な熱量。単位はジュール毎ケルビン(記号J/K)。

●比熱　単位質量の物質の温度を1K上昇させるのに必要な熱量。単位には，ジュール毎グラム毎ケルビン(記号J/(g･K))が用いられることが多い。

比熱c〔J/(g･K)〕の物質でできている，質量m〔g〕の物体の熱容量C〔J/K〕は，

$$C=mc \quad \cdots②$$

物体の温度をΔT〔K〕変化させるのに必要な熱量Q〔J〕は，

$$Q=C\Delta T=mc\Delta T \quad \cdots③$$

4 熱量の保存

いくつかの物体の間だけで熱の出入りがあるとき，高温の物体が失った熱量の和と，低温の物体が得た熱量の和は等しい。

5 物質の三態と熱運動

物質には，一般に固体，液体，気体の3つの状態があり，これを物質の三態という。

●潜熱　物質の状態を変化させるために使われる熱。物質の融解に必要な熱量を融解熱，蒸発に必要な熱量を蒸発熱という。物質1gあたりの値で示されることが多く，単位はジュール毎グラム(記号J/g)である。

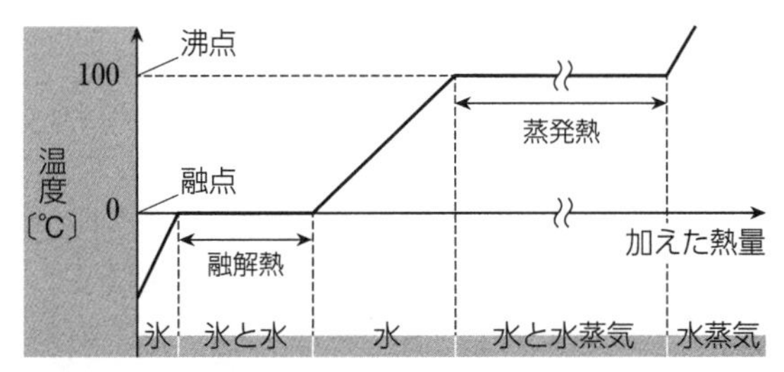

6 物体の熱膨張

●線膨張　温度による固体の長さの変化。物体の0℃における長さをL_0，t〔℃〕における長さをLとすると，

$$L=L_0(1+\alpha t) \quad (\alpha〔1/K〕：線膨張率) \quad \cdots④$$

●体膨張　温度による物体の体積の変化。物体の0℃における体積をV_0，t〔℃〕における体積をVとすると，

$$V=V_0(1+\beta t) \quad (\beta〔1/K〕：体膨張率) \quad \cdots⑤$$

☑ チェック　次の各問に答えよ。

❶ 0℃は何Kか。 (⇨ 1)

答

❷100℃は何Kか。 (⇨ 1)

答

❸質量300g，比熱2.0J/(g･K)の物体の熱容量は何J/Kか。 (⇨ 3)

答

❹熱容量2.5×10^2J/Kの物体の温度を6.0K上昇させるためには，何Jの熱量が必要か。 (⇨ 3)

答

❺比熱が2.0J/(g･K)，質量が10gの物体に，2.0×10^2Jの熱量を与えた。物体の温度は何K上昇するか。 (⇨ 3)

答

チェック解答　❶273K　❷373K　❸$6.0\times10^2$J/K　❹$1.5\times10^3$J　❺10K

例題 24 熱量の保存

➡ 基本問題 143・144・145，標準問題 148

室温 20℃の部屋にしばらく置かれた熱容量 168J/K の湯のみに，80℃の湯を 120g 入れた。しばらくすると，湯の温度は一定となった。このとき，湯と湯のみの温度は何℃か。ただし，水の比熱を 4.2J/(g・K)とし，熱の移動は湯と湯のみの間だけでおこったものとする。

指針 室温 20℃の部屋にしばらく置かれたとき，湯のみの温度は，室温と同じ 20℃になっていると考えられる。また，湯の温度が一定となったとき，熱平衡の状態となり，湯と湯のみの温度は等しい。熱量は保存されるので，湯が失った熱量と，湯のみが得た熱量は等しい。このときの湯と湯のみの温度を t〔℃〕として，熱量の保存の式を立てる。

解説 熱平衡の状態における湯と湯のみの温度を t〔℃〕とする。湯の下降した温度は $80-t$〔℃〕となり，湯のみの上昇した温度は $t-20$〔℃〕と示される。
「$Q=mc\Delta T$」の公式から，湯が失った熱量は，

$120\times4.2\times(80-t)$〔J〕 …①

「$Q=C\Delta T$」の公式から，湯のみが得た熱量は，

$168\times(t-20)$〔J〕 …②

熱量は保存されるので，式①＝式②から，

$120\times4.2\times(80-t)=168\times(t-20)$

$3(80-t)=t-20$　　$t=$**65℃**

Advice 熱量の保存の式は，次のように立てる。
（高温の物体が失った熱量の和）
＝（低温の物体が得た熱量の和）

基本問題

知識

140. 温度 次のセルシウス温度を絶対温度に，絶対温度をセルシウス温度に換算せよ。

(1) 36℃(人の体温)　　(2) 195K(ドライアイスの昇華点)

140. ➡ 1

(1)

(2)

知識

141. 熱容量 質量 100g の鉄製の物体がある。次の各問に答えよ。ただし，鉄の比熱を 0.45J/(g・K)とする。

(1) 物体の熱容量は何 J/K か。

(2) 熱量 8.1×10^{2}J を物体に与えたとき，温度は何K上昇するか。

141. ➡ 3

(1)

(2)

知識

142. 比熱と熱容量 質量 100g の銅製の容器に，水 150g が入っている。銅の比熱を 0.39J/(g・K)，水の比熱を 4.2J/(g・K) として，次の各問に答えよ。

(1) 容器と水をあわせた全体の熱容量は何 J/K か。

(2) 容器と水に 1.0×10^{4}J の熱量を与えたとき，容器と水の温度は何K上昇するか。

142. ➡ 3

(1)

(2)

知識

143. 水の温度調節　100℃の水 300g に 10℃の水を加え，温度を 40℃にしたい。10℃の水は何 g 必要か。ただし，水の比熱を 4.2J/(g·K) とし，熱は外部へ逃げないものとする。

143.　➡ 4 例題 24

思考

144. 水の混合　80℃の水 100g と 20℃の水 200g を混ぜあわせ，熱平衡に達した。次の各問に答えよ。ただし，水の比熱を 4.2J/(g·K)とする。

(1)　水どうしでのみ熱のやりとりがあるとする。熱平衡に達したとき，水の温度は何℃になると推測されるか。

(2)　実際に水の混合をしたら，温度が 39℃であった。(1)で求めた値と異なる理由を答えよ。

144.　➡ 4 例題 24

(1)

(2)

知識

145. 熱量の保存　熱容量 168J/K の容器に，質量 200g の水を入れてしばらく放置したところ，その温度が 20℃となった。このとき，容器にさらに 60℃の水 160g を入れた。熱平衡に達したときの温度は何℃か。ただし，水の比熱を 4.2J/(g·K) とし，熱は外部へ逃げないものとする。

145.　➡ 4 例題 24

知識

146. 蒸発熱　100℃の水 30g をすべて 100℃の水蒸気にするためには，何 J の熱量が必要か。ただし，水の蒸発熱を 2.3×10^{3} J/g とする。

146.　➡ 5

知識

147. 線膨張率　温度 0℃における長さが 20m の銅線がある。銅線を加熱して，その温度を 0℃から 50℃まで上昇させたとき，銅線は何 cm 伸びるか。銅の線膨張率を 1.7×10^{-5}/K とし，有効数字を 2 桁として答えよ。

147.　➡ 6

標準問題

知識

148. 比熱の測定

周囲を断熱材で囲んだ熱量計を用いて，鉛の比熱を測定する実験を行った。銅製の容器の中に水を 300g 入れ，しばらく放置したところ，水温は 22.0℃になった。そこへ 100℃に熱した 140g の鉛球を入れ，銅製のかき混ぜ棒で静かにかき混ぜたのち，温度を測定すると，23.0℃であった。

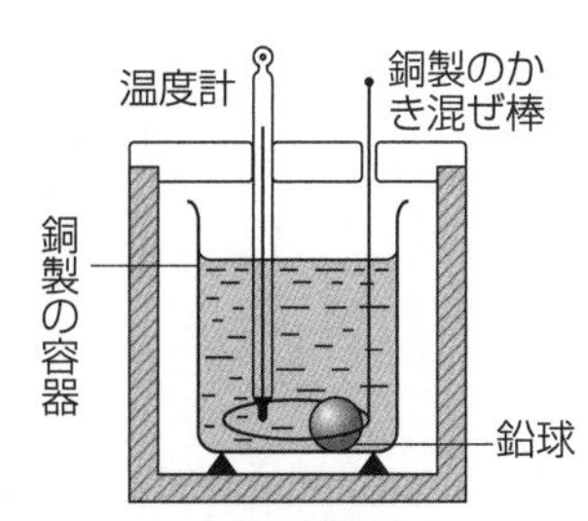

鉛の比熱は何 J/(g･K)か。ただし，銅製の容器とかき混ぜ棒の質量の合計は 100g，水と銅の比熱をそれぞれ 4.2J/(g･K)，0.39J/(g･K) とする。

148. ➡ 例題24，基本問題143･144･145

思考

149. 物質の状態変化

熱量計の容器の中に氷を m[g] 入れ，単位時間あたり一定の熱量を氷に加えていく。このときの，氷の温度と経過時間との関係を調べると，図のような結果が得られた。次の各問に答えよ。

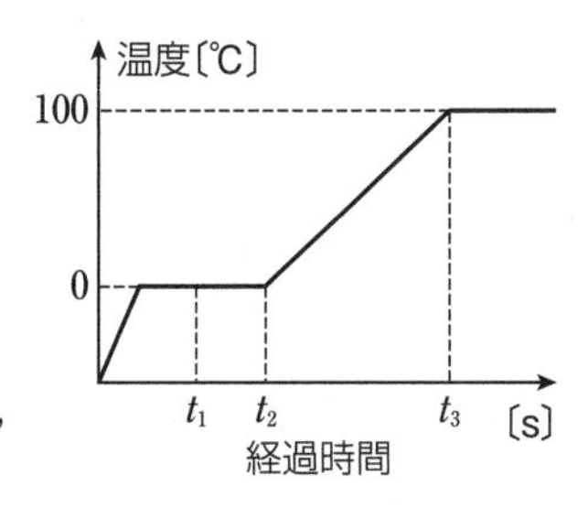

(1) 熱量計の中の氷は，t_1[s]のとき，固体，液体，気体のどの状態となっているか。含まれるものをすべて示せ。

(2) t_2[s]から t_3[s]までの間に，容器内のものに Q[J]の熱量を加えたとすると，水の比熱は何 J/(g･K) か。

(3) 氷と水では，どちらの比熱が大きいか。グラフから読み取って答えよ。

149.

(1)

(2)

(3)

知識

150. 水と氷の混合

50℃の水 60g の中に，0℃の氷 30g を入れた。しばらくすると，氷はすべて溶け，熱平衡の状態に達した。このときの温度は何℃か。ただし，熱は水と氷の間だけでやりとりされたものとし，水の比熱を 4.2J/(g･K)，氷の融解熱を 3.3×10^2 J/g とする。

150.

得た熱量によって，氷は水に変化し，さらにその温度が上昇する。

16 エネルギーの変換と保存

学習日	学習時間
／	分

➡解答編 p.41〜42

1 熱と仕事

熱は，エネルギーの１つの形態である。

2 内部エネルギー

物体の構成粒子の熱運動による運動エネルギーと，粒子間の力による位置エネルギーの総和。

3 熱力学の第１法則

物体に外部から加えられた熱量Qと，物体が外部からされた仕事Wの和は，物体の内部エネルギーの変化$\varDelta U$となる。

$$\varDelta U=Q+W \quad \cdots ①$$

4 熱機関と熱効率

繰り返し熱を仕事に変えて利用する装置を熱機関という。高温の熱源から得た熱量をQ_1〔J〕，低温の熱源に捨てた熱量をQ_2〔J〕とすると，その差Q_1-Q_2が外部にする仕事W'〔J〕になる。

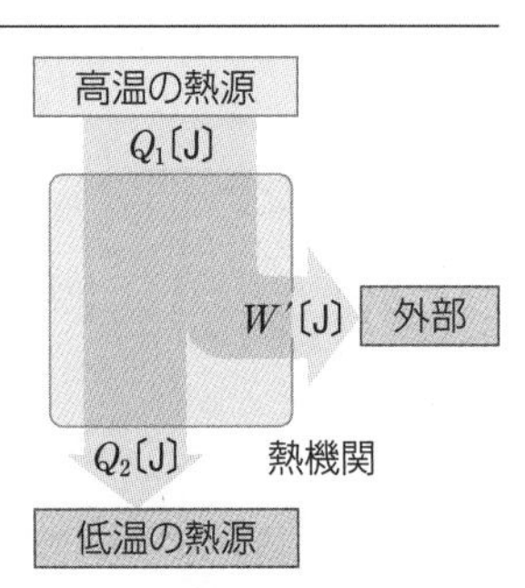

$$熱効率\ e=\frac{W'}{Q_1}=\frac{Q_1-Q_2}{Q_1} \quad \cdots ②$$

5 不可逆変化

自然にはもとの状態にもどらない変化。これに対し，外部に影響をおよぼすことなく，再びもとの状態にもどる変化を可逆変化という。

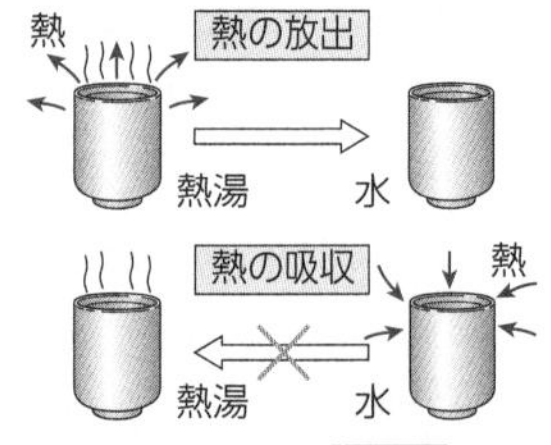

6 熱力学の第２法則 》発展

不可逆変化の方向性を示す法則。たとえば，この法則は，**「熱は，低温の物体から高温の物体に自然に移ることはない」**と示される。

7 エネルギーの保存

エネルギーには，力学的エネルギー，熱エネルギー以外に，電気エネルギー，光エネルギー，化学エネルギー，核エネルギーなどがある。

エネルギーは，変換されても，その総和が常に一定に保たれる（エネルギー保存の法則）。

この法則は，あらゆる現象についてあてはまり，自然界において最も基本的な法則の１つである。

✓ チェック　次の各問に答えよ。

❶気体が仕事をされ，気体の温度が上昇した。このとき，内部エネルギーは増加したか減少したか。（⇨ 3）

答 ________

❷気体に2.0×10^3 J の熱量を与え，さらに外部から4.0×10^3 J の仕事をした。このとき，気体の内部エネルギーの変化は何 J か。（⇨ 3）

答 ________

❸$3.0\times10^2$ J の熱量を与えると，60 J の仕事をする熱機関がある。熱機関の熱効率はいくらか。（⇨ 4）

答 ________

❹次の過程は，可逆変化，不可逆変化のいずれになるか答えよ。（⇨ 5）

①コーヒーの中で砂糖が溶ける過程

答 ________

②熱湯が冷める過程

答 ________

③摩擦や空気抵抗が無視できる振り子の運動

答 ________

❺次の装置では，何のエネルギーを何のエネルギーに変換するか。（⇨ 7）

①風力発電

（　　　）エネルギー⇨（　　　）エネルギー

②バッテリーの充電

（　　　）エネルギー⇨（　　　）エネルギー

チェック 解答　❶増加した　❷$6.0\times10^3$ J　❸0.20　❹①不可逆変化　②不可逆変化　③可逆変化　❺①力学的→電気　②電気→化学

例題 25 自動車の熱効率

➡ 基本問題 153・154，標準問題 156

自動車が，10km の距離の直線道路を一定の速さで走行したとき，1.0L のガソリンを消費した。自動車のエンジンの熱効率を 20% として，次の各問に答えよ。ただし，自動車が，ガソリン 1.0L を消費したときの発熱量を 3.0×10^7 J とする。また，走行中，自動車には常に一定の大きさの抵抗力がはたらき，エンジンがした仕事の大きさと抵抗力がした仕事の大きさは等しいとする。

(1) 1.0L のガソリンから，エンジンがした仕事は何 J か。

(2) 自動車が受ける抵抗力の大きさは何 N か。

指針 (1) 熱効率の公式「$e=W'/Q_1$」を用いる。Q_1 はエンジンがガソリンの消費によって得た熱量，W' はエンジンがする仕事に相当する。

(2) 抵抗力がした仕事の大きさは，抵抗力の大きさと走行距離の積に相当する。これが，(1)で求めた仕事に等しいとして，抵抗力の大きさを求める。

解説 (1) 1.0L のガソリンを消費したとき，3.0×10^7 J の熱量が発生し，その 20% が仕事になる。エンジンがした仕事を W'〔J〕として，熱効率の公式「$e=\dfrac{W'}{Q_1}$」を用いると，

$$0.20=\frac{W'}{3.0\times10^7} \qquad W'=\mathbf{6.0\times10^6\ J}$$

(2) 抵抗力がした仕事の大きさは，エンジンがした仕事の大きさに等しく，6.0×10^6 J である。抵抗力の大きさを F〔N〕とすると，自動車の走行距離は 10km $=10\times10^3$ m であり，公式「$W=Fx$」から，

$$6.0\times10^6=F\times(10\times10^3) \qquad F=\mathbf{6.0\times10^2\ N}$$

Advice 熱機関の熱効率は，熱機関が受け取った熱量に対する外部にした仕事の割合である。

基本問題

知識

151. 熱力学の第 1 法則 自由に動くピストンをもつ円筒容器中の気体に，50 J の熱量を与えると，気体は膨張して外部に 20 J の仕事をした。

(1) 気体がされた仕事は何 J か。

(2) 気体の内部エネルギーの変化は何 J か。

151. ➡ 3

(1)

(2)

知識

152. 力学的エネルギーと熱 質量 1.0kg の鉄球が，速さ 8.0m/s で運動している。鉄球の運動エネルギーのすべてが熱に変わり，鉄球に与えられたとすると，鉄球の温度上昇は何℃か。ただし，鉄の比熱を 0.45 J/(g·K) とする。

152. ➡ 3

知識

153. 熱機関のエネルギー 熱効率 e の熱機関がはたらいており，毎秒 Q〔J〕の熱量を低温の熱源に捨てている。高温の熱源から受け取っている熱量は，毎秒何 J か。

153. ➡ 4 例題 25

思考

154. 熱効率

質量1.0kgを燃焼させると，3.0×10^{7}Jの熱が発生する燃料がある。ある熱機関が，この燃料10kgを燃焼させて，生じた熱量の20%を仕事に変えたとする。次の各問に答えよ。

(1)　熱機関によってされた仕事は何Jか。

(2)　燃料の質量を2倍にしたとき，同様に2倍になるのは，次のうちどれか。適当なものを全て選べ。

（ア）　発生する熱量　　（イ）　熱機関のする仕事

（ウ）　熱効率　　（エ）　捨てる熱量

154.　➡ 4 例題25

(1)

(2)

標準問題

思考

155. 熱と仕事

ジュールは，図のような装置を用いて，水の温度上昇と仕事量との関係を調べた。おもりを落下させると，回転翼がまわり，熱量計の中の水がかき混ぜられるしくみである。

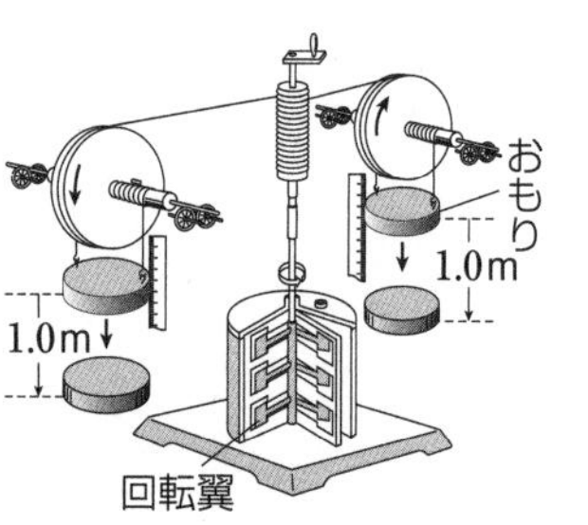

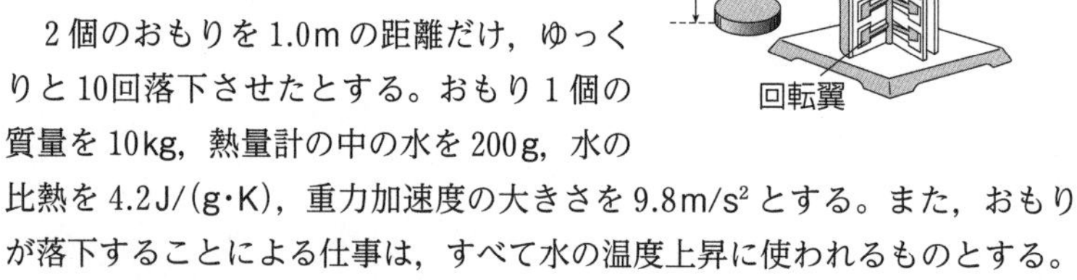

2個のおもりを1.0mの距離だけ，ゆっくりと10回落下させたとする。おもり1個の質量を10kg，熱量計の中の水を200g，水の比熱を4.2J/(g·K)，重力加速度の大きさを$9.8\,\mathrm{m/s^2}$とする。また，おもりが落下することによる仕事は，すべて水の温度上昇に使われるものとする。

(1)　実験において，重力がおもりにした仕事は何Jか。

(2)　熱量計の中の水は，何℃上昇するか。

155.　➡ 基本問題152

(1)

(2)

知識

156. 熱機関の冷却

熱効率0.40，仕事率8.0×10^{8}Wの熱機関がはたらいている。

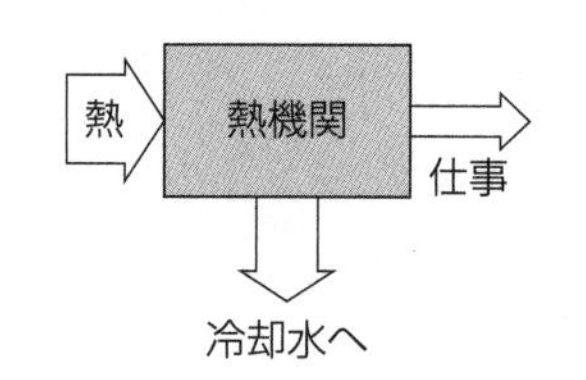

(1)　この熱機関が，高温の熱源から受け取る熱量は毎秒何Jか。

(2)　熱機関を繰り返しはたらかせるためには，熱機関を水で冷却し続けなければならない。冷却水1.0kgで2.0×10^{4}Jの熱量を外部に捨てることができるとして，毎秒何kgの冷却水が必要か。

156.　➡ 例題25，基本問題153・154

(1)

(2)

思考 157. 比熱の測定

比熱 0.90 J/(g·K)のアルミニウムを用いて，未知の金属の比熱を測定した。

図のような熱量計に水を入れ，しばらく経って水の温度を測定すると，20.0℃であった。100 g のアルミニウムを 100℃に加熱した後，熱量計に入れ，かき混ぜ棒でゆっくりかき混ぜると，水の温度は 26.0℃となった。また，100 g の未知の金属についても，同じ条件で実験をすると，混合後の水の温度は 23.0℃であった。

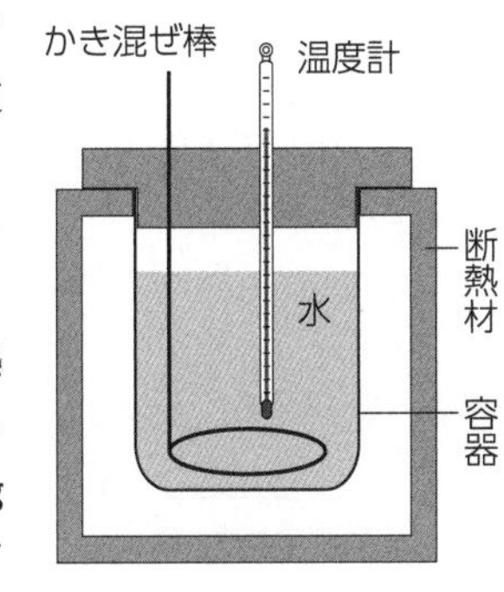

(1) 最初の測定でアルミニウムが失った熱量は何 J か。

(2) 水と熱量計を合わせた熱容量は何 J/K か。

(3) 未知の金属の比熱は何 J/(g·K)か。

157.

(1)

(2)

(3)

思考 158. 氷の融解

温度 −40℃の氷に，時刻 0 s から毎秒 100 J の熱を加えた。やがて，氷は水になり，水の温度が 20℃になったところで加熱をやめた。図は，この間の氷，または水の温度変化を示している。次の各問に答えよ。ただし，氷，水から熱は逃げないものとし，氷の比熱を 1.9 J/(g·K)，水の比熱を 4.2 J/(g·K)とする。

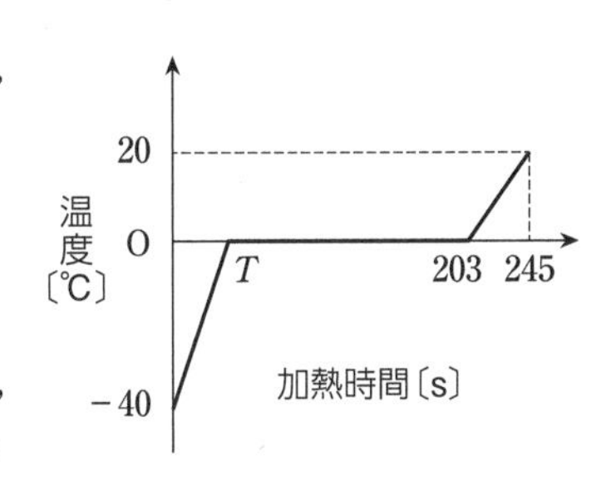

(1) 氷の質量は何 g か。

(2) 図中の T の値を求めよ。

(3) 0 ℃の氷 1 g を融解させるのに必要な熱量は何 J か。

158.

(1)

(2)

(3)

第Ⅲ章　波動

17 波の表し方と波の要素

学習日	学習時間
／	分

➡解答編 p.43〜46

1 波と波の進行

ある場所に生じた振動が，次々とまわりに伝わる現象。波動ともよばれる。波を伝える物質を媒質，最初に振動を始める点を波源という。

波形…ある瞬間における波の形。

パルス波…孤立した波。連続波…連続した波。

2 周期的な波

●**単振動**　ばねにつるしたおもりの，周期的な振動のような，最も基本的な振動。

●**周期と振動数**　媒質が1回の振動に要する時間を周期，1s間あたりの振動の回数を振動数という。振動数の単位はヘルツ(記号Hz)。

周期 T〔s〕と振動数 f〔Hz〕との関係は，

$$f=\frac{1}{T}\quad\left(\text{振動数〔Hz〕}=\frac{1}{\text{周期〔s〕}}\right)\quad\cdots①$$

●**変位**　振動の中心からの位置のずれ。変位の最大値を振幅という。

●**正弦波**　波源が単振動をしているときに生じる波形は正弦曲線となり，そのとき生じる波を正弦波という。

3 波の要素

山……波形の最も高いところ。

谷……波形の最も低いところ。

波長…隣りあう山と山(谷と谷)の間隔。

振幅…つりあいの位置からの山の高さ(谷の深さ)。

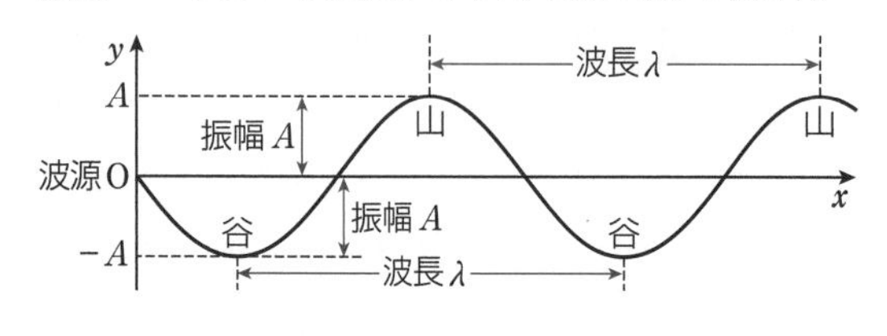

●**波の速さ**　波の速さ v〔m/s〕は，波長 λ〔m〕，周期 T〔s〕，振動数 f〔Hz〕を用いて，$v=\dfrac{\lambda}{T}=f\lambda$ …②

●**$y-x$ グラフと $y-t$ グラフ**

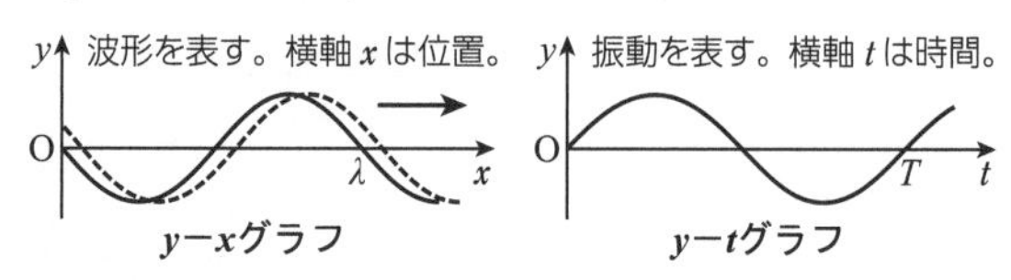

4 位相

媒質のある1点が，1周期の中でどのような振動状態にあるのかを示す量。同じ振動状態を同位相，逆の振動状態を逆位相であるという。

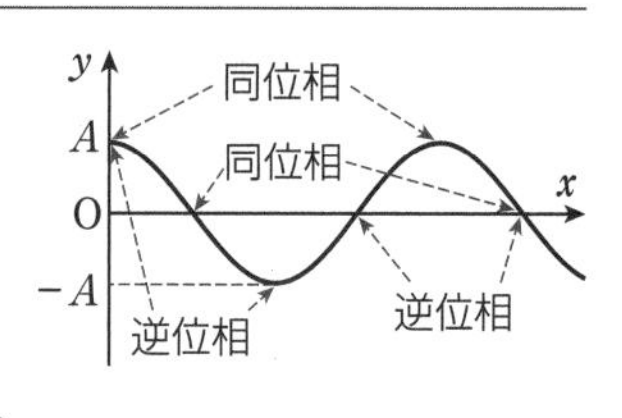

5 横波と縦波

●**横波**　媒質の振動方向が，波の進行方向に垂直な波。一般に，固体中のみを伝わる。

●**縦波**　媒質の振動方向が，波の進行方向に平行な波。固体，液体，気体のいずれの中も伝わる。

縦波は，x 軸の正の向きの変位を y 軸の正の向きへ，x 軸の負の向きの変位を y 軸の負の向きへ回転させることで，その波形が横波のように示される。

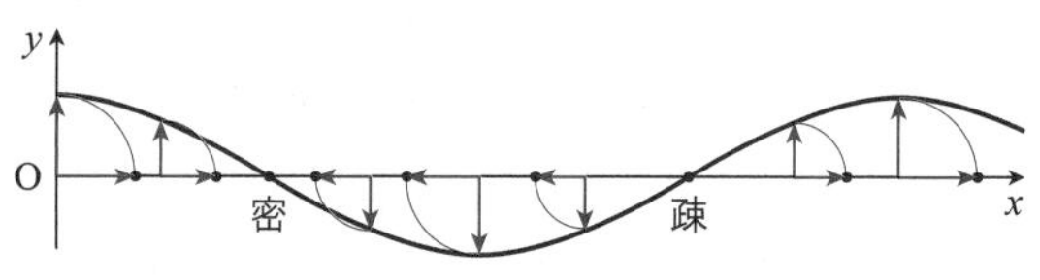

6 波のエネルギー

波は，波源の振動のエネルギーが媒質の振動のエネルギーとなって伝わる現象である。

✓ チェック　次の各問に答えよ。

❶周期 0.20s で振動する波の振動数は何 Hz か。(⇨ 2)

答

❷図で示される波の振幅と波長はそれぞれ何 m か。(⇨ 3)

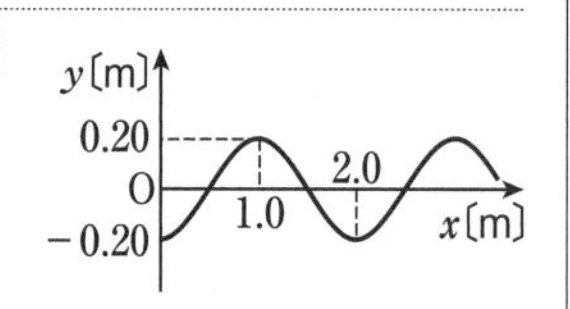

答：振幅　　　　波長

❸振動数 4.0Hz，波長 3.0m の波の進む速さは何 m/s か。(⇨ 3)

答

❹図の波で，点 a と同位相の点，逆位相の点を示せ。(⇨ 4)

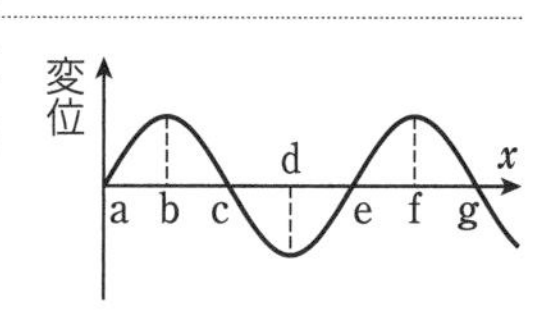

答：同位相　　　　逆位相

チェック解答　❶5.0Hz　❷振幅 0.20m，波長 2.0m　❸12m/s　❹同位相 e，逆位相 c，g

例題 26 波の要素

➡ 基本問題 160・161・163

図は，x 軸上を正の向きに進む正弦波の，時刻 $t=0$s における波形である。媒質の各点の振動の周期は 0.40s である。

(1) 波の振幅と波長はそれぞれ何mか。

(2) 波の速さは何 m/s か。

(3) $t=0$ において，点A，B，C，Dの媒質の速度の向きは，それぞれ y 軸の正の向き，負の向きのどちらか。

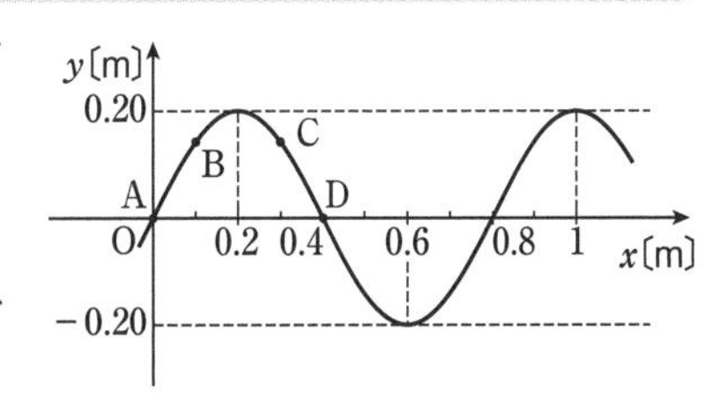

指針 (1)(2) 振幅，波長を図から読み取り，「$v=\frac{\lambda}{T}$」の公式を用いて，波の速さを求める。

(3) 図の状態から，微小時間が経過したときの波形(少しだけ右に平行移動させた波形)を描き，各点における媒質の速度の向きを調べる。

解説 (1) グラフから読み取ると，振幅は **0.20m**，波長は **0.80m** である。

(2) 波の速さを v〔m/s〕とする。周期 $T=0.40$s，(1)から波長 $\lambda=0.80$mであり，これらを「$v=\frac{\lambda}{T}$」の公式に代入すると，

$$v=\frac{0.80}{0.40}=\mathbf{2.0\,m/s}$$

(3) 微小時間後の波形は，図のように示される。$t=0$ から次の瞬間に，A，Bは y 軸の負の向きに，C，Dは y 軸の正の向きに動いている。

したがって，$t=0$ のときの媒質の速度の向きは，点A，Bは **y 軸の負の向き**，点C，Dは **y 軸の正の向き**である。

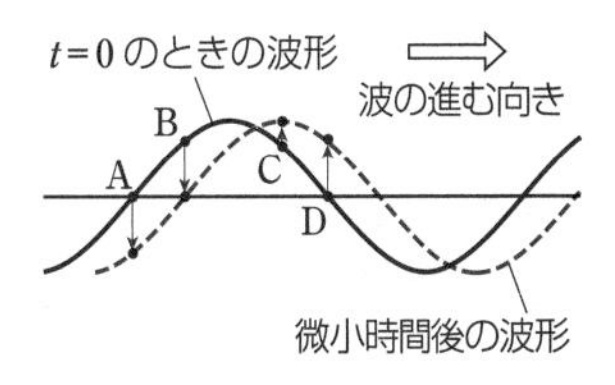

> **Advice** 媒質の速度の向きを調べるには，微小時間後の波形を描くとよい。

例題 27 波のグラフ

➡ 基本問題 165・166，標準問題 171・172

図は，x 軸上を正の向きに進む正弦波の，時刻 $t=0$ における波形を表している。媒質の各点の振動の周期は 2.0s である。次の各問に答えよ。

(1) $t=0$ において，$x=0$ の媒質の速度の向きを求めよ。

(2) $x=0$ の媒質において，変位 y〔m〕と時刻 t〔s〕との関係を表す $y-t$ グラフを描け。

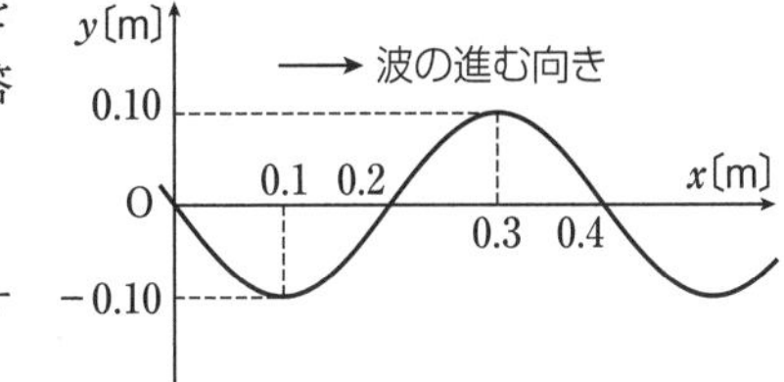

指針 (1) $t=0$ から微小時間が経過したときの波形を図で示し，$x=0$ の媒質の速度の向きを調べる。

(2) (1)の結果を用いて，$x=0$ の媒質が，$t=0$ からまずどちら向きに振動するかを判断する。次に，図から振幅を読み取り，与えられた周期をもとに $y-t$ グラフを描く。

解説 (1) 微小時間後の波形は，図のように示される。$t=0$ から次の瞬間に，$x=0$ の媒質は上向きに動いている。したがって，速度の向きは，**y 軸の正の向き**である。

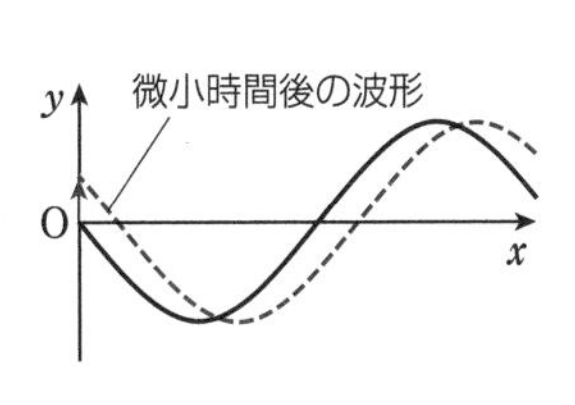

(2) (1)から，$x=0$ の媒質は，$t=0$ からまず正の向きに振動することがわかる。

また，振動の周期は 2.0s，振幅は 0.10m なので，$y-t$ グラフは図のようになる。

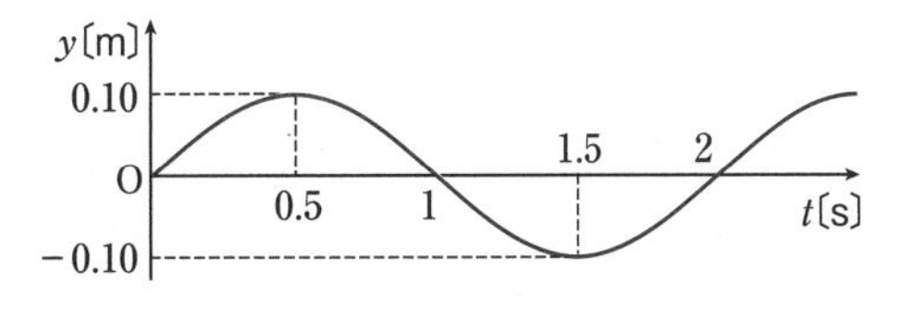

> **Advice** $y-x$ グラフと $y-t$ グラフは，混同しやすいので注意する。
> $y-x$ グラフはある時刻における波形を表す。$y-t$ グラフはある位置における媒質の振動のようす(時間の経過に伴うある媒質の振動のようす)を表し，波形を示しているのではない。

基本問題

📖知識

159. 波の要素 振動数 50Hz の波が，速さ 60m/s で進んでいる。波の波長は何mか。

159. ➡ 3

思考

160. ひもを伝わる波 図のように，ひもを張り，その一端を1.0s間に5.0回の割合で上下に振ったところ，波が15m/sの速さで伝わっていった。

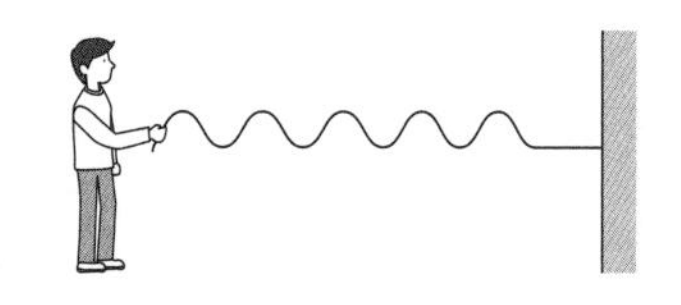

(1) 波の周期は何sか。

(2) 波の波長は何mか。

(3) ひもの一端を，1.0s間に振動させる回数をより多くしたとき，波の波長はどうなるか。「長くなる」「短くなる」「変わらない」で答えよ。ただし，ひもを伝わる波の速さは一定であるとする。

160. ➡ 2 3 例題26

(1)

(2)

(3)

📖知識

161. 波の要素と $y-x$ グラフ

波が，x軸の正の向きに進んでいる。図の実線は，時刻$t=0$の波形であり，$t=0.10$sにはじめて破線の波形になった。

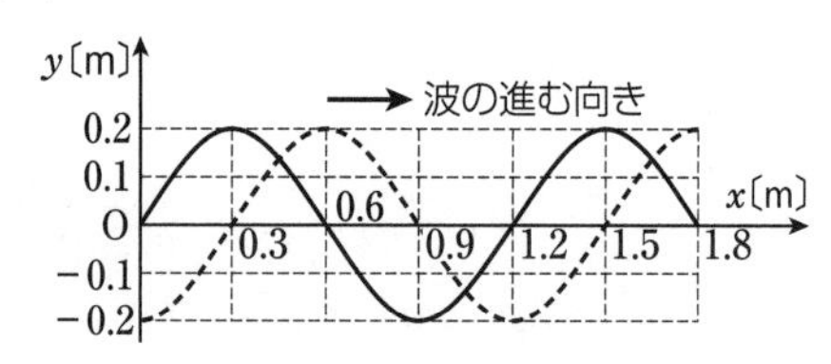

(1) 波の波長は何mか。

(2) 波の進む速さは何m/sか。

(3) 波の周期は何sか。

(4) 波の振動数は何Hzか。

161. ➡ 2 3 例題26

(1)

(2)

(3)

(4)

思考

162. 波の進行と波形 図は，$x=0$の波源が単振動を始めて，0.50s後の波形を表している。図の時刻から0.25s後の波形を描け。

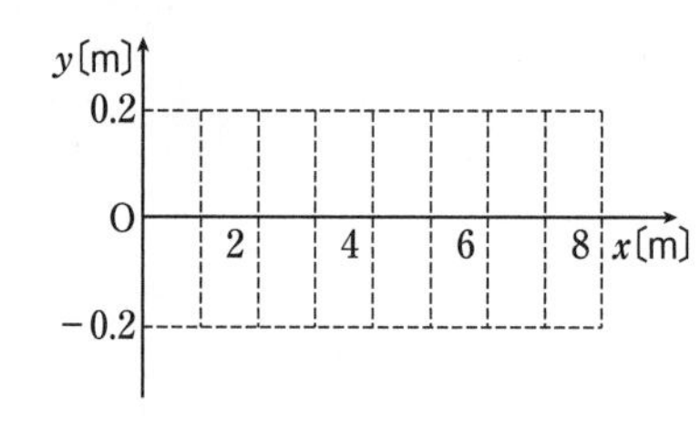

162. ➡ 3

知識

163. 媒質の速度

図は，x 軸の正の向きに進む横波のある時刻における波形である。次の媒質の位置はどこか。A～Dの記号を用いて答えよ。

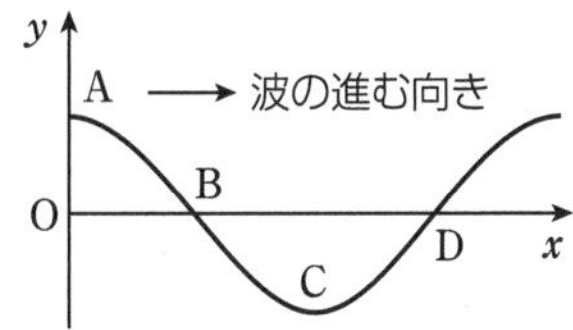

(1) 速度 0

(2) y 軸の正の向きに速度が最大

(3) y 軸の負の向きに速度が最大

163. ➡ 3 例題 26

(1)

(2)

(3)

知識

164. 波の要素と $y-t$ グラフ

x 軸の正の向きに速さ 4.0m/s で伝わる波がある。図は，ある媒質の変位 y〔m〕と時刻 t〔s〕との関係を示している。

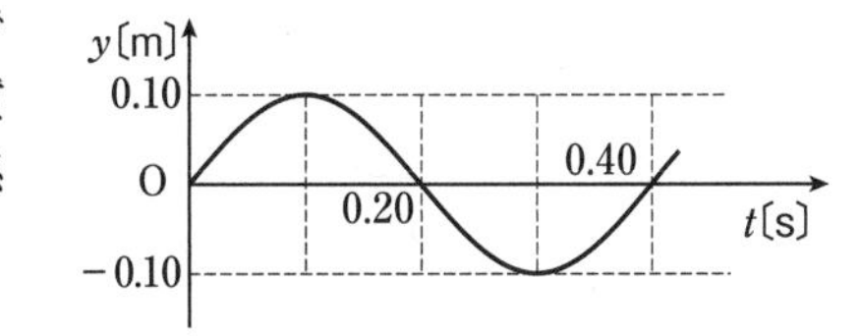

(1) 波の振幅は何mか。

(2) 波の周期は何 s か。

(3) 波の波長は何mか。

164. ➡ 3

(1)

(2)

(3)

思考

165. 波形と $y-t$ グラフ

図は，x 軸の正の向きに速さ 2.4m/s で進む正弦波の，時刻 $t=0$ における波形である。$x=0$ の媒質の変位 y〔m〕と時刻 t〔s〕との関係を表す $y-t$ グラフを描け。

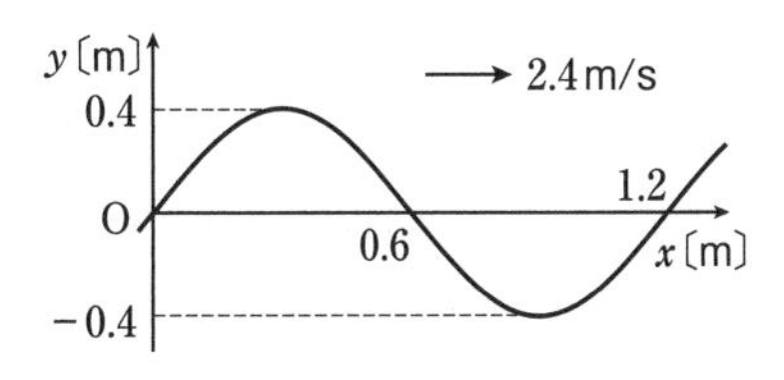

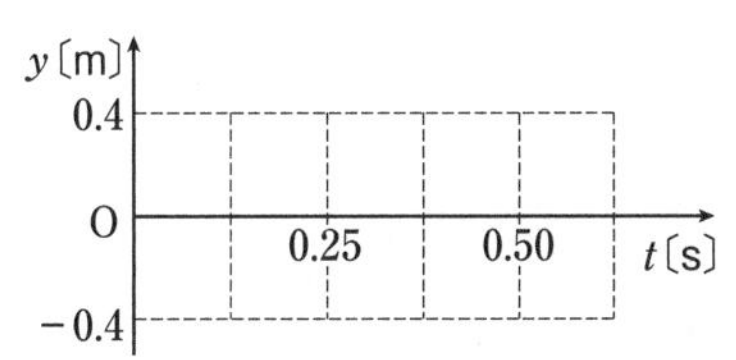

思考

166. 媒質の振動と $y-x$ グラフ

図は，x 軸の正の向きに速さ 10 m/s で進む正弦波の，$x=0$ における変位 y〔m〕と時刻 t〔s〕との関係を表す $y-t$ グラフである。この波の $t=0$ における波形を描け。

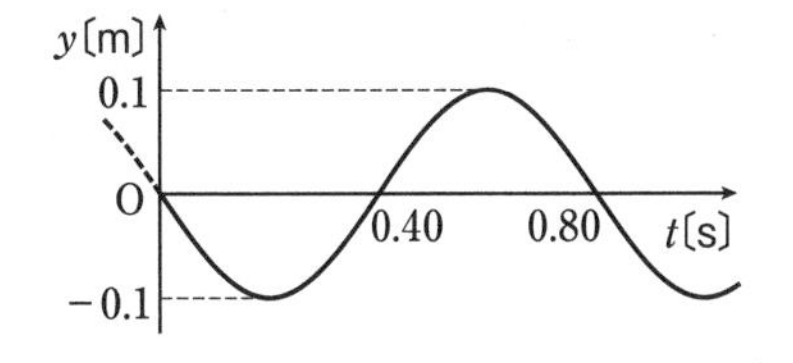

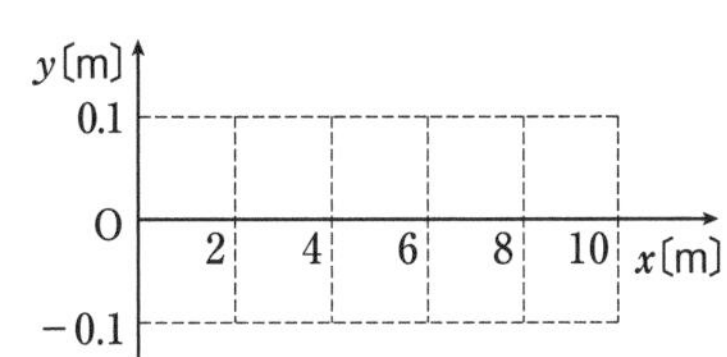

第Ⅲ章 波動

知識

167. 波の位相

図は，x 軸の正の向きに進む正弦波の，ある時刻における波形を示したものである。次の各問に a ～ d の記号で答えよ。

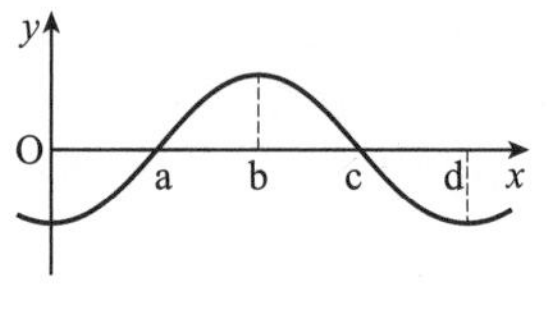
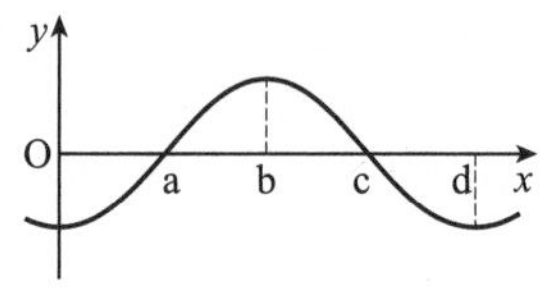

(1) $x=0$ の媒質と同位相の点，逆位相の点はどこか。

(2) 図の状態から $\frac{1}{2}$ 周期の時間が経過した。このとき，$x=0$ の媒質と同位相の点，逆位相の点はどこか。

167. ➡ 4

(1) 同位相：

逆位相：

(2) 同位相：

逆位相：

知識

168. 横波と縦波

次の文の(　　)に，適切な語句を入れよ。

横波は，媒質の振動方向が波の進行方向に(　ア　)な波であり，(　イ　)中のみを伝わる。これに対して，縦波は，媒質の振動方向が波の進行方向に(　ウ　)な波であり，固体，液体，気体のいずれの中も伝わる。

縦波は，(　エ　)ともよばれる。

168. ➡ 5

(ア)　　(イ)

(ウ)　　(エ)

知識

169. 縦波の横波表示

図1は，a ～ j の媒質が等間隔に並んでいるようす，図2は，ある瞬間における媒質の変位のようすを表している。図2の状態の縦波を，x 軸の正の向きの変位を y 軸の正の向きに，x 軸の負の向きの変位を y 軸の負の向きにとり，横波のように表せ。

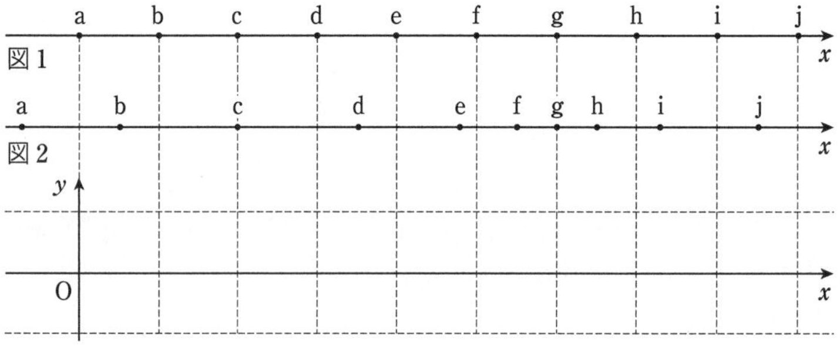

図1

図2

169. ➡ 5

知識

170. 縦波の表し方

図は，x 軸の正の向きに伝わる縦波の，ある時刻における媒質の各点の変位を，横波のように表したものである。次の点に相当する媒質の位置はどこか。A ～ I の記号を用いて答えよ。

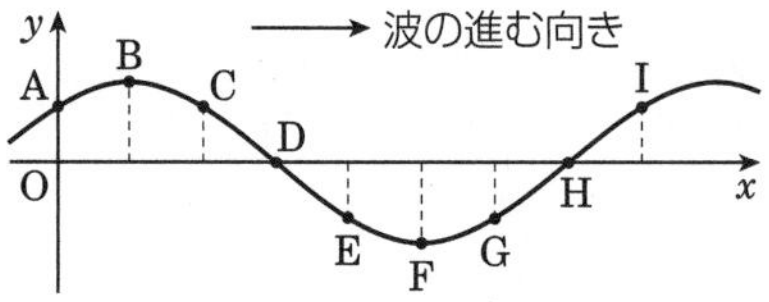

波の進む向き

(1) 最も密な点

(2) 最も疎な点

(3) 速度が 0 の点

(4) 速度が x 軸の正の向きに最大の点

170. ➡ 5

(1)

(2)

(3)

(4)

標準問題

思考

171. 負の向きに進む波

図は，x 軸の負の向きに速さ 0.40 m/s で進む正弦波の，時刻 $t=0$ における波形である。次の各問に答えよ。

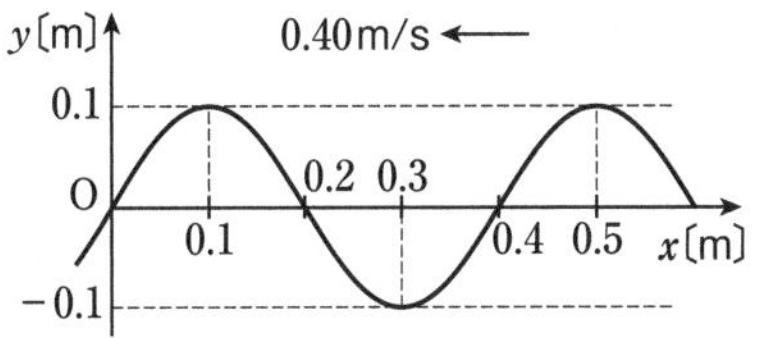

(1)　$t=0.75$ s における波の波形を描け。

(2)　$x=0$ の媒質の変位 y〔m〕と時刻 t〔s〕との関係を表す $y-t$ グラフを描け。

171. ➡ 例題 27，基本問題 165・166

(1)

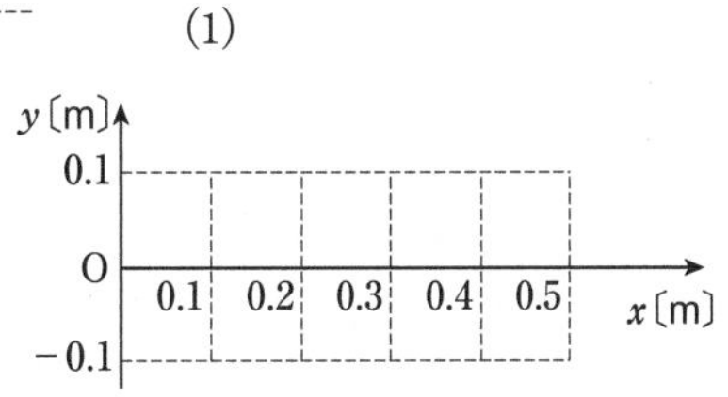

(2)

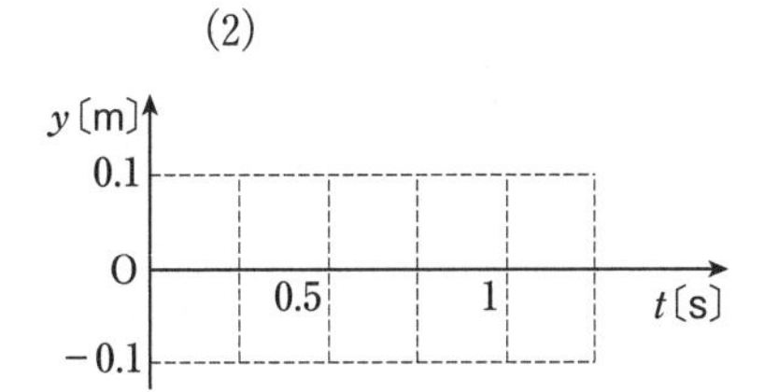

思考

172. $y-x$ グラフと $y-t$ グラフ

x 軸の正の向きに伝わる正弦波がある。図 1 は時刻 $t=0.40$ s の波形，図 2 はある位置における媒質の時間変化を表している。

(1)　波が伝わる速さは何 m/s か。

(2)　図 2 で表される振動をしている位置は，図 1 のどこか。$0<x\leqq 4.0$ m の範囲で答えよ。

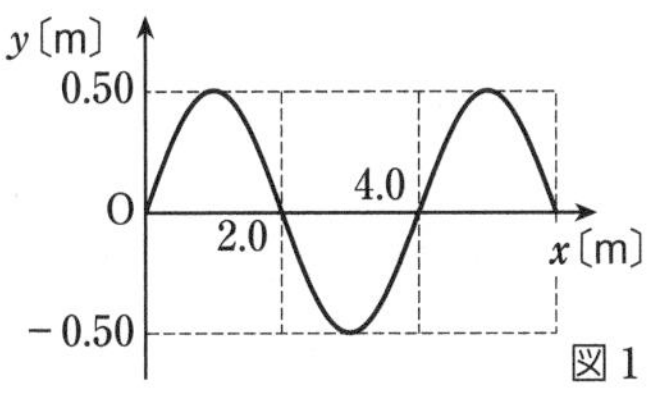

図 1

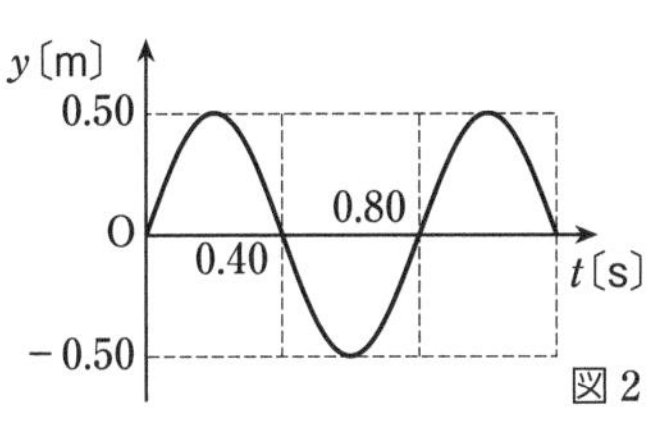

図 2

172. ➡ 例題 27，基本問題 164

ヒント

(1)　$y-x$ グラフからは波長，$y-t$ グラフからは周期が読み取れる。

(1)

(2)

思考

173. ばねの疎密

x 軸に沿って置かれた軽くて長いばねがある。図は，ばねに x 軸の正の向きに伝わる縦波のある時刻での疎密のようすを表している。ばねの各点の，x 軸の正の向きの変位を y 軸の正の向きの変位で，x 軸の負の向きの変位を y 軸の負の向きの変位で表したグラフは，下の(ア)～(エ)のどれか。適当なものを一つ選べ。

173. ➡ 基本問題 169・170

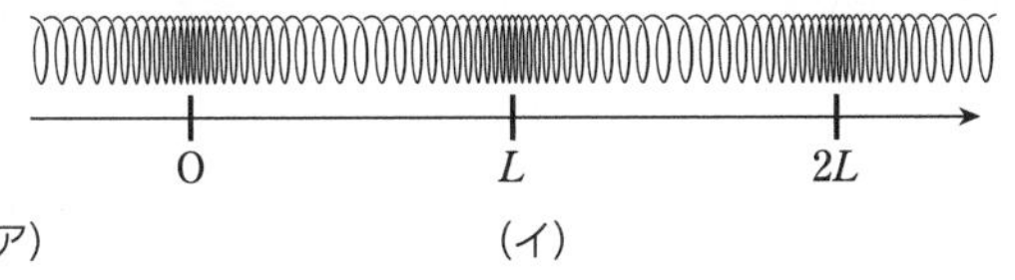

(ア)

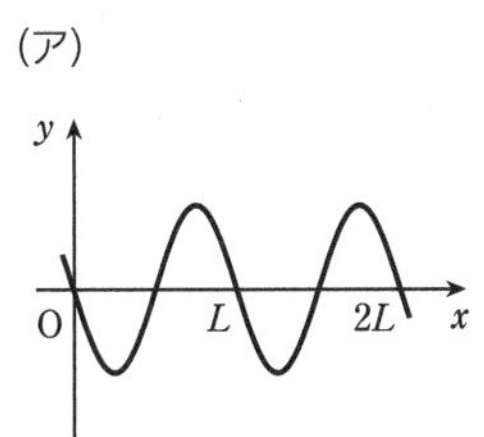

(イ)

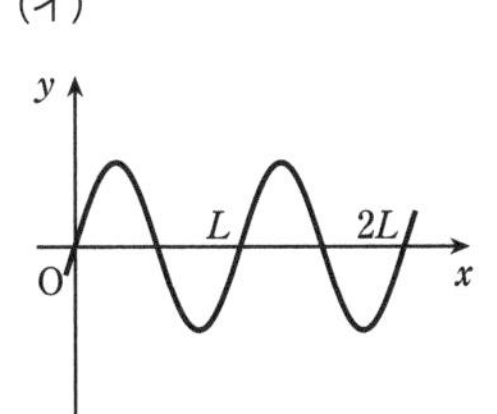

(ウ)

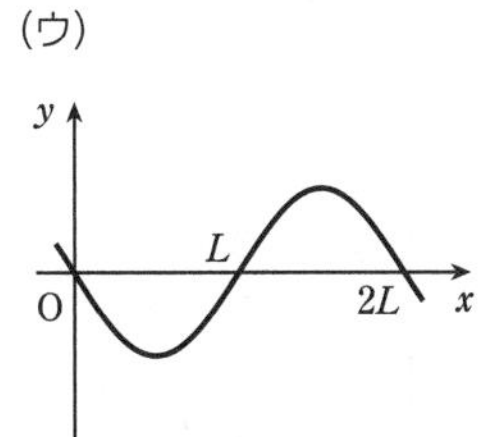

(エ)

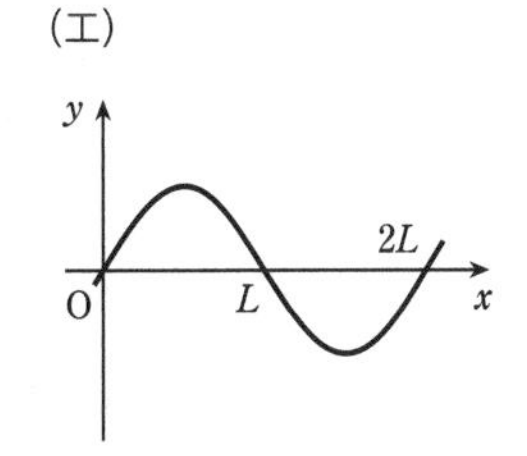

18 波の重ねあわせと反射

➡解答編 p.46〜49

学習日	学習時間
／	分

1 波の重ねあわせと独立性

●**重ねあわせの原理**　2つの波が重なりあうとき，媒質の変位 y は，2つの波の変位 y_A，y_B の和になる。

$$y = y_A + y_B \quad \cdots①$$

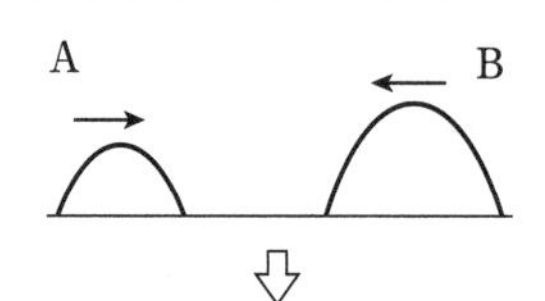

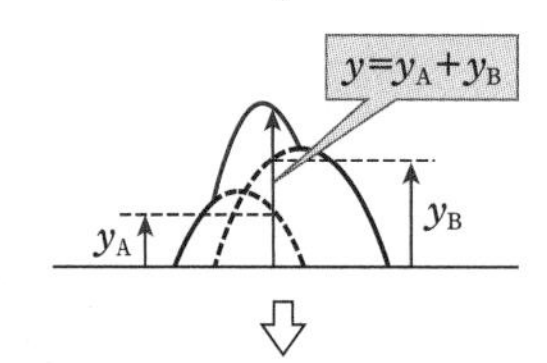

この関係は，波がいくつ重なりあった場合にも成り立つ。重なりあってできる波を合成波という。

●**波の独立性**　いくつかの波が重なりあって，通り過ぎた後，重なりあった波は，互いの影響を受けることなく進行する。

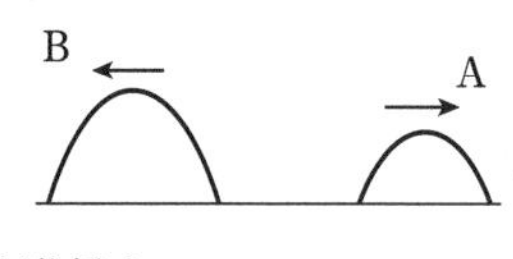

2 定常波

波長と振幅がそれぞれ等しい2つの正弦波が，直線上を同じ速さで逆向きに進み，重なりあって生じるどちらへも進まないように見える波。これに対して，合成前の2つの波のように，進行する波を進行波という。

節…常に振動しない部分。

腹…振幅が最大の部分。

定常波における隣りあう節と節(腹と腹)の間の距離は，進行波の波長 λ の半分 $\frac{\lambda}{2}$ である。

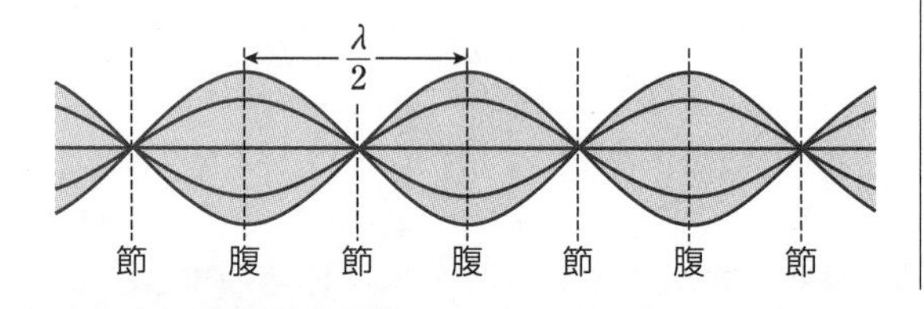

3 波の反射

波は，媒質の端や異なる媒質との境界で反射する。媒質の端や境界に向かって進む波を入射波，そこから反射してもどる波を反射波という。

●**自由端**　端の媒質が自由に振動できる。波はそのままの形(山は山のまま)で反射される。

反射がおこらないとしたときの入射波の延長を，自由端で折り返したものが反射波になる。

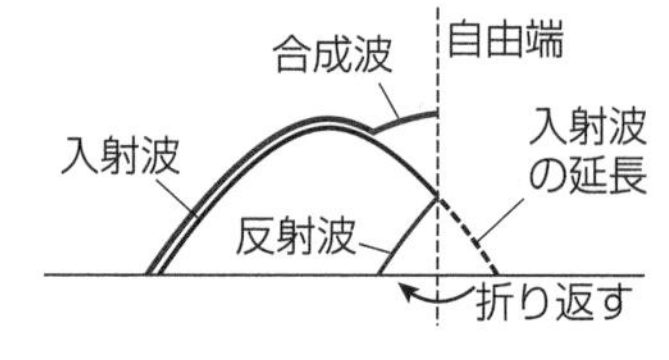

●**固定端**　端の媒質が固定されて振動できない。波は山が谷に反転した形で反射される。

反射がおこらないとしたときの入射波の延長を，上下に反転させ，さらに固定端で折り返したものが反射波になる。

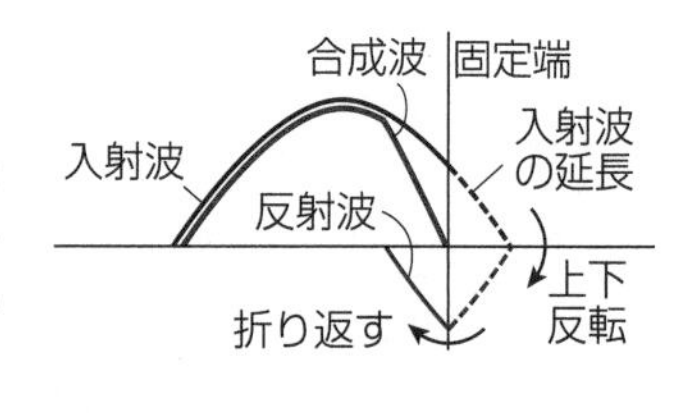

●**正弦波の反射**　連続した正弦波の反射では，入射波と反射波が重なりあい，定常波が生じる。**自由端は定常波の腹，固定端は定常波の節となる。**

端における入射波と反射波の位相は，自由端反射では同位相，固定端反射では逆位相になる。

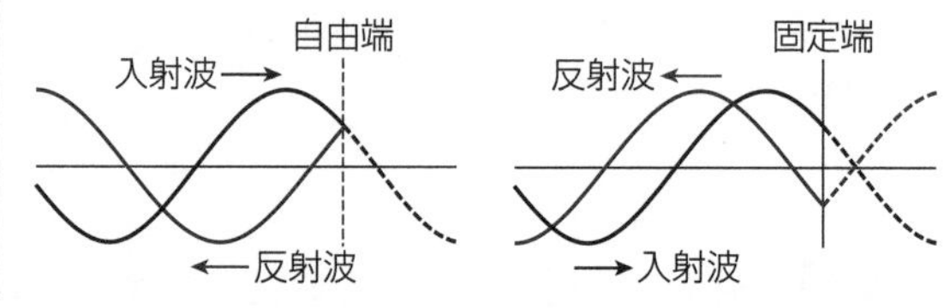

✓ チェック　次の各問に答えよ。

❶図は，実線の波と破線の波が重なりあっているようすである。合成波を描け。（⇨ 1）

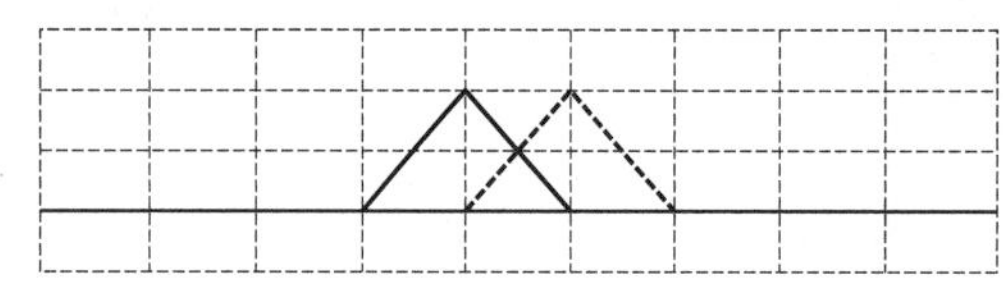

❷振幅2.0cmの2つの進行波が，互いに逆向きに進んで重なり，定常波が生じた。定常波の振幅は何cmか。（⇨ 2）

答

❸ある定常波の隣りあう節と節の間隔が4.0cmであった。定常波をつくるもとの2つの波の波長は何cmか。（⇨ 2）

答

❹振幅3.0cmの連続した正弦波が，直線上を進み，自由端で反射し続けている。自由端における合成波の振幅は何cmか。（⇨ 3）

答

チェック解答　❶略　❷4.0cm　❸8.0cm　❹6.0cm

例題 28 定常波

➡ 基本問題 177，標準問題 180

振幅 0.50m，波長 8.0m の正弦波A，Bが，x 軸上を互いに逆向きに同じ速さで進んでいる。正弦波AとBは無限に続いているが，図は，ある時刻におけるAとBの波のようすを，それぞれ 1 波長分だけ示してある。この 2 つの波によって，x 軸上には定常波が生じる。定常波の節の位置を，$0 \leqq x \leqq 20.0$m の範囲ですべて求めよ。

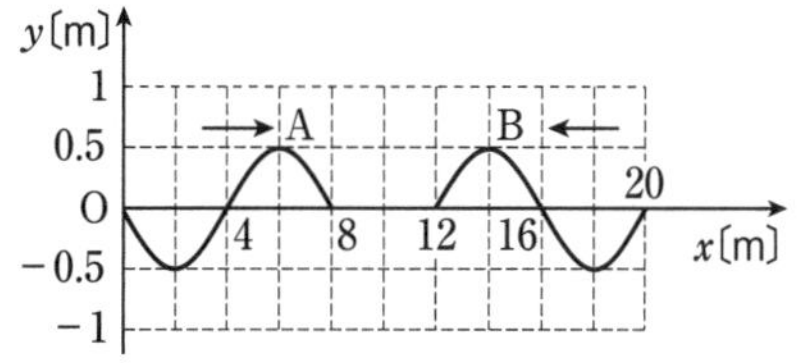

指針 図の時刻から，正弦波AとBを進ませ，重ねあわせた状態から，定常波の腹，節の位置を判断する。AとBのそれぞれの山が重なる位置は腹となる。

隣りあう腹と腹(節と節)の間隔は，もとの波の波長の 1/2 である。また，隣りあう腹と腹(節と節)の中間に節(腹)が位置する。これを利用すると，ある 1 点で腹(節)の位置が定まれば，$0 \leqq x \leqq 20.0$ の範囲における節の位置を求めることができる。

解説 $x=6.0$m の位置にあるAの山と，$x=14.0$m の位置にあるBの山は，$x=10.0$m の位置で重なる(図)。すなわち，$x=10.0$m の位置は腹になる。隣りあう腹と腹の間隔は半波長 4.0m に等しく，腹の位置は，$x=10.0$m の位置から 4.0m 間隔で存在するので，

$x=2.0$，6.0，10.0，14.0，18.0m

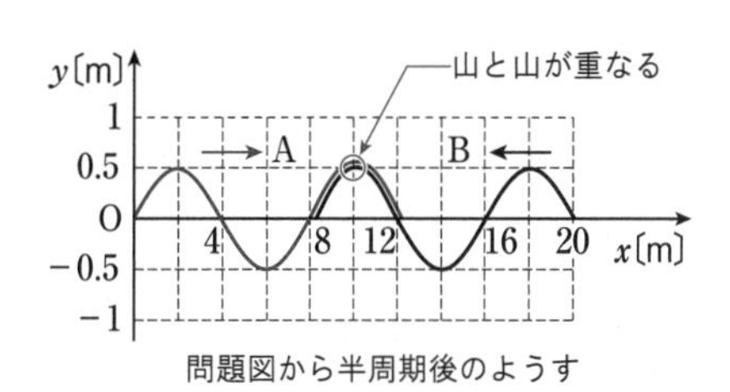

問題図から半周期後のようす

節の位置は，隣りあう腹と腹の中間にできるので，求める節の位置は，

$x=0$，4.0，8.0，12.0，16.0，20.0m

基本問題

知識

174. 波の重ねあわせ

振幅がそれぞれ 5.0cm，3.0cm の波の山どうしが重なる位置では，媒質の変位の大きさは何 cm か。

174.

➡ 1

知識

175. 重ねあわせの原理と波の独立性

2 つのパルス波が，互いに逆向きに速さ 1 cm/s で進んでいる。図は，時刻 $t=0$ におけるようすを示したものである。$t=2$～5s までの波のようすを，1s ごとに作図せよ。ただし，図の 1 目盛りを 1 cm とする。

175.

➡ 1

$t=0$s

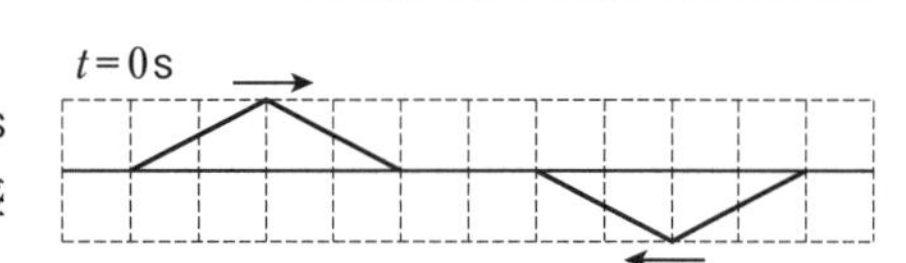

$t=2$s

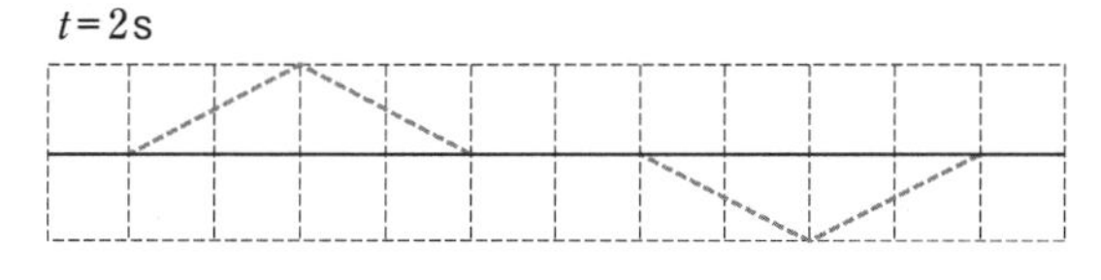

$t=4$s

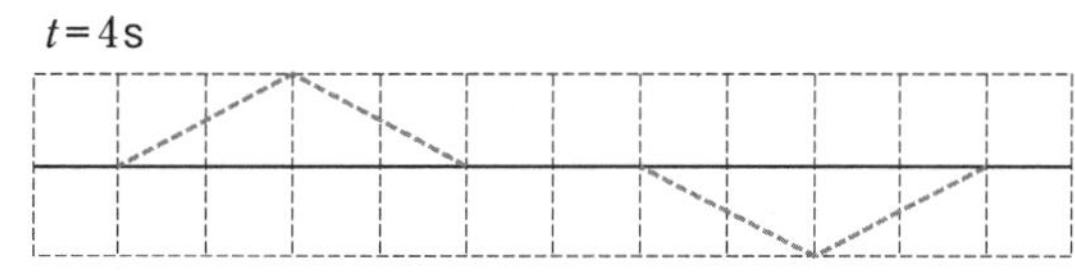

$t=3$s

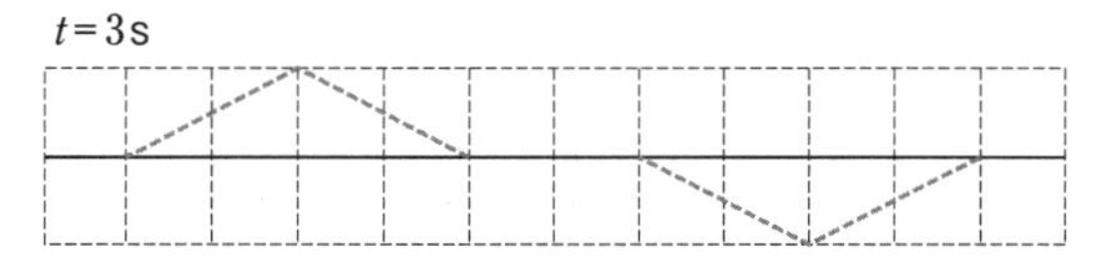

$t=5$s

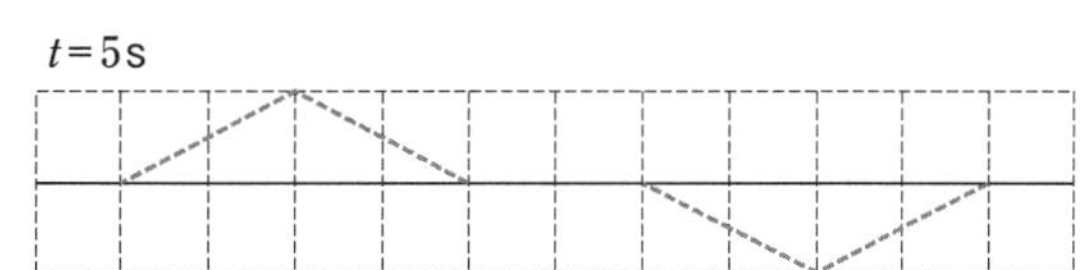

知識

☐176. 重なりあう波の作図

図は，２つの波Ａ(実線)，Ｂ(破線)のある瞬間における波形を表している。これらの波を重ねあわせた合成波を図中に描け。

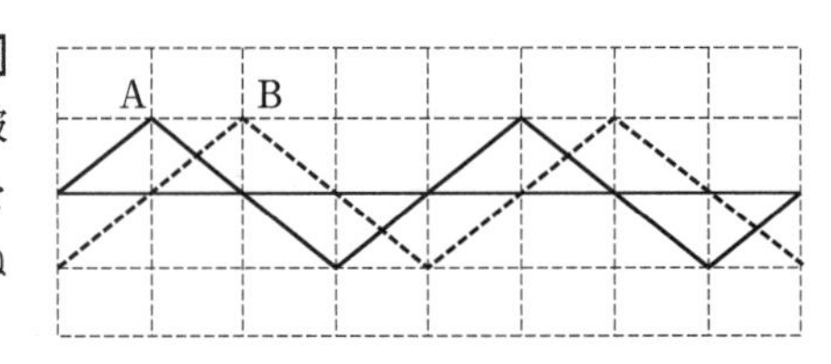

176. ➡ 1

☐177. 定常波

図のように，波長(8.0cm)と振幅(1.0cm)がそれぞれ等しい２つの正弦波Ａ(実線)，Ｂ(破線)が，x軸上を互いに逆向きに同じ速さで進んでいる。これらの波が重なりあうと，定常波ができる。

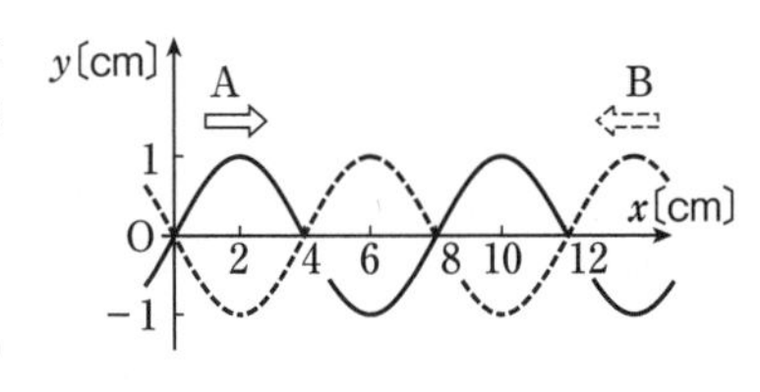

(1) 定常波の振幅は何 cm か。

(2) 腹の位置のx座標を，$0 \leqq x \leqq 12.0$cm の範囲ですべて求めよ。

(3) 節の位置のx座標を，$0 \leqq x \leqq 12.0$cm の範囲ですべて求めよ。

177. ➡ 2 例題 28

(1)

(2)

(3)

知識

☐178. パルス波の反射

図のような波が，右向きに 1 m/s の速さで進んでいる。端が自由端，固定端の各場合について，図の状態から 2 s 後の合成波を作図せよ。ただし，図の１目盛りを 1 m とする。

端

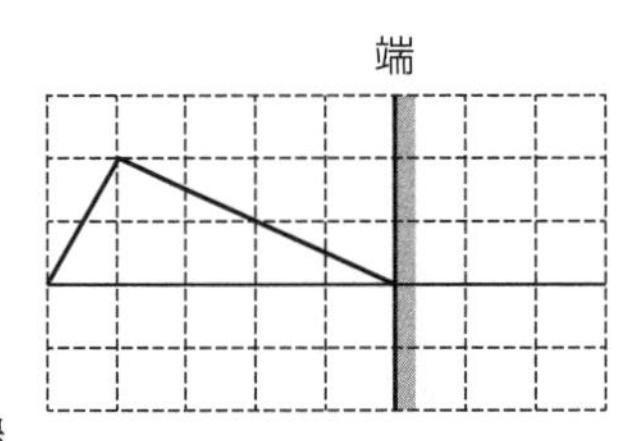

(1) 自由端

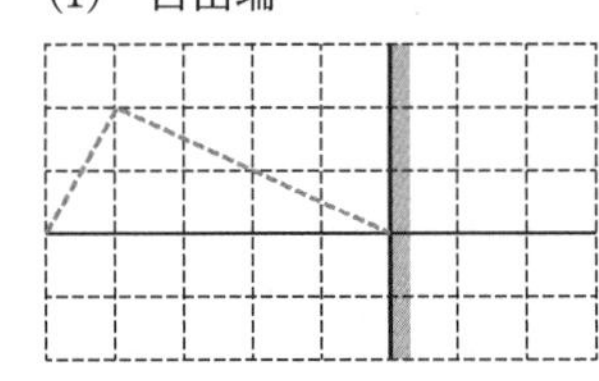

(2) 固定端

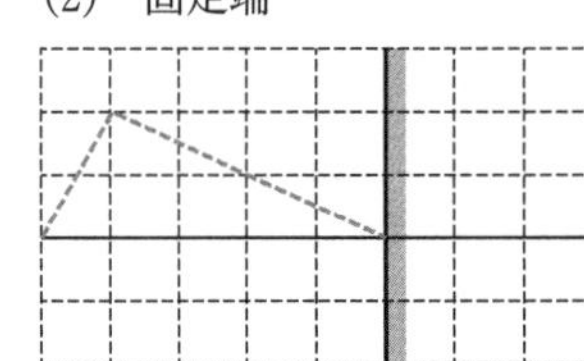

178. ➡ 3

知識

☐179. 反射波の作図

図のような波が，速さ 1 cm/s でx軸の正の向きに進み，x＝6cm の位置にある境界Ｐで反射する。境界Ｐが次のような場合について，図の時刻から 6 s 後の反射波を描け。

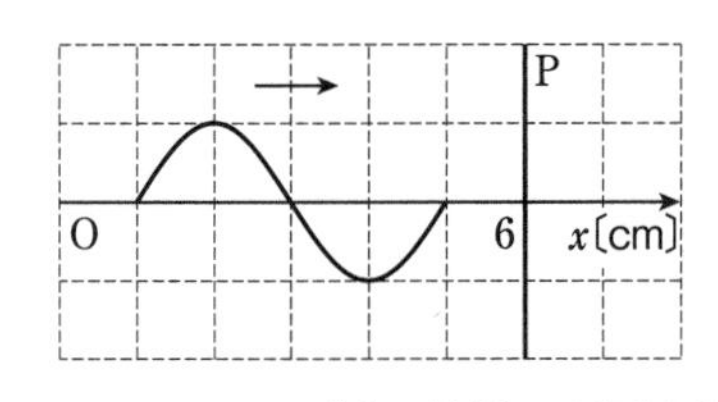

(1) 境界Ｐが自由端の場合

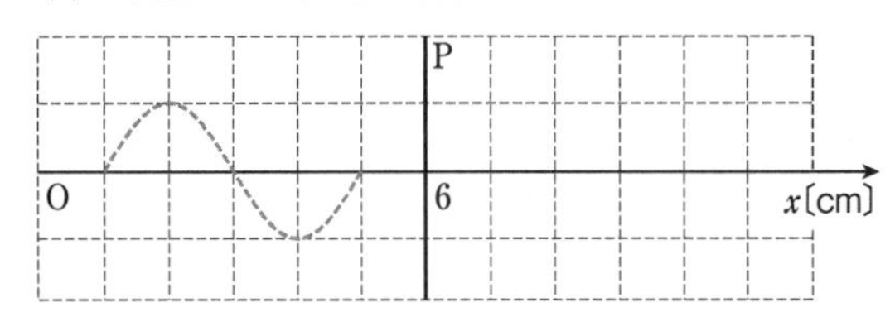

(2) 境界Ｐが固定端の場合

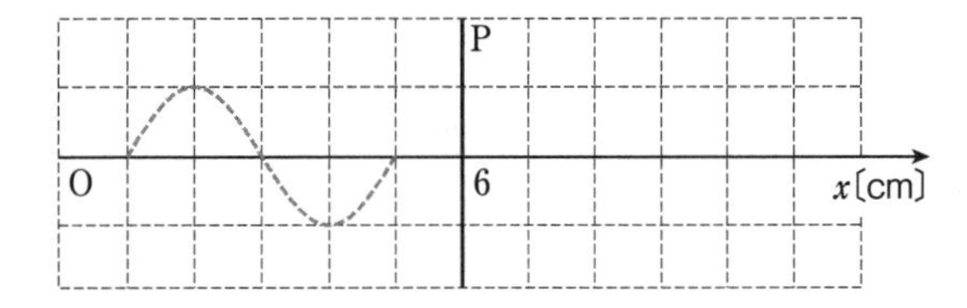

179. ➡ 3

標準問題

思考

180. 正弦波の反射と定常波 波長 4.0cm の連続した正弦波が，媒質の端で反射し続けており，定常波が生じている。

(1) 定常波の腹は，媒質の端から何 cm のところにできているか。媒質の端が自由端の場合と固定端の場合で，端から近い順(端の位置も含む)にそれぞれ3つ示せ。

(2) 正弦波の伝わる速さは変化させず，正弦波の振動数を2倍にした。定常波の腹は，媒質の端から何 cm のところにできているか。媒質の端が自由端の場合と固定端の場合で，端から近い順(端の位置も含む)にそれぞれ3つ示せ。

180. ➡ 例題 28

ヒント

(2) 正弦波の速さを変えずに振動数を2倍にしたとき，波長は何倍になるかを考える。

(1) 自由端：

固定端：

(2) 自由端：

固定端：

知識

181. 正弦波の反射と作図 連続した正弦波が，直線上を右向きに進み，媒質の端で反射し続けている。図では，ある時刻における入射波のみを示している。媒質の端が次のような場合，図の時刻における反射波を破線で，入射波と反射波の合成波を太線で描け。

(1) 自由端

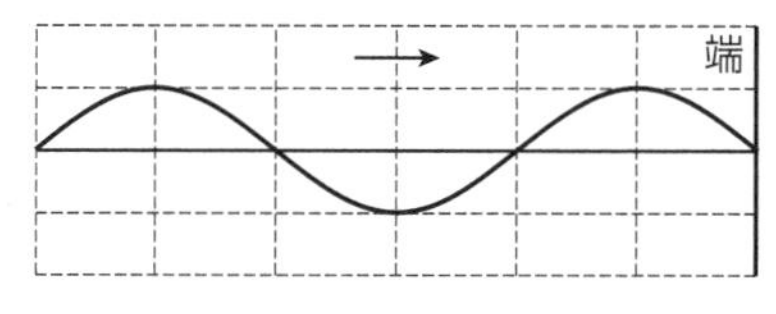

(2) 固定端

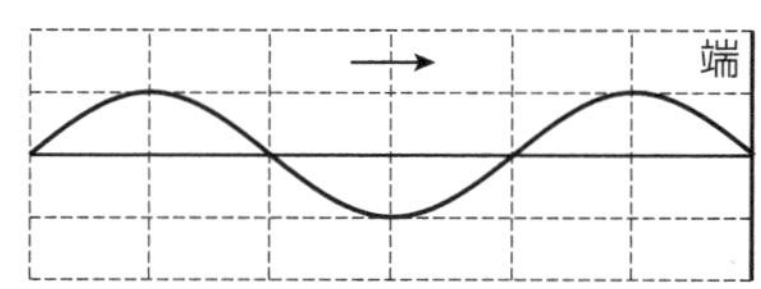

181. ➡ 基本問題 179

思考

182. ひもを伝わる波と定常波 ひもの右端を壁に固定し，左端を上下に振動させると，右向きに進む波が生じる。波は壁で反射して，右向きに進む波と反射波によって定常波ができた。図は，壁から長さLの区間において，時刻0から$3t$までの定常波の波形を示しており，この間でtと同じ波形は，$3t$にのみ観測された。次の各問に答えよ。

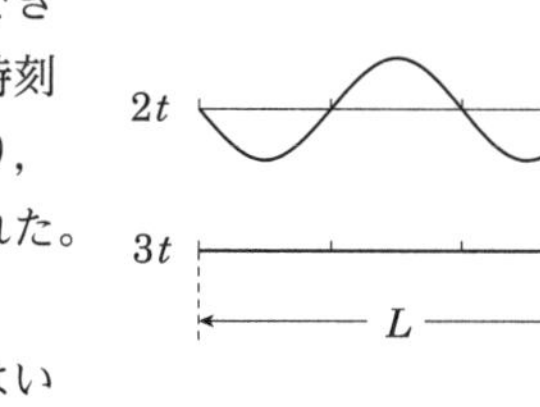

(1) 定常波をつくるもとになる波の波長はいくらか。

(2) 定常波をつくるもとになる波の速さはいくらか。

182.

ヒント

(2) 問題図から，波の周期がいくらになるかを考える。

(1)

(2)

集中トレーニング 4

直線上における波の作図

学習日	学習時間
／	分

➡解答編 p.49〜50

❶合成波の作図

複数の波が重なりあうときの合成波は，これまでに学習した重ねあわせの原理を用いて，作図することができる。合成波を作図する際のポイントとして，次の 3 点を理解しよう。

① 2 つの波の変位が同じ点
⇨合成波の変位は一方の波の変位の 2 倍になる。

②一方の波の変位が 0 の点
⇨合成波の変位はもう一方の波の変位に等しい。

③ 2 つの波の変位が逆向きで大きさの等しい点
⇨合成波の変位は 0 になる。

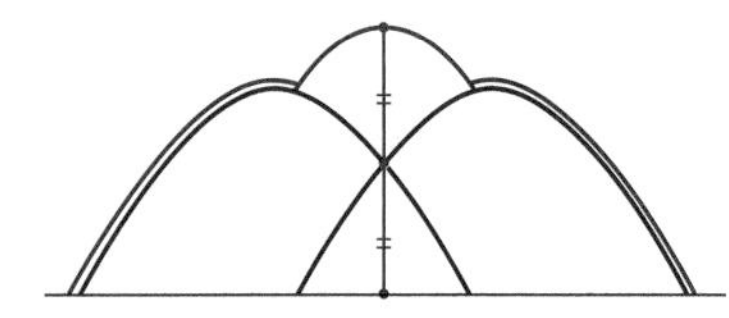
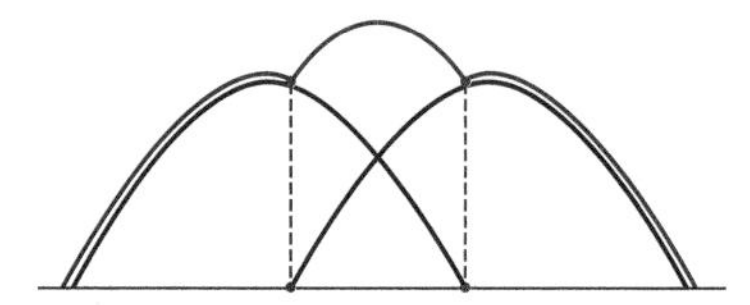
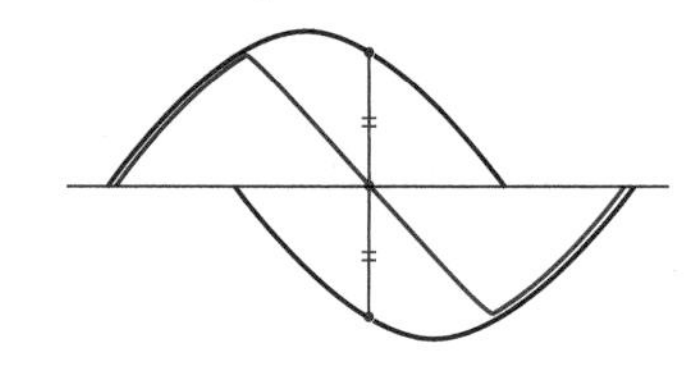

❷反射波の作図

自由端，固定端における反射波は，次の手順にしたがって作図することができる。改めて確認しよう。

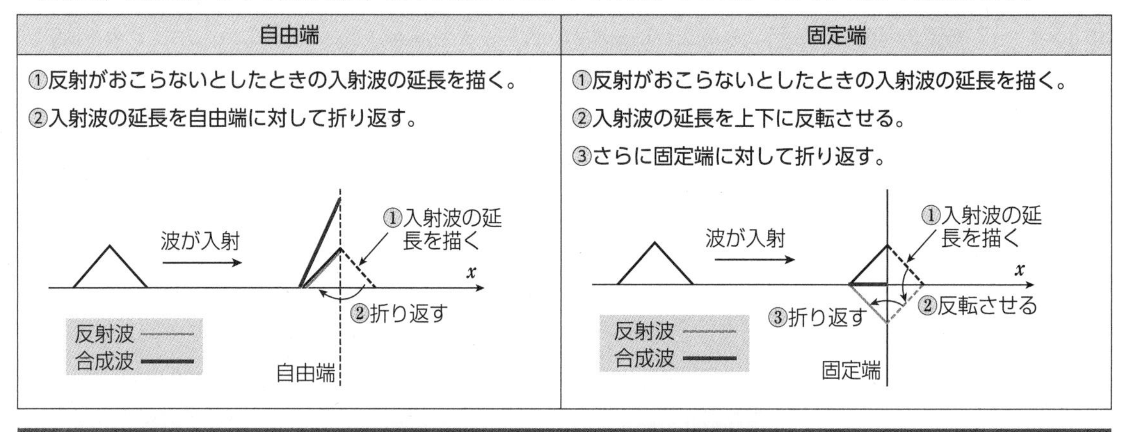

自由端	固定端
①反射がおこらないとしたときの入射波の延長を描く。 ②入射波の延長を自由端に対して折り返す。	①反射がおこらないとしたときの入射波の延長を描く。 ②入射波の延長を上下に反転させる。 ③さらに固定端に対して折り返す。

演習問題

知識

183. 波の重ねあわせ　図のように，2 つのパルス波が重なりあっている。それらの合成波を図中に描け。

(1)
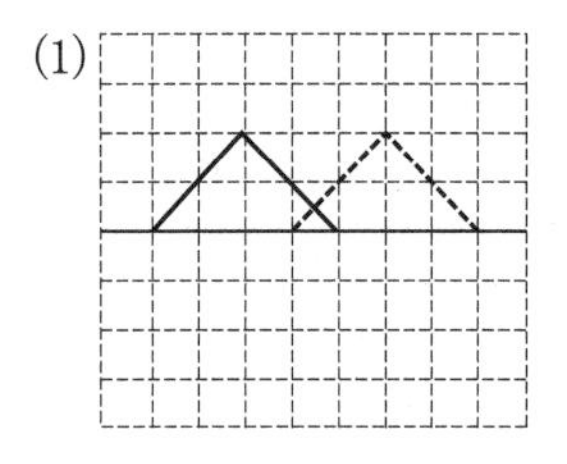
(2)
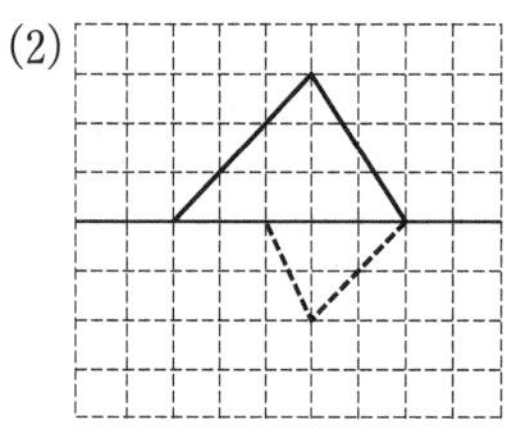
(3)
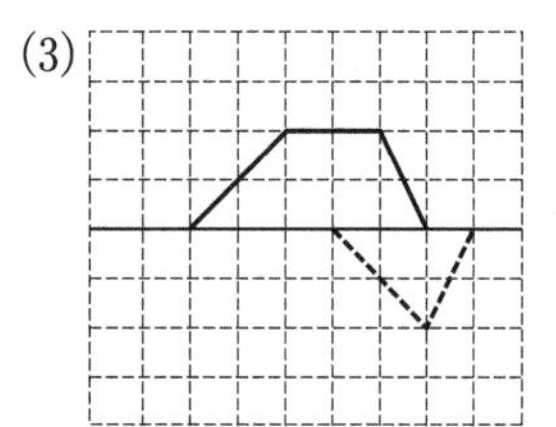
(4)
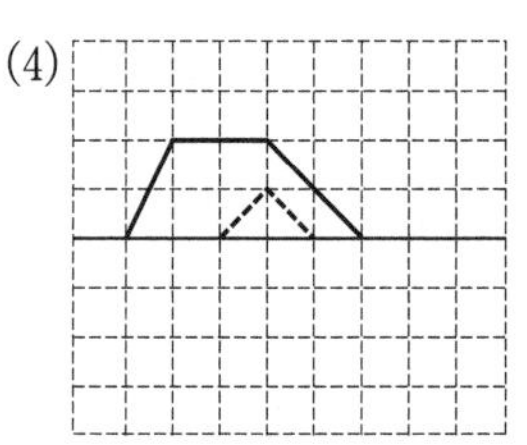

知識

184. 波の作図と定常波　図は，互いに逆向きに進む 2 つの正弦波が重なりあっているようすである。図の時刻における合成波をそれぞれ描け。

(1)
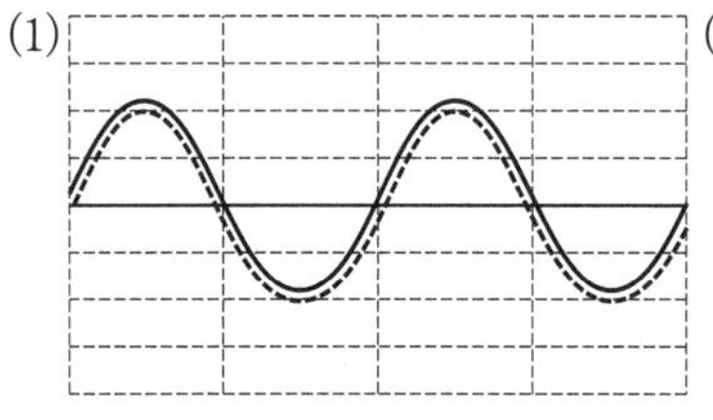
(2)
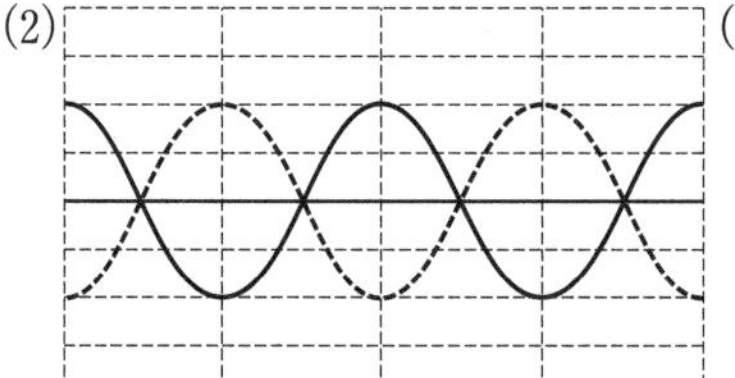
(3)
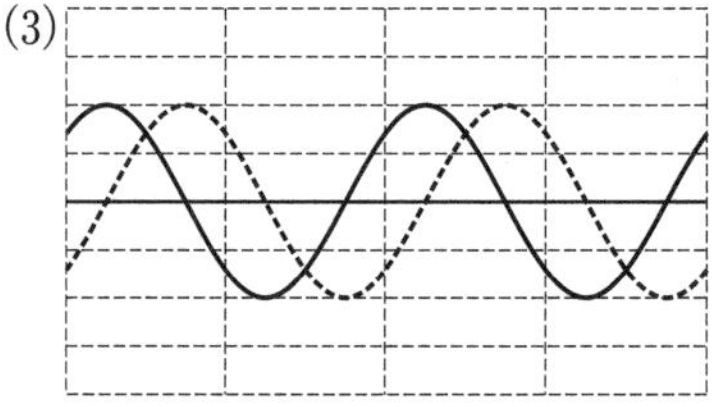

知識

185. パルス波の反射

図のような波が右向きに1cm/sの速さで進んでいる。端が自由端，固定端の各場合について，図の時刻から1，2，3s後のそれぞれの入射波，反射波，合成波を作図せよ。入射波は細い実線，反射波は破線，合成波は太い実線で示せ。ただし，図の1目盛りを1cmとする。

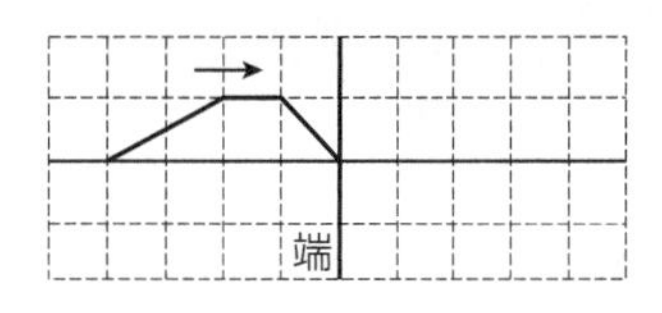

自由端

1s後

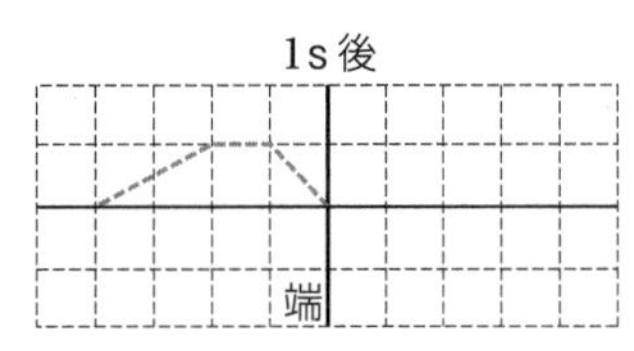

2s後

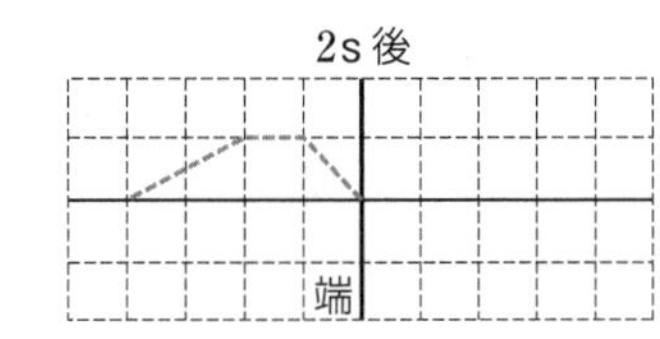

3s後

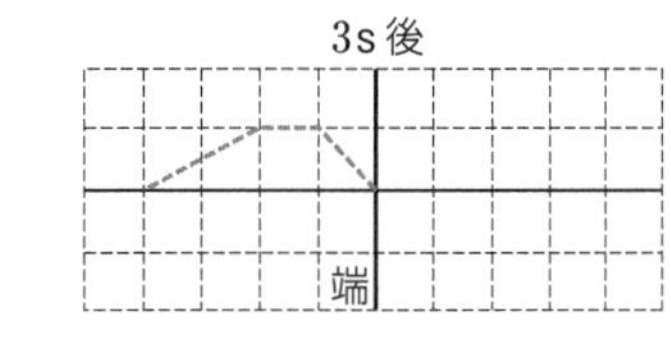

固定端

1s後

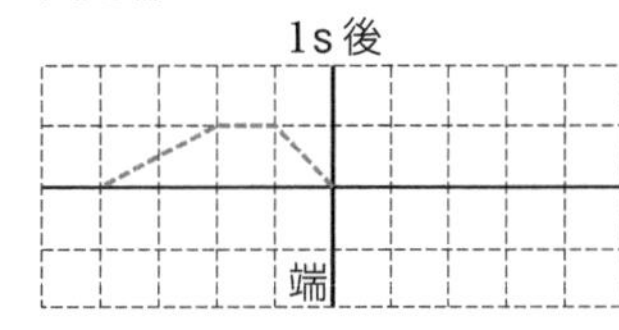

2s後

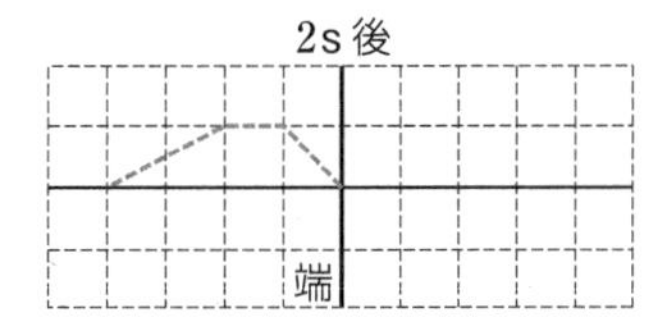

3s後

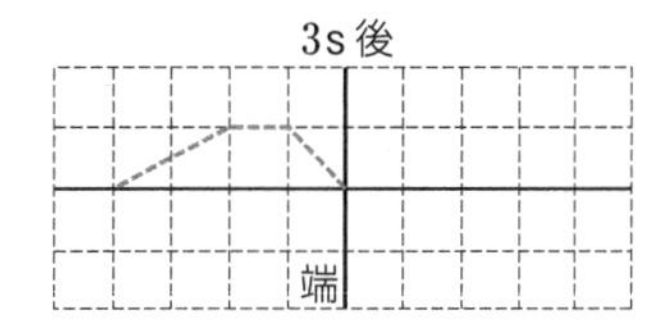

知識

186. 波の反射と定常波

連続した正弦波が，右向きに1cm/sの速さで媒質の端に入射し続けている。図は，ある時刻における入射波のみを示したものである。媒質の端が自由端，固定端の各場合について，図の時刻から1，2，3s後のそれぞれの入射波，反射波，合成波を作図せよ。入射波は細い実線，反射波は破線，合成波は太い実線で示せ。ただし，図の1目盛りを1cmとする。

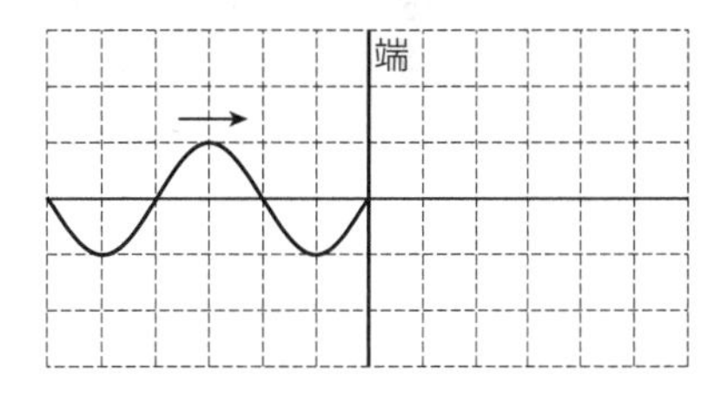

自由端

1s後

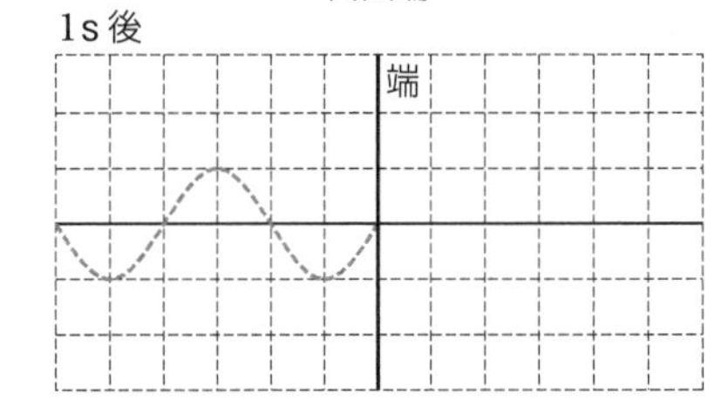

1s後

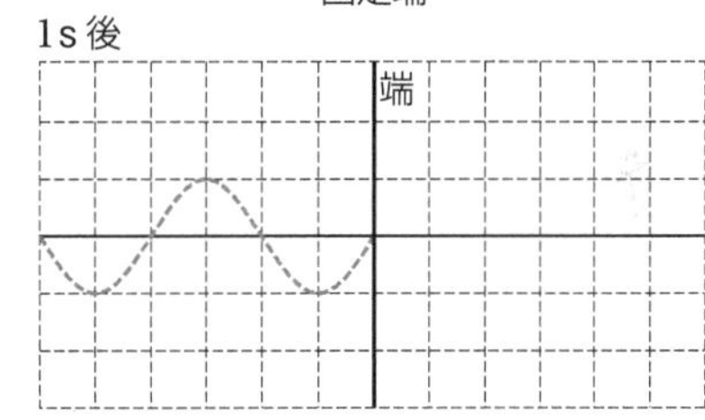

2s後

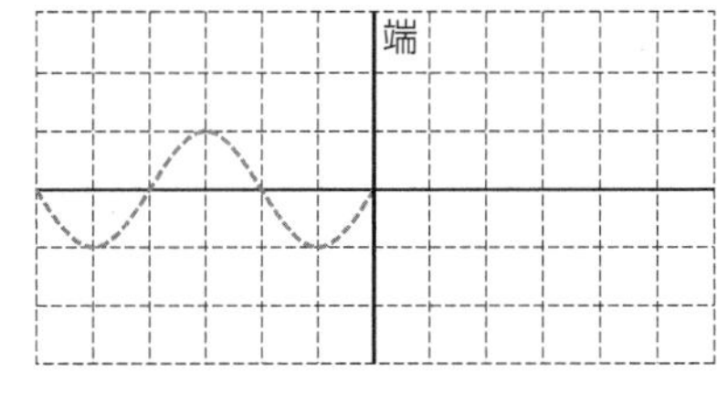

2s後

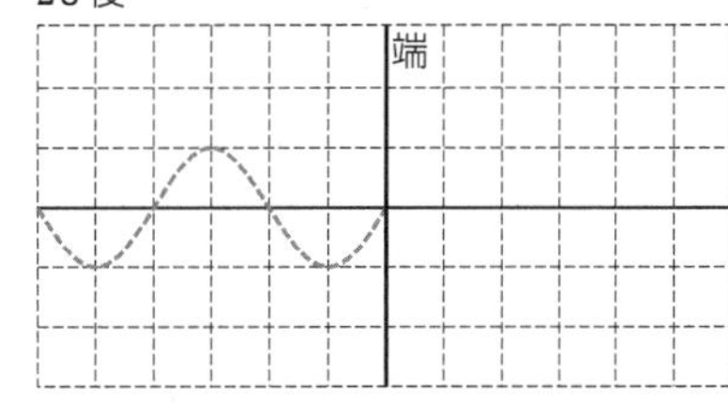

3s後

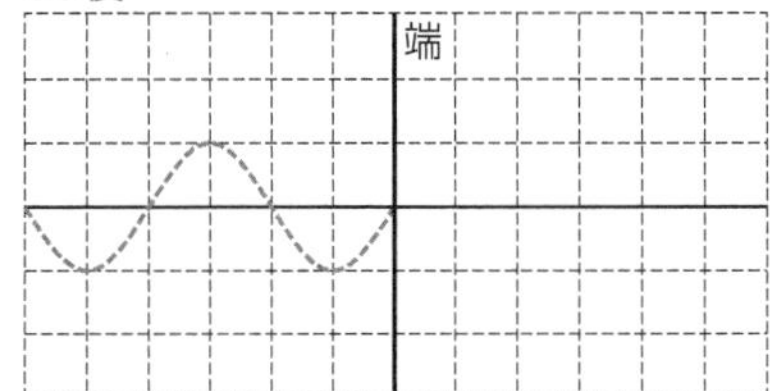

3s後

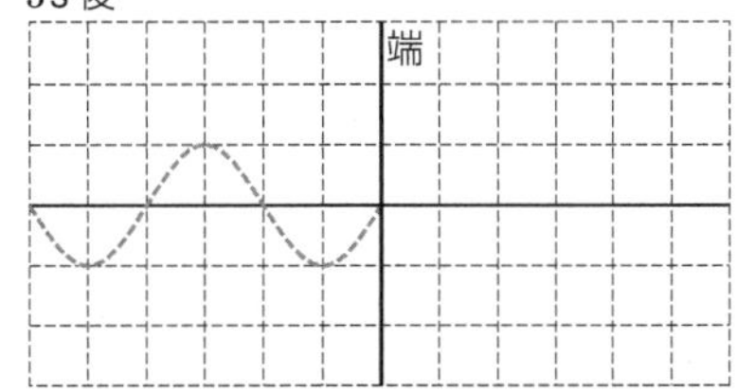

19 音波の性質

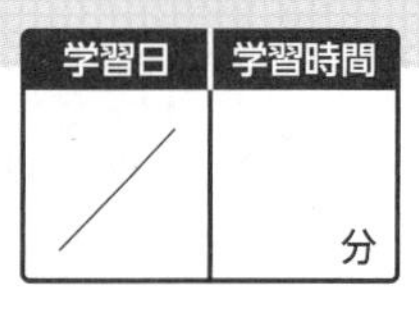

➡解答編 p.50～51

1 音の速さと縦波

物質中を伝わる縦波(疎密波)を音波という。

空気中の音波の速さ(音速)V〔m/s〕は，振動数や波長に関係なく，温度t〔℃〕のとき，

$$V=331.5+0.6t \quad \cdots ①$$

音速は気体，液体，固体の順に大きくなり，媒質のない真空中では，音波は伝わらない。

2 音の3要素

音の高さ，音の大きさ，音色を音の3要素という。

●**音の高さ**　音は，振動数が大きくなるほど，高く聞こえる。ヒトが聞き取ることのできる音(可聴音)の振動数は，およそ20～20000Hzである。ヒトが聞き取ることのできない高い振動数の音波は，超音波とよばれる。

●**音の大きさ**　同じ高さの音であれば，大きい音ほど振幅が大きい。

●**音色**　同じ高さの音であっても，音色が異なる場合，それぞれの音は，波形が異なっている。

3 音の反射

音波は，障害物や，媒質の状態が急に変化するような境界面に入射したとき，反射する。

4 うなり

振動数がわずかに異なる2つの音が重なりあって，音の大小が周期的に繰り返される現象。振動数f_1〔Hz〕，f_2〔Hz〕の2つの波で生じる1s間あたりのうなりの回数fは，　$f=|f_1-f_2| \quad \cdots ②$

1度大きく鳴ってから次に大きく鳴るまでの時間をうなりの周期という。

☑ チェック　次の各問に答えよ。

❶温度10℃の空気中を伝わる音速は何m/sか。有効数字を3桁として答えよ。　(⇨ 1)

答 ＿＿＿＿

❷振動数5.0×10^2Hzの音波の波長は何mか。ただし，音速を340m/sとする。　(⇨ 1)

答 ＿＿＿＿

❸振動数の大きい音ほど，高く聞こえるか，それとも低く聞こえるか。　(⇨ 2)

答 ＿＿＿＿

❹同じ高さの音であれば，振幅が大きいほど，大きく聞こえるか，それとも小さく聞こえるか。　(⇨ 2)

答 ＿＿＿＿

❺$5.1\times10^2$mはなれた壁に向かって音を鳴らすと，反射音が3.0s後に聞こえた。音速は何m/sか。　(⇨ 3)

答 ＿＿＿＿

❻振動数がそれぞれ650Hz，647Hzの2つのおんさを同時に鳴らしたとき，1s間あたりのうなりの回数はいくらか。　(⇨ 4)

答 ＿＿＿＿

例題 29　うなり　➡基本問題 191

振動数が未知のおんさAを，振動数450HzのおんさBと同時に鳴らすと毎秒2回，振動数445HzのおんさCと同時に鳴らすと毎秒3回のうなりが聞こえた。おんさAの振動数は何Hzか。

指針　おんさAの振動数をf_A〔Hz〕として，AとB，AとCのそれぞれで，「$f=|f_1-f_2|$」の式を立てる。それらの2つの式が同時に成り立つ振動数f_Aが，おんさAの振動数である。

解説　AとB，AとCのそれぞれで，うなりの回数を表す式を用いると，

AとB：　$2=|f_A-450|$　　$f_A=448,\ 452$Hz

AとC：　$3=|f_A-445|$　　$f_A=442,\ 448$Hz

したがって，$f_A=$**448Hz**

チェック 解答　❶338m/s　❷0.68m　❸高く聞こえる　❹大きく聞こえる　❺$3.4\times10^2$m/s　❻3回

基本問題

知識

187. 可聴音　ヒトの可聴音の振動数は，およそ20～20000Hzである。空気中の音速を3.4×10^2m/sとして，次の各問に答えよ。

(1)　可聴音の波長の最小値は何mか。

(2)　可聴音の波長の最大値は何mか。

187.　➡2

(1)

(2)

第Ⅲ章　波動

思考

188. 音の3要素　図は，オシロスコープで音を観測したものである。縦軸は変位，横軸は時間を表す。次の組みあわせでは，音の3要素のうち，どれが異なるかを答えよ。

(1)　aとb

(2)　bとd

(3)　cとd

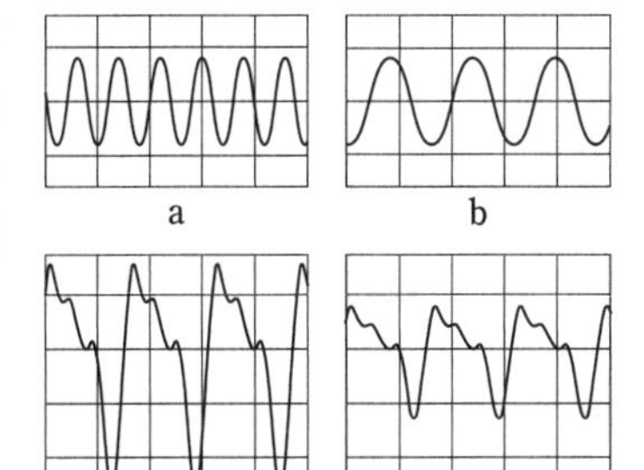

188.　➡2

(1)

(2)

(3)

知識

189. 音の反射　海面で静止する船から海底に向けて，超音波を発射したところ，超音波は海底で反射し，発射してから0.040s後に反射波が観測された。海面から海底までの深さは何mか。ただし，海水中の音速を1.5×10^3 m/sとする。

189.　➡3

知識

190. 音の反射

速さ10m/sで岸壁に向かっている船が，汽笛を鳴らしたところ，4.0s後に反射音がもどってきた。音を発したときの船と岸壁との間の距離は何mか。ただし，音速を3.4×10^2m/sとする。

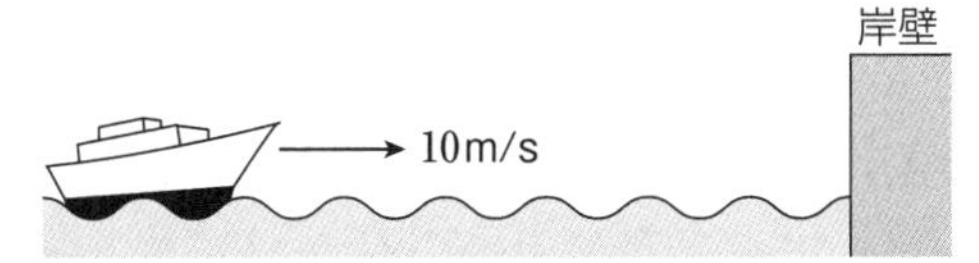

190.　➡3

思考

191. うなり　振動数440HzのおんさAと，442HzのおんさBがある。

(1)　AとBを同時に鳴らしたとき，うなりの周期は何sか。

(2)　振動数が未知のおんさCを，Aと同時に鳴らすと毎秒3回，Bと同時に鳴らすと毎秒1回のうなりが聞こえた。Cの振動数は何Hzか。

191.　➡4　例題29

(1)

(2)

20 弦の固有振動

学習日	学習時間
/	分

➡解答編 p.51～53

1 物体の固有振動

自由に振動できる物体は，その物体に固有の振動数で振動する。この振動を固有振動，その振動数を固有振動数という。

2 弦の固有振動

弦の振動では，両端を節とする定常波ができる。

長さ L〔m〕の弦にできる定常波の腹の数を m，波長を λ_m〔m〕，弦を伝わる波の速さを v〔m/s〕，弦の固有振動数を f_m〔Hz〕とすると，

$$\lambda_m = \frac{2L}{m} \quad \cdots ① \qquad f_m = \frac{m}{2L}v \quad \cdots ②$$

（m＝1，2，…）

速さ v は，弦の張力が大きいほど，弦の単位長さあたりの質量（線密度）が小さいほど速くなる。

基本振動（m＝1）　$\lambda_1 = \dfrac{2L}{1}$　$f_1 = \dfrac{1}{2L}v$

2倍振動（m＝2）　$\lambda_2 = \dfrac{2L}{2}$　$f_2 = \dfrac{2}{2L}v$

3倍振動（m＝3）　$\lambda_3 = \dfrac{2L}{3}$　$f_3 = \dfrac{3}{2L}v$

発展　弦を伝わる波の速さの式

弦の張力の大きさを S〔N〕，線密度を ρ〔kg/m〕とすると，弦を伝わる波の速さ v〔m/s〕は，

$$v = \sqrt{\frac{S}{\rho}} \quad \cdots ③$$

チェック　次の各問に答えよ。

❶長さ 0.60m の弦に，基本振動の定常波が生じている。その波長は何mか。（⇨ 2）

答

❷長さ 0.60m の弦に，2倍振動の定常波が生じている。弦の中央の位置は，定常波の腹となるか，それとも節となるか。（⇨ 2）

答

例題 30 弦の固有振動

➡ 基本問題 194・195・197，標準問題 198

弦の一端をおんさにつけ，なめらかな滑車を通して，他端におもりをつるす。おんさを鳴らすと，腹が3個の定常波ができた。弦の振動する部分の長さは 1.8m，弦を伝わる波の速さは 60m/s である。次の各問に答えよ。

（おんさ，弦 1.8m，おもり）

(1)　定常波の波長は何mか。また，その振動数は何 Hz か。

(2)　おもりを別の質量のものに変えると，腹が4個になった。このとき，弦を伝わる波の速さは何 m/s か。

指針　(1)　隣りあう節と節の間隔は波長の $\frac{1}{2}$ である。定常波のようすを図で表して波長を求め，「$v=f\lambda$」の式から振動数を計算する。

(2)　おもりの質量を変えると，弦の張力が変化し，弦を伝わる波の速さが変化する。一方，波の振動数は，おんさの振動数に等しく，(1)と同じ値である。波長を求めたのち，「$v=f\lambda$」の式を用いる。

解説　(1)　求める波長を λ〔m〕とする。隣りあう節と節の間隔 $\frac{\lambda}{2}$ は，弦の長さ 1.8m の $\frac{1}{3}$ に等しいので，

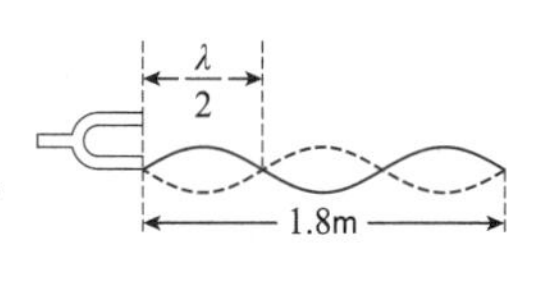

$$\frac{\lambda}{2} = \frac{1.8}{3} \qquad \lambda = \mathbf{1.2\,m}$$

定常波の振動数を f〔Hz〕とすると，「$v=f\lambda$」の式から，

$$f = \frac{v}{\lambda} = \frac{60}{1.2} = \mathbf{50\,Hz}$$

(2)　求める波長を λ'〔m〕とする。隣りあう節と節の間隔 $\frac{\lambda'}{2}$ は，弦の長さ 1.8m の $\frac{1}{4}$ に等しいので，

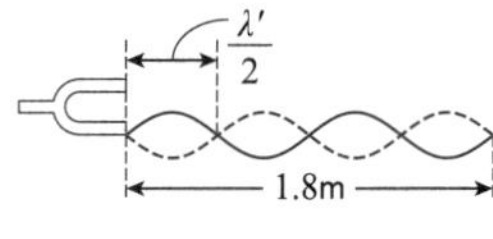

$$\frac{\lambda'}{2} = \frac{1.8}{4} \qquad \lambda' = 0.90\,\text{m}$$

求める波の速さを v'〔m/s〕とすると，

$$v' = f\lambda' = 50 \times 0.90 = \mathbf{45\,m/s}$$

Advice　弦の固有振動では，弦の両端が固定端となり，両端を節とする定常波ができる。

チェック 解答　❶1.2m　❷節

基本問題

知識

192. 弦の振動　弦に基本振動，2倍振動，3倍振動の定常波が生じているとする。それぞれの定常波のようすを図に示せ。

192. → 2

思考

193. 弦の固有振動　弦の一端におんさをつけ，他端を固定し，一定の力でおんさを引き，弦を張った。このとき，おんさを鳴らすと，弦に定常波は生じなかった。原因として最も適当なものを次の選択肢の中から一つ選べ。

（ア）　関係式「$v=f\lambda$」が満たされていなかった。

（イ）　関係式「$f_m=\dfrac{m}{2L}v$」が満たされていなかった。

（ウ）　関係式「$v=\sqrt{\dfrac{S}{\rho}}$」が満たされていなかった。

193. → 2

知識

194. 弦の基本振動　両端を固定した長さ1.0mの弦を伝わる波の速さが40m/sのとき，弦の基本振動における定常波の波長は何mか。また，振動数は何Hzか。

194. → 2 例題30

波長：

振動数：

知識

195. 弦の4倍振動　両端を固定した長さ2.0mの弦に，4倍振動の定常波が生じている。定常波の波長は何mか。また，振動数は何Hzか。ただし，弦を伝わる波の速さを50m/sとする。

195. → 2 例題30

波長：

振動数：

思考

196. 弦の振動の測定　弦の一端を固定し，他端には滑車を通しておもりをつるした。コマの位置を変化させて，弦の長さL〔m〕を変えながら，弦の中央付近を指ではじいて基本振動を生じさせ，その振動数を測定した。その結果をグラフに示す。

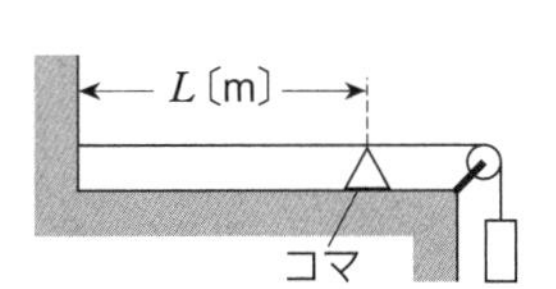

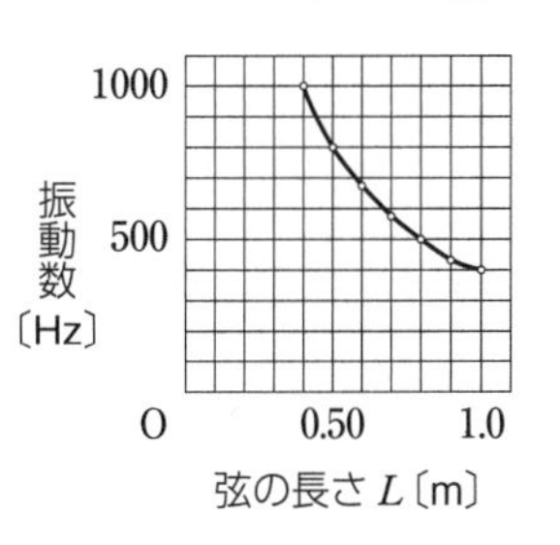

(1)　グラフから，振動数が400Hz，800Hz，1000Hzのときの弦を伝わる波の速さを求めよ。

(2)　(1)の結果から，弦を伝わる波の速さについてわかることを次の中から一つ選べ。

（ア）　弦の長さが変化しても変わらない。

（イ）　弦の長さが長くなると速くなる。

（ウ）　弦の長さが長くなると遅くなる。

196. → 2

(1) 400Hz：

800Hz：

1000Hz：

(2)

思考

197. 弦の振動と腹の数

弦の一端におんさをつけ，滑車を通して他端におもりをつるす。おんさを鳴らすと，図のように，腹が5個の定常波が生じた。弦の振動する部分の長さを1.5m，弦を伝わる波の速さを30m/sとする。

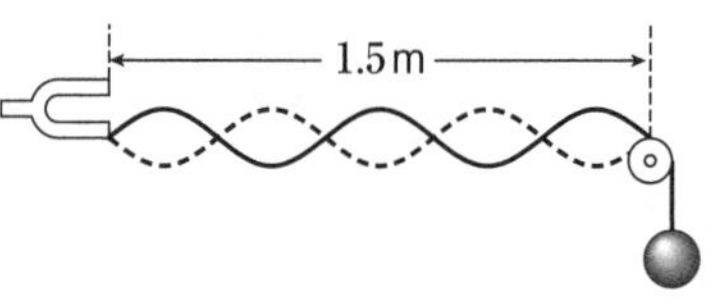

(1) 定常波の波長は何mか。また，おんさの振動数は何Hzか。

(2) 滑車を左右に動かして，定常波の腹の数を4個にしたい。弦の振動する部分の長さを何mにすればよいか。

(3) おもりの質量を変えて，定常波の腹の数を少なくしたい。おもりの質量は大きいもの，小さいもののどちらに変えればよいか。

197. ➡ 2 例題30

(1) 波長：

振動数：

(2)

(3)

標準問題

思考

198. 弦の振動

弦の一端にスピーカーをつけ，他端には滑車を通しておもりをつるした。スピーカーから滑車までの距離を1.2mとする。スピーカーの振動数を60Hzにしたところ，弦に腹が3個の定常波が生じた。

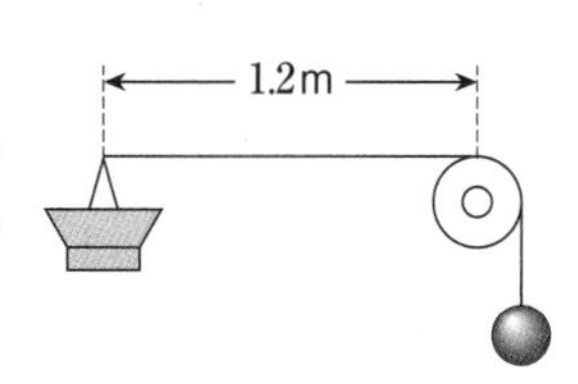

(1) 弦を伝わる波の波長は何mか。

(2) 弦を伝わる波の速さは何m/sか。

(3) スピーカーの振動数を60Hzから徐々に大きくしていく。次に定常波が生じたときの腹はいくつか。また，そのときのスピーカーの振動数は何Hzか。

198. ➡ 例題30，基本問題197

ヒント

(3) 弦を伝わる波の速さは変わらないので，振動数が大きくなると弦を伝わる波の波長は短くなる。

(1)

(2)

(3) 腹の数：

振動数：

発展　知識

199. 弦を伝わる波の速さ

長さ1.2m，質量0.30gの弦が，大きさ0.90Nの張力となるように張られている。弦を横波が伝わるとき，その速さは何m/sか。

199.

ヒント

弦を伝わる波の速さv〔m/s〕は，弦の張力の大きさS〔N〕，線密度ρ〔kg/m〕を用いて「$v=\sqrt{\dfrac{S}{\rho}}$」で表される。

21 気柱の固有振動

学習日	学習時間
／	分

➡解答編 p.53～55

1 気柱の固有振動

●**閉管**　閉口端が節，開口端が腹となる定常波ができる。

定常波の節の数をm，波長をλ_m〔m〕，気柱の長さをL〔m〕，固有振動数をf_m〔Hz〕，音速をV〔m/s〕とすると，

$$\lambda_m=\frac{4L}{2m-1}\quad\cdots①$$

$$f_m=\frac{2m-1}{4L}V\quad\cdots②$$

（$m=1$，2，…）

閉管

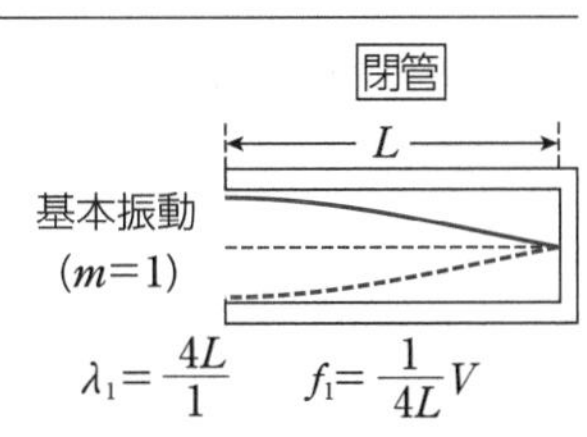

$\lambda_1=\frac{4L}{1}$　$f_1=\frac{1}{4L}V$

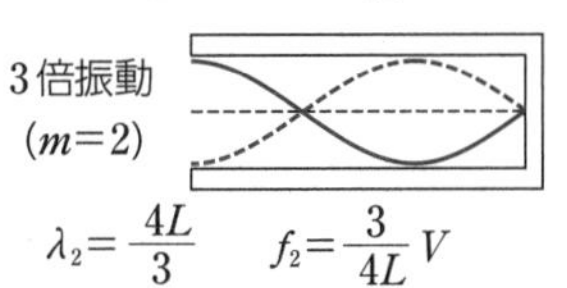

$\lambda_2=\frac{4L}{3}$　$f_2=\frac{3}{4L}V$

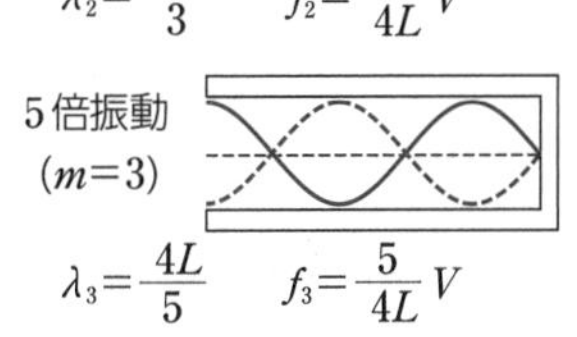

$\lambda_3=\frac{4L}{5}$　$f_3=\frac{5}{4L}V$

●**開管**　両端の開口端が腹となる定常波ができる。

定常波の節の数をm，波長をλ_m〔m〕，気柱の長さをL〔m〕，固有振動数をf_m〔Hz〕，音速をV〔m/s〕とすると，

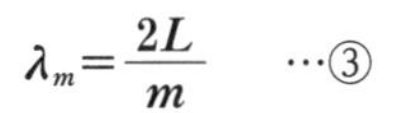

$$\lambda_m=\frac{2L}{m}\quad\cdots③$$

$$f_m=\frac{m}{2L}V\quad\cdots④$$

（$m=1$，2，…）

●**開口端補正**

開口端にできる定常波の腹は，実際には，管の端よりも少し外側にある。管の端から実際にできる腹の位置までの距離は，開口端補正とよばれる。

開管

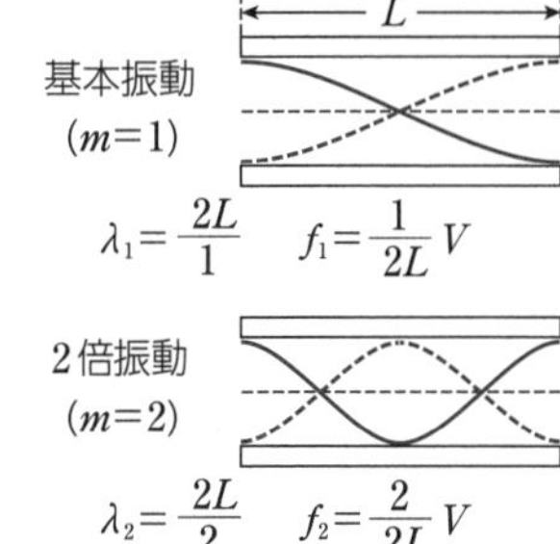

$\lambda_1=\frac{2L}{1}$　$f_1=\frac{1}{2L}V$

$\lambda_2=\frac{2L}{2}$　$f_2=\frac{2}{2L}V$

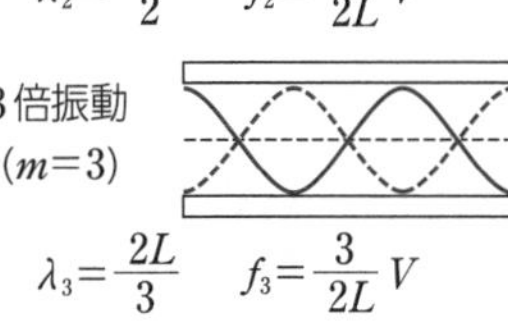

$\lambda_3=\frac{2L}{3}$　$f_3=\frac{3}{2L}V$

2 共振・共鳴

物体は，その固有振動数に等しい振動数の周期的な力を受けると，大きく振動する。これを共振，または共鳴という。

✓ チェック

次の各問に答えよ。ただし，管口と定常波の腹の位置は一致しているものとする。

❶長さ 0.17m の閉管に，基本振動の定常波が生じている。その波長は何mか。（⇨ 1）

答 ……………

❷長さ 0.17m の開管に，基本振動の定常波が生じている。その波長は何mか。（⇨ 1）

答 ……………

例題 31 気柱の共鳴

➡基本問題 203，標準問題 204

図のように，気柱共鳴装置のガラス管に水を満たし，管口付近でおんさを鳴らしながら，管内の水面の位置を下げていくと，管口から水面までの距離が，$L_1=16$cm のときに1回目，$L_2=50$cm のときに2回目の共鳴がおこった。音速を3.4×10^2m/s とする。

(1)　音波の波長は何 cm か。

(2)　おんさの振動数は何 Hz か。

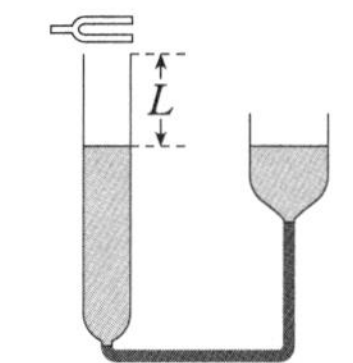

指針　生じる定常波は，管口付近が腹，水面の位置が節となり，定常波の腹は，管口よりも少し外側に位置する。定常波のようすは，図のように示される。

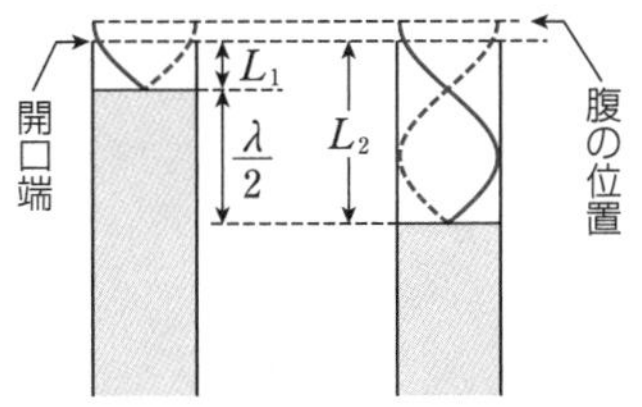

(1)　L_2-L_1 が半波長に相当する。

(2)　「$V=f\lambda$」の式から，おんさの振動数を求める。

解説　(1)　L_2-L_1 が半波長に相当するので，

$$L_2-L_1=50-16=\frac{\lambda}{2}\qquad \lambda=68\text{cm}$$

(2)　おんさの振動数をf〔Hz〕とすると，

$$f=\frac{V}{\lambda}=\frac{3.4\times10^2}{0.68}=\mathbf{5.0\times10^2}\text{Hz}$$

Advice　管口と定常波の腹の位置は一致しないので，$\lambda=4L_1$ とするのは誤りである。

チェック／解答　❶0.68m　❷0.34m

基本問題

知識

200. 気柱の振動　閉管，開管のそれぞれの気柱に，次のような振動が生じているとする。横波のように表示した定常波を，それぞれ図に示せ。ただし，管口と定常波の腹の位置は一致しているものとする。

閉管　基本振動　　3倍振動　　5倍振動

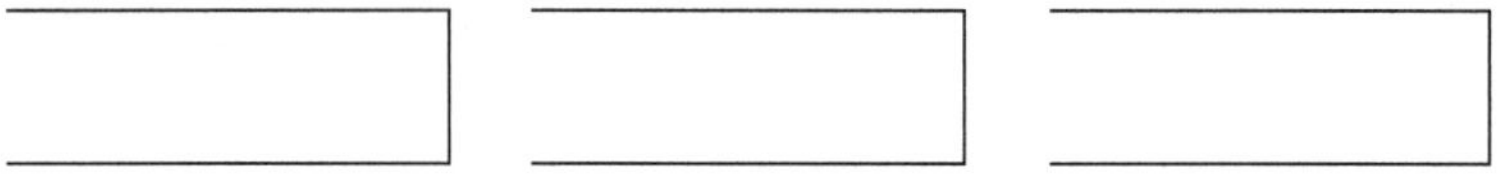

開管　基本振動　　2倍振動　　3倍振動

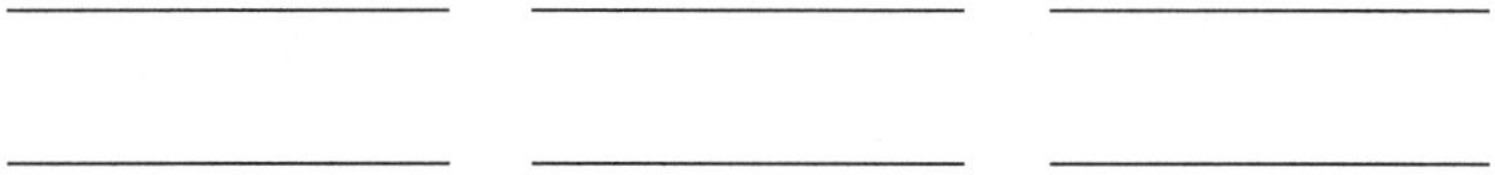

200.　➡ 1

知識

201. 閉管　長さ0.51mの閉管に3倍振動の定常波が生じている。定常波の波長は何mか。また，その振動数は何Hzか。ただし，音速を3.4×10^2 m/sとし，管口と定常波の腹の位置は一致しているものとする。

201.　➡ 1

波長：

振動数：

知識

202. 開管　長さ0.85mの開管に基本振動の定常波が生じている。定常波の波長は何mか。また，その振動数は何Hzか。ただし，音速を3.4×10^2 m/sとし，管口と定常波の腹の位置は一致しているものとする。

202.　➡ 1

波長：

振動数：

思考

203. 気柱の共鳴　図のような装置で，スピーカーからある振動数の音波を出し，ピストンを管口からゆっくりと右へ動かした。音速を3.4×10^2m/sとする。

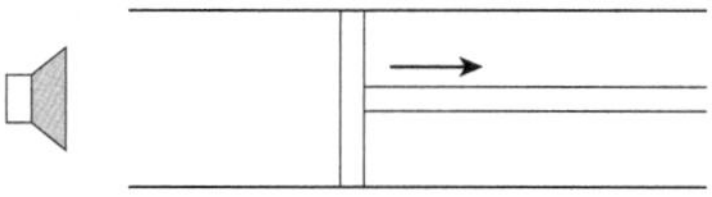

管口

(1)　ピストンの位置が管口から12cmのとき，最初の共鳴がおこり，管口から37cmのとき，2回目の共鳴がおこった。音波の波長は何cmか。

(2)　音波の振動数は何Hzか。

(3)　最初の共鳴がおこった位置にピストンを固定し，スピーカーからの音波の振動数を徐々に大きくしていく。次の共鳴がおこるとき，管の中に生じる定常波は何倍振動か。

203.　➡ 1 2 例題31

(1)

(2)

(3)

標準問題

思考

204. 閉管の共鳴　図のように，ピストンのついたガラス管と，スピーカーがある。開口端からピストンまでの距離と，スピーカーから発生する音の振動数は連続的に変えられる。スピーカーから 8.5×10^2 Hz の音を出し，ピストンを管口からゆっくりと右へ動かしたところ，ピストンの位置が管口から 9.0 cm のときに最初の共鳴がおこり，管口から 29.0 cm のときに2回目の共鳴が起こった。

(1)　音波の波長は何 cm か。また，音波の速さは何 m/s か。

(2)　開口端補正は何 cm か。

(3)　2回目の共鳴のとき，3倍振動がおこっていた。その状態から，スピーカーから出る音の振動数を変化させ，ピストンを動かし，3倍振動の定常波が生じる位置を調べた。開口端からピストンまでの距離 L〔cm〕と，スピーカーから発生する音の振動数 f〔Hz〕との関係を表したグラフとして最も適当なものを，次の①～④のうちから一つ選べ。

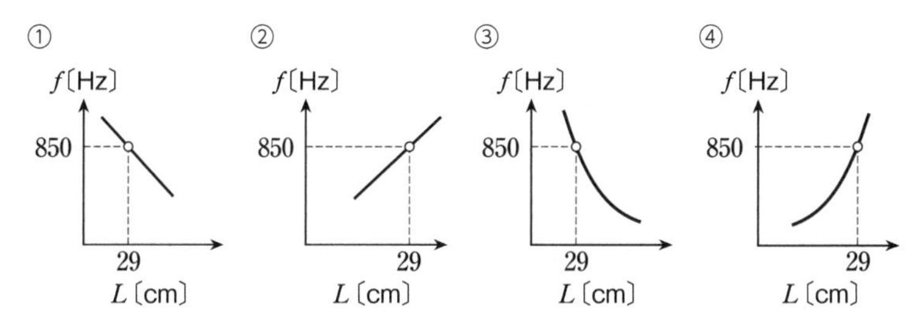

204. ➡ 例題 31，基本問題 203

(1) 波長：

速さ：

(2)

(3)

思考

205. 開管の共鳴　図のような，長さを変えることのできる細長い管 AB がある。管の端付近で，ある振動数のおんさを鳴らしながら，40 cm の長さから管をゆっくりと伸ばしていくと，長さが 49 cm となったときに共鳴がおこり，長さが 74 cm となったときに再び共鳴がおこった。音速を 3.4×10^2 m/s として，次の各問に答えよ。

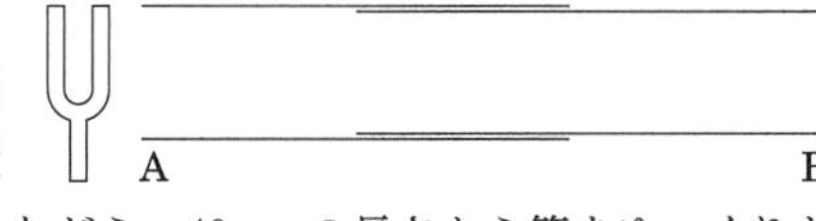

(1)　音波の波長は何 m か。また，おんさの振動数は何 Hz か。

(2)　管の長さが 49 cm のとき，管内に生じる定常波の節の数は何個か。

(3)　気温が高くなったときに同様の実験を行った場合，はじめに共鳴が生じる気柱の長さは，49 cm よりも長いか，それとも短いか。

205.

(1) 波長：

振動数：

(2)

(3)

第Ⅲ章　章末問題

思考
206. 波の合成
x 軸上を同じ速さで互いに逆向きに進んでいる2つの波(a)，(b)を考える。図は時刻 $t=0$s と時刻 $t=0.50$s における波形を表す。また，2つの波の進む向きをそれぞれ矢印で示している。

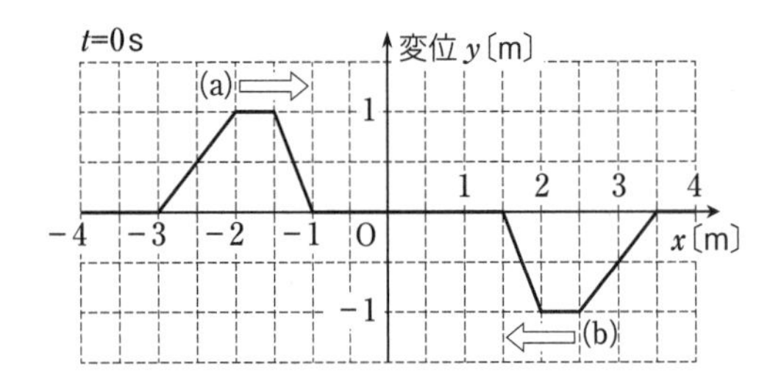

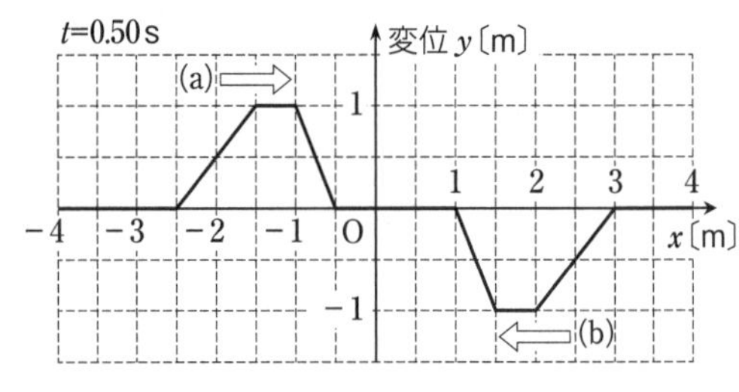

(1)　2つの波の速さは何 m/s か。有効数字2桁で答えよ。

(2)　x 軸の原点($x=0$)の時刻 t〔s〕における変位 y〔m〕を表したグラフを，$t=0$～4.0s の範囲で描け。

206.

(1)

(2)

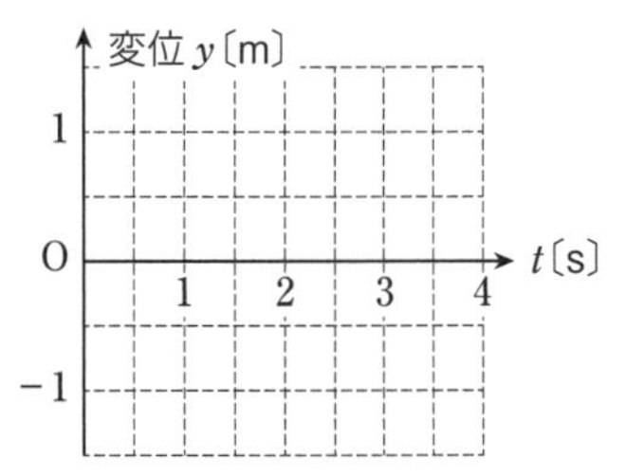

思考
207. ギターの弦の音
次に示す会話は，ギターのある弦から出る音について，生徒どうしが話をしているときのようすである。会話の内容が物理的に正しくなるように，（ア），（イ）に入る数値を答えよ。

生徒A：この弦をどこも押さえずに弾くと，振動数660Hzの音が出るように調節してあるよ。

生徒B：なら，弦の長さの $\frac{3}{4}$ の場所を強く押さえて弾くと，（ア）Hzの音が出そうだね。

生徒A：実際に音を出して，その周波数を調べてみたけど，その通りだったよ。強く押さえていた場所を，軽く押さえて弾いてみたら，4倍振動が観測されたよ。

生徒B：そのときの音は（イ）Hzだね。

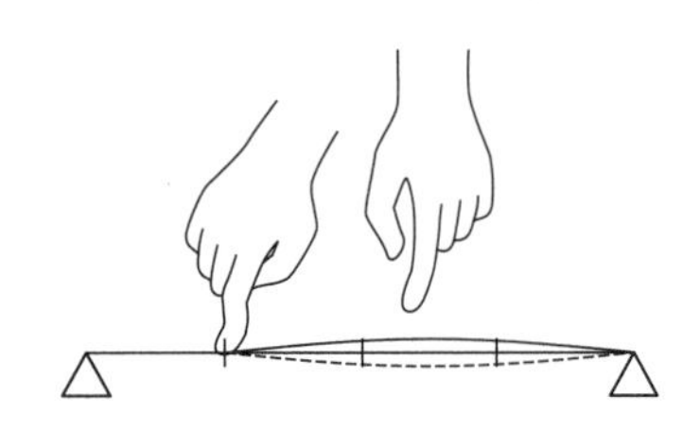

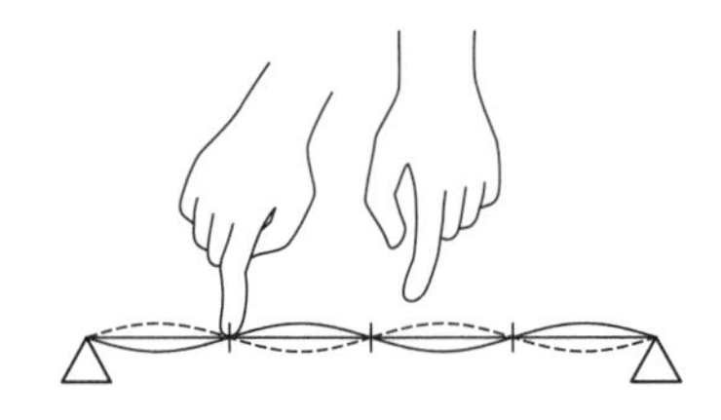

207.

(ア)

(イ)

思考

☐208. 開管の共鳴

2本のガラス管A，Bがあり，それぞれの長さが1.0m，0.50mである。図のように，空気中で2本のガラス管の開口端の近くに，発振器につないだスピーカーを置き，同じ振動数の音波を発生させる。音波の振動数を，0 Hzからゆっくり増加させていくと，最初の共鳴は一方のガラス管でおこり，2度目の共鳴は両方のガラス管でおこった。さらに音波の振動数をあげると，3度目の共鳴がおこった。空気中の音速を3.4×10^2m/sとし，ガラス管の開口端補正は無視できるものとして，次の各問に答えよ。

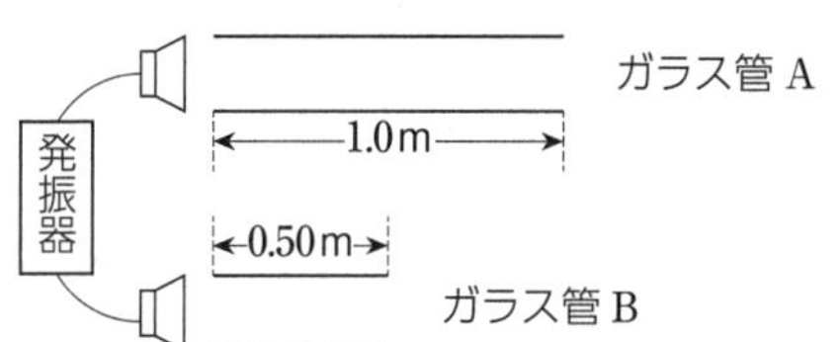

(1)　最初の共鳴がおこったのは，A，Bのどちらか。また，そのときの音波の振動数は何Hzか。

(2)　3度目の共鳴がおこったのはA，B，または両方のいずれか。また，そのときの音波の振動数は何Hzか。

思考

☐209. 気柱の共鳴実験

図のような気柱の共鳴装置を用いて，おんさの振動数を求める実験を以下の手順で行った。

①水だめを，ガラス管よりも少し高い位置に保持し，その状態でガラス管の管口付近まで水を入れる。
②室温t_1[℃]を測定する。
③おんさをたたき棒で軽くたたいて鳴らし，ガラス管の管口近くにもっていく。
④おんさを鳴らしたまま，水だめをゆっくり下げていくと，最初の共鳴が観測される。このときの管口から水面までの距離L_1[m]を測定する。
⑤さらに水面を下げ，再び共鳴が観測されるときの管口から水面までの距離L_2[m]を測定する。
⑥手順③～⑤を3回くり返す。
⑦室温t_2[℃]を測定する。

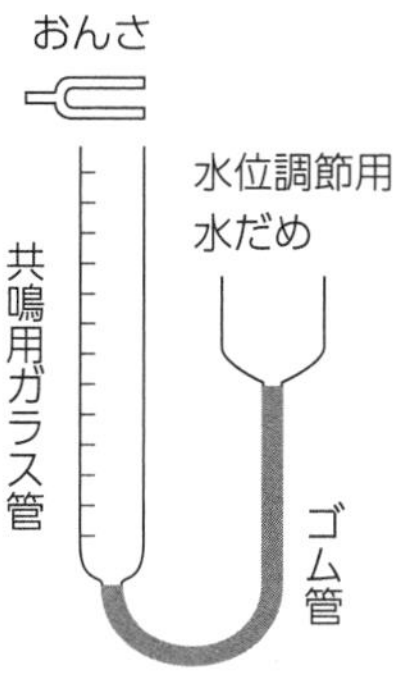

おんさ
水位調節用水だめ
共鳴用ガラス管
ゴム管

気柱の共鳴装置

(1)　室温t_1，t_2ともに15.0℃であった。実験中の音速は何m/sか。

(2)　測定の結果，右表のようなデータが得られた。おんさの振動数は何Hzか。

回数	1	2	3	平均
L_1[m]	0.156	0.154	0.158	0.156
L_2[m]	0.470	0.470	0.473	0.471

208.
(1)
振動数：
(2)
振動数：

209.
(1)
(2)

22 静電気

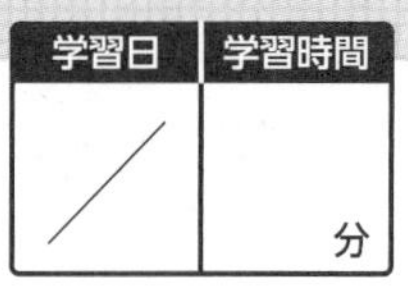

➡解答編 p.56

1 電荷と帯電

異なる物質をこすりあわせると，物質は電気(摩擦電気)を帯びる。この現象を帯電，このとき生じた電気を静電気という。また，帯電した物体を帯電体という。

●**静電気力と電荷**　帯電した物体の間にはたらく力を静電気力，静電気力の原因になるものを電荷という。電荷の量を電気量といい，単位はクーロン(記号C)。

異種の電荷間…引力，同種の電荷間…斥力(反発力)

引力　斥力　斥力

2 帯電のしくみ

●**原子の構成**　原子は，原子核と電子で構成されている。原子核は，一般に，陽子と中性子からなる。電子と陽子の電気量の大きさは等しく，これを電気素量という。　**電気素量 $e=1.6\times10^{-19}$C**

●**帯電と電気量の保存**　帯電は，一方の物体から他方の物体に電子が移動することによっておこる。

発展 電気量保存の法則(電荷保存の法則)
物体間で電荷のやりとりがあっても，電気量の総和は変わらない。

●**導体・不導体・半導体**　導体は，電気をよく通し，不導体(絶縁体)は，電気をほとんど通さない。半導体は，電気の通しやすさが導体と不導体の中間程度。

チェック　次の各問に答えよ。

❶帯電した物体Aを正の帯電体に近づけると，斥力を受けた。Aのもつ電荷は，正，負のどちらか。(⇨ 1)

答

❷物体AとBをこすりあわせると，Aは正に帯電した。電子はどちらからどちらへ移動したか。(⇨ 2)

答

❸電気量 3.2×10^{-15}C は，電子何個分の電気量の大きさに相当するか。ただし，電気素量を 1.6×10^{-19}C とする。(⇨ 2)

答

基本問題

知識

210. 静電気力と帯電　次の文の(　　)に適切な語句を入れよ。

帯電した物体どうしの間には，静電気力がはたらく。この力は，同種の電荷の間では(ア)力，異種の電荷の間では(イ)力となる。

異なる物質からなる2つの物体をこすりあわせると，電子の移動がおこる。電子を得た物体は(ウ)に帯電し，失った物体は(エ)に帯電する。

210.　➡ 1 2
(ア)　(イ)
(ウ)　(エ)

知識

211. 帯電と電子の移動　物体AとBをこすりあわせると，AからBへ 4.0×10^{-11}C の正電荷が移動した。電気素量を 1.6×10^{-19}C とする。

A　4.0×10^{-11}C　B

(1)　電子を放出したのは物体A，Bのどちらか。

(2)　移動した電子は何個か。

211.　➡ 2
(1)
(2)

チェック解答　❶正　❷AからB　❸$2.0\times10^{4}$ 個

23 電流と抵抗

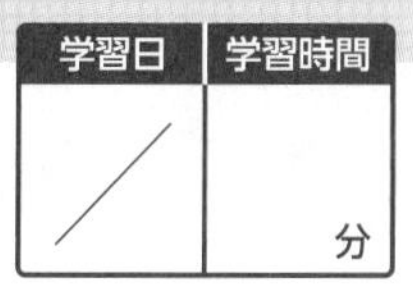

➡解答編 p.57～58

1 電荷と電流

電流の大きさは，1 s 間あたりに断面を通過する電気量。単位はアンペア(記号A)。導線の任意の断面を t〔s〕間に q〔C〕の電気量が通過するとき，

$$I=\frac{q}{t}\quad\left(\text{電流〔A〕}=\frac{\text{電気量〔C〕}}{\text{時間〔s〕}}\right)\quad\cdots①$$

●電流と電子の速さ　断面積 S〔m²〕の導線において，電気量 $-e$〔C〕の自由電子が 1 m³ あたり n 個あり，一定の速さ v〔m/s〕で移動しているとき，電流の大きさ I〔A〕は，　$I=envS$　…②

2 電圧

電流を流そうとするはたらきの大きさ。単位はボルト(記号V)。一定の向きに流れる電流を直流電流，直流電流を流そうとする電圧を直流電圧という。

3 オームの法則

導体を流れる電流 I〔A〕は，電圧 V〔V〕に比例し，導体の抵抗 R〔Ω〕に反比例する。

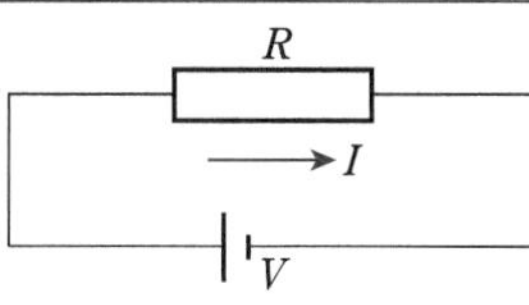

$$I=\frac{V}{R}\quad\left(\text{電流〔A〕}=\frac{\text{電圧〔V〕}}{\text{抵抗〔Ω〕}}\right)\quad V=RI\quad\cdots③$$

4 抵抗率

物質の抵抗 R〔Ω〕は，その長さ L〔m〕に比例し，断面積 S〔m²〕に反比例する。

$$R=\rho\frac{L}{S}\quad\cdots④$$

抵抗率 ρ〔Ω・m〕は物質の種類や温度によって決まる。

5 抵抗の接続

●直列接続　各抵抗に流れる電流は等しく，各抵抗に加わる電圧の和は，全体に加わる電圧に等しい。

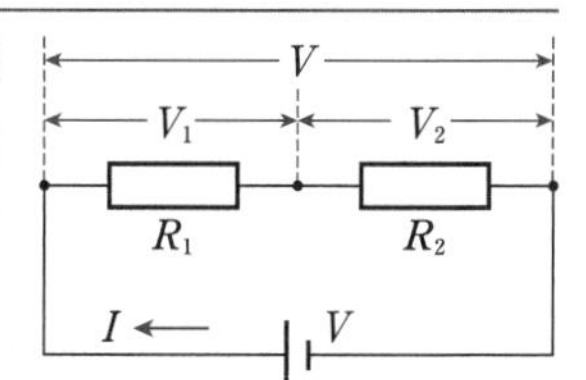

$$R=R_1+R_2\quad\cdots⑤$$

(Rは合成抵抗)

●並列接続　各抵抗に加わる電圧は等しく，各抵抗に流れる電流の和は，全体に流れる電流に等しい。

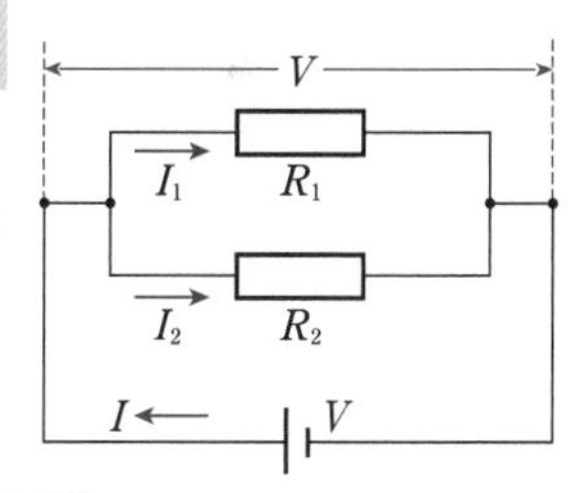

$$\frac{1}{R}=\frac{1}{R_1}+\frac{1}{R_2}\quad\cdots⑥$$

✓ チェック　次の各問に答えよ。

❶1.5 Ω の抵抗をもつ導体に，2.0 A の電流が流れている。導体の両端にかかる電圧は何Vか。　(⇨ 3)

答

❷3.0 Ω の 2 つの抵抗を直列に接続する場合，並列に接続する場合の合成抵抗は何Ωか。　(⇨ 5)

直列：　　並列：

例題 32 抵抗率

➡基本問題 215，標準問題 217

抵抗率 2.0×10^{-8} Ω・m，断面積 1.0 mm² の円柱状の導体がある。この導体について，次の各問に答えよ。

(1)　導体の長さが 10 m のとき，その抵抗は何Ωか。

(2)　導体の抵抗が 1.0×10^2 Ω となるのは，導体の長さが何mのときか。

指針　導体の抵抗 R〔Ω〕は，導体の長さ L〔m〕に比例し，その断面積 S〔m²〕に反比例して，「$R=\rho\frac{L}{S}$」と表される。この式を用いて計算する。

解説　(1)　1 mm $=10^{-3}$ m なので，導体の断面積 S は，$S=1.0\,\text{mm}^2=1.0\times(10^{-3})^2\,\text{m}^2=1.0\times10^{-6}\,\text{m}^2$

「$R=\rho\frac{L}{S}$」に，抵抗率 $\rho=2.0\times10^{-8}$ Ω・m，長さ $L=10$ m，断面積 $S=1.0\times10^{-6}$ m² を代入して，

$$R=2.0\times10^{-8}\times\frac{10}{1.0\times10^{-6}}=\mathbf{0.20\,\Omega}$$

(2)　求める導体の長さを x〔m〕として，「$R=\rho\frac{L}{S}$」にそれぞれの値を代入すると，

$$1.0\times10^2=2.0\times10^{-8}\times\frac{x}{1.0\times10^{-6}}$$

$$x=\mathbf{5.0\times10^3\,m}$$

チェック 解答　❶3.0 V　❷直列 6.0 Ω，並列 1.5 Ω

例題 33 抵抗の接続とオームの法則

➡ 基本問題 216

図の回路において，次の各問に答えよ。

(1)　ac 間の合成抵抗は何 Ω か。

ac 間に電池を接続すると，R_2 の抵抗に 1.5 A の電流が流れた。

(2)　ab 間に加わる電圧 V_{ab} は何 V か。

(3)　R_3 の抵抗を流れる電流は何 A か。また，ac 間に加わる電圧 V_{ac} は何 V か。

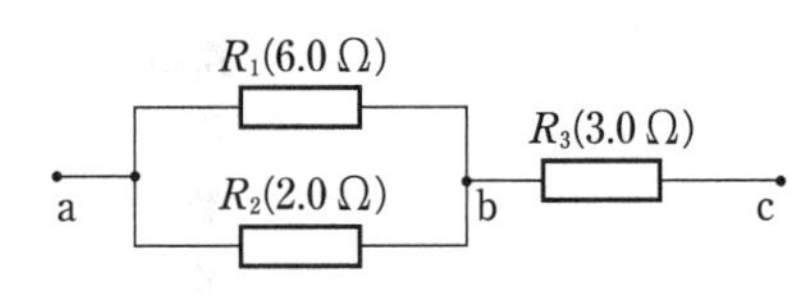

指針　(1)　抵抗の並列接続の公式を用いて，ab 間の合成抵抗 R' を求め，直列接続の公式を用いて，ac 間(R' と R_3)の合成抵抗を求める。

(2)　R_2 の抵抗に加わる電圧は，ab 間に加わる電圧に等しい。オームの法則から電圧 V_{ab} を計算する。

(3)　R_3 の抵抗を流れる電流は，R_1，R_2 のそれぞれの抵抗を流れる電流の和に等しい。また，ac 間の電圧は，ac 間の合成抵抗と R_3 の抵抗を流れる電流(全体を流れる電流)から，オームの法則を用いて求める。

解説　(1)　R_1 と R_2 の合成抵抗 R' は，

$$\frac{1}{R'}=\frac{1}{R_1}+\frac{1}{R_2}=\frac{1}{6.0}+\frac{1}{2.0}=\frac{4}{6.0}\qquad R'=1.5\,\Omega$$

したがって，R' と R_3 との合成抵抗 R は，

$R=R'+R_3=1.5+3.0=\mathbf{4.5\,\Omega}$

(2)　ab 間に加わる電圧 V_{ab} は，オームの法則「$V=RI$」から，　$V_{ab}=R_2\times1.5=2.0\times1.5=\mathbf{3.0\,V}$

(3)　R_1 と R_2 の抵抗に加わる電圧は等しいので，R_1 に流れる電流 I_1 は，オームの法則「$I=\frac{V}{R}$」から，

$$I_1=\frac{V_{ab}}{R_1}=\frac{3.0}{6.0}=0.50\,\text{A}$$

R_1 と R_2 の抵抗に流れる電流の和は，R_3 の抵抗に流れる電流 I_3 に等しい。　$I_3=0.50+1.5=\mathbf{2.0\,A}$

ac 間に加わる電圧 V_{ac} は，(1)の結果を用いて，オームの法則「$V=RI$」から，

$V_{ac}=RI_3=4.5\times2.0=\mathbf{9.0\,V}$

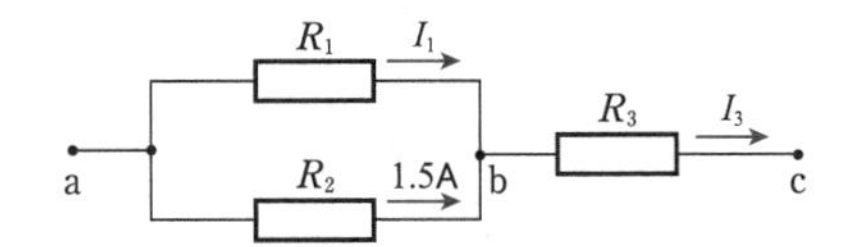

基本問題

📖知識

212. 電子と電流

導線に 2.4 A の電流が流れている。導線のある断面を 1.0 s 間に通過する電気量の大きさは何 C か。また，その断面を 1.0 s 間に通過する自由電子の数は何個か。ただし，電子の電気量を -1.6×10^{-19} C とする。

212. ➡ 1

電気量：

電子の数：

思考

213. オームの法則とグラフ

ある導体の両端に電圧を加えて，流れる電流を調べると，図のような結果が得られた。次の各問に答えよ。

(1)　導体の抵抗は何 Ω か。

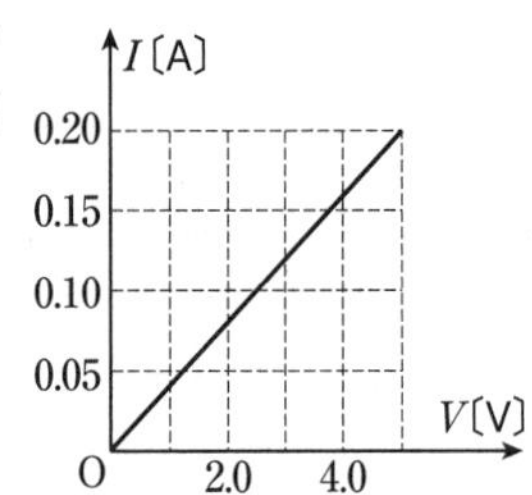

(2)　抵抗が 50 Ω の別の導体を用いて同じ実験をすると，電流と電圧の関係を示すグラフはどのようになるか。図中に示せ。

213. ➡ 3

(1)

知識
214. オームの法則　次の各問に答えよ。

(1)　50Ωの抵抗をもつ導体に100Vの電圧を加えると，流れる電流は何Aか。

(2)　電熱線に60Vの電圧を加えて，2.0Aの電流を流すには，電熱線の抵抗を何Ωにすればよいか。

(3)　30Ωの抵抗をもつ導体に3.0Aの電流が流れているとき，その両端に加わっている電圧は何Vか。

214.　➡ 3

(1)

(2)

(3)

知識
215. 導線の形状と抵抗　ある金属からなる断面積 2.0×10^{-6}m², 長さ6.0mの導線Aと，導線Aと同じ金属からなる断面積 4.0×10^{-6}m², 長さ18mの導線Bがある。導線Bの抵抗は導線Aの抵抗の何倍か。

215.　➡ 4 例題32

知識
216. 抵抗の接続とオームの法則

図のように，$R_1=10\,\Omega$，$R_2=5.0\,\Omega$，$R_3=30\,\Omega$ の3つの抵抗を接続した。このとき，R_2 に流れる電流が0.40Aであった。

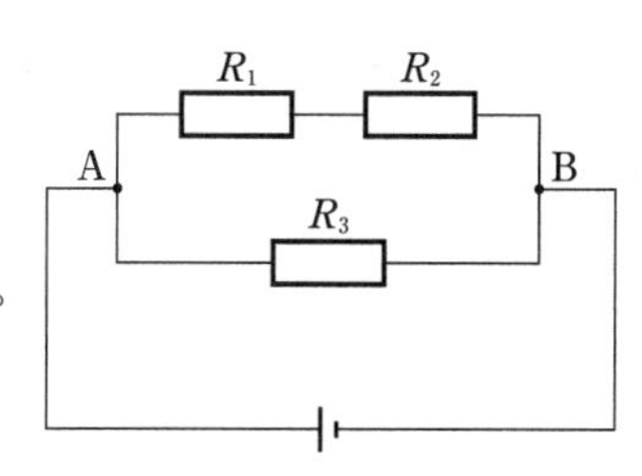

(1)　AB間の合成抵抗は何Ωか。

(2)　R_1，R_3 の抵抗に流れる電流はそれぞれ何Aか。

(3)　R_1，R_2，R_3 の抵抗にかかる電圧はそれぞれ何Vか。

216.　➡ 5 例題33

(1)

(2) R_1：

R_3：

(3) R_1：

R_2：

R_3：

標準 問題

思考
217. 導体の接続と抵抗　一様な材質からなる円柱状の導体Aは，抵抗率 ρ〔Ω·m〕，断面積 S〔m²〕，長さ L〔m〕である。Aと同じ材質からなる円柱状の導体Bは，断面積 $3S$〔m²〕，長さ $\frac{L}{2}$〔m〕である。

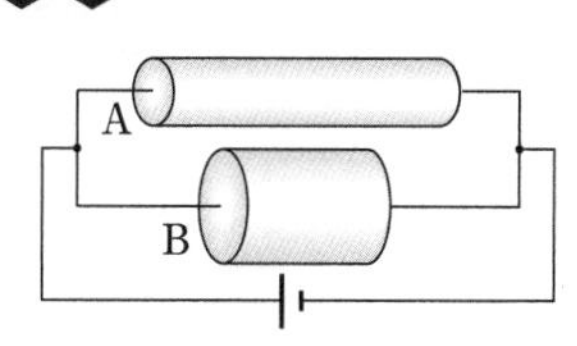

(1)　AとBを並列に接続したときの合成抵抗は何Ωか。

(2)　図のように，電池を接続したとき，Aに流れる電流と，Bに流れる電流ではどちらが大きいか答えよ。

217.　➡ 例題32，基本問題215

(1)

(2)

第Ⅳ章 電気

集中トレーニング 5

抵抗の接続とオームの法則

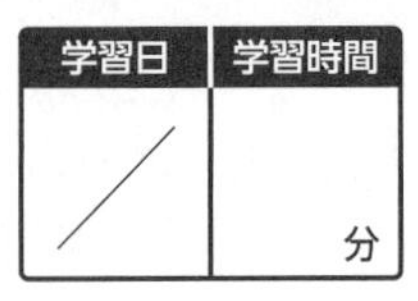

➡解答編 p.58～59

複数の抵抗が接続された複雑な電気回路において，加わる電圧，流れる電流を考える場合は，直列接続，並列接続における特徴を十分に把握し，的確にオームの法則を用いることが重要である。

❶抵抗の接続

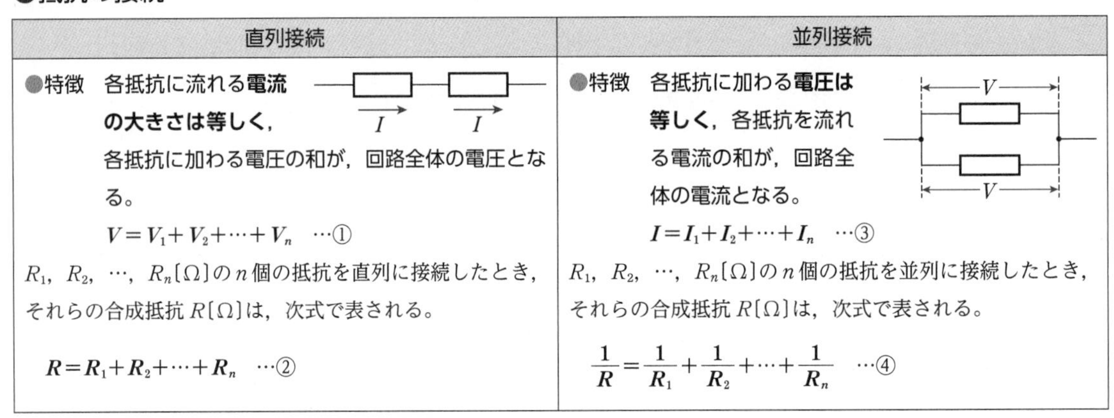

直列接続	並列接続
●特徴　各抵抗に流れる**電流の大きさは等しく**，各抵抗に加わる電圧の和が，回路全体の電圧となる。 $V=V_1+V_2+\cdots+V_n$　…① R_1，R_2，…，R_n〔Ω〕の n 個の抵抗を直列に接続したとき，それらの合成抵抗 R〔Ω〕は，次式で表される。 $R=R_1+R_2+\cdots+R_n$　…②	●特徴　各抵抗に加わる**電圧は等しく**，各抵抗を流れる電流の和が，回路全体の電流となる。 $I=I_1+I_2+\cdots+I_n$　…③ R_1，R_2，…，R_n〔Ω〕の n 個の抵抗を並列に接続したとき，それらの合成抵抗 R〔Ω〕は，次式で表される。 $\dfrac{1}{R}=\dfrac{1}{R_1}+\dfrac{1}{R_2}+\cdots+\dfrac{1}{R_n}$　…④

❷オームの法則

流れる電流 I〔A〕は，電圧 V〔V〕に比例し，抵抗 R〔Ω〕に反比例する。　$I=\dfrac{V}{R}$　または $V=RI$　…⑤

演習問題

知識

218. 回路を流れる電流　次のように，$R_1=1.0\,\Omega$，$R_2=2.0\,\Omega$，$R_3=3.0\,\Omega$ の抵抗を接続する。図のように，電流が流れているとき，R_2 の抵抗を流れる電流 I〔A〕はいくらか。

(1)

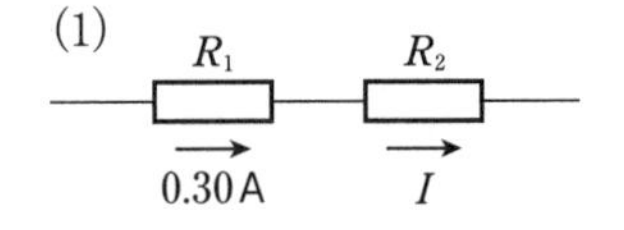

答

(2)

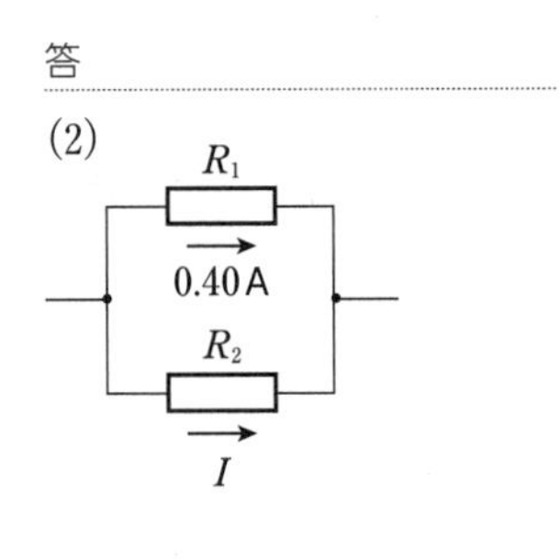

答

(3)

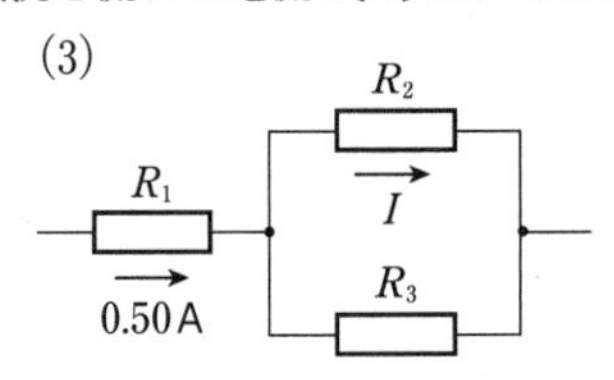

答

(4)

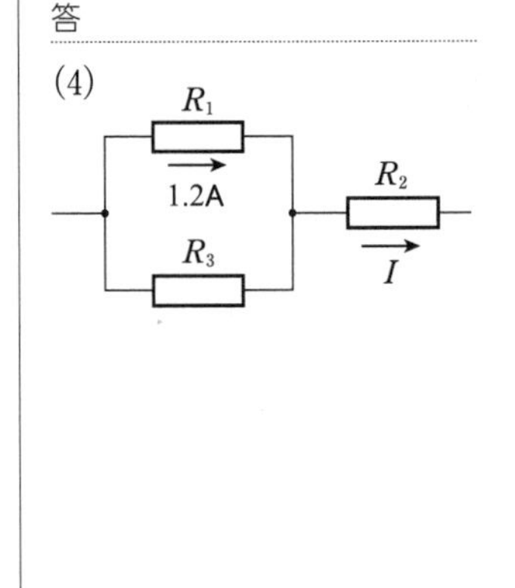

答

(5)

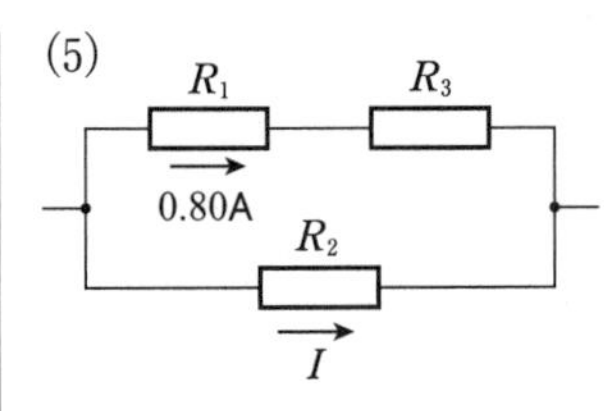

答

(6)

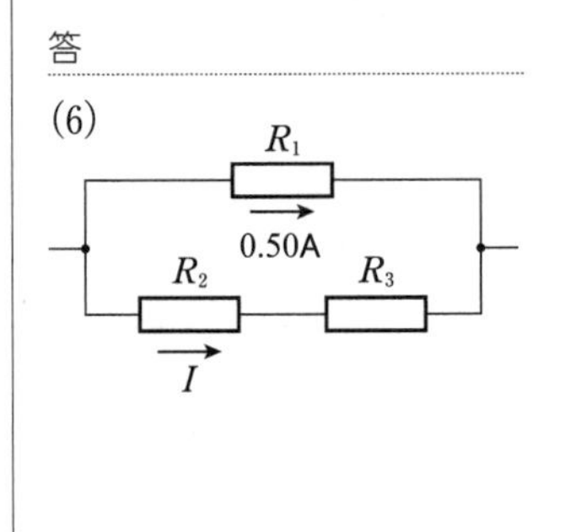

答

24 電気エネルギー

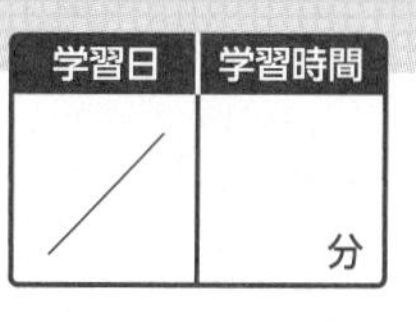

➡解答編 p.59～60

1 電流と熱

R〔Ω〕の抵抗に V〔V〕の電圧を加え，I〔A〕の電流を t〔s〕間流したとき，抵抗で発生する熱量 Q〔J〕は，

$$Q=VIt=RI^2t=\frac{V^2}{R}t \quad \cdots①$$

式①の関係をジュールの法則，このときに発生する熱をジュール熱という。

2 電力量と電力

●**電力量**　電源や電流がある時間内にする仕事の量。R〔Ω〕の抵抗に V〔V〕の電圧を加え，I〔A〕の電流を t〔s〕間流したときの電力量 W〔J〕は，

$$W=VIt=RI^2t=\frac{V^2}{R}t \quad \cdots②$$

●**電力**　電源や電流が単位時間にする仕事(仕事率)。単位はワット(記号W)。電力 P〔W〕は，式②から，

$$P=\frac{W}{t}=VI=RI^2=\frac{V^2}{R} \quad \cdots③$$

●**電力量の単位**　1 W の電力で 1 時間にする仕事の量を単位とする 1 ワット時(記号 Wh)，その1000倍の 1 キロワット時(記号 kWh)なども用いられる。

チェック　次の各問に答えよ。

❶100 Ωの抵抗に 0.50 A の電流が流れた。1.0 s 間に発生するジュール熱は何 J か。　(⇨ 1)

答

❷ニクロム線に 3.0 V の電圧をかけ，0.20 A の電流を流した。ニクロム線で 1.0分間に消費される電力量は何 J か。　(⇨ 2)

答

❸抵抗の両端に 3.0 V の電圧を加えると，0.50 A の電流が流れた。抵抗の消費電力は何 W か。　(⇨ 2)

答

❹100 Ωの抵抗に 0.20 A の電流が流れるとき，抵抗の消費電力は何 W か。　(⇨ 2)

答

例題 34　消費電力の異なる抵抗の接続

➡ 基本問題 223，標準問題 226

抵抗A，Bに 100 V の電圧がそれぞれ加わったとき，Aでは 10 W，Bでは 40 W の電力が消費される。

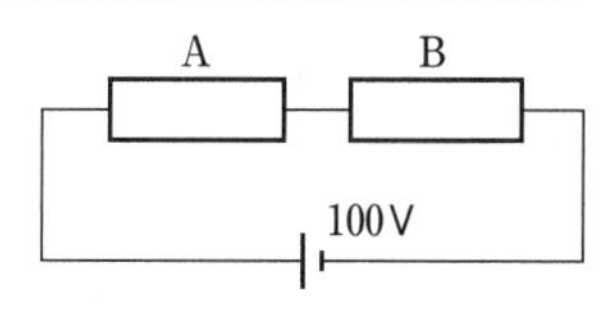

(1)　抵抗A，Bの抵抗値 R_A，R_B は，それぞれ何Ωか。

(2)　図のように，抵抗A，Bを直列に接続して，100 Vの電源に接続した。このとき，A，Bの消費電力 P_A，P_B は，それぞれ何 W か。

指針　(1)　100 V の電圧が加わったとき，電力の公式「$P=\frac{V^2}{R}$」から，各抵抗値を求める。

(2)　回路に流れる電流を求め，電力の公式「$P=RI^2$」を用いて，A，Bの消費電力をそれぞれ求める。

解説　(1)　100 V の電圧が加わったとき，A，Bの抵抗値 R_A，R_B は，「$P=\frac{V^2}{R}$」から，

$$A：10=\frac{100^2}{R_A} \qquad R_A=\mathbf{1.0\times10^3\,Ω}$$

$$B：40=\frac{100^2}{R_B} \qquad R_B=\mathbf{2.5\times10^2\,Ω}$$

(2)　A，Bの合成抵抗は，$(1.0\times10^3+2.5\times10^2)$ Ω である。回路を流れる電流 I は，

$$I=\frac{100}{1.0\times10^3+2.5\times10^2}=8.0\times10^{-2}\,\text{A}$$

各抵抗で消費される電力は，「$P=RI^2$」の公式から，

$$A：P_A=R_AI^2=(1.0\times10^3)\times(8.0\times10^{-2})^2=\mathbf{6.4\,W}$$

$$B：P_B=R_BI^2=(2.5\times10^2)\times(8.0\times10^{-2})^2=\mathbf{1.6\,W}$$

チェック解答　❶25 J　❷36 J　❸1.5 W　❹4.0 W

基本問題

📖知識

☐219. 電力量と電力 電熱器に電圧 100V を加えると，6.0A の一定の電流が流れた。次の各問に答えよ。

(1) 電熱器で消費される電力は何 W か。

(2) 電熱器で 10 分間に消費される電力量は何 J か。また，何 kWh か。

219. ➡ 2

(1)

(2) J：

kWh：

📖知識

☐220. 抵抗と消費電力 抵抗率が一定で，100V の電圧を加えたときに，500W の消費電力(100V 用 500W)となるニクロム線がある。このニクロム線に 1.0×10^2V の電圧を加えたとき，流れる電流は何 A か。また，ニクロム線の抵抗は何 Ω か。

220. ➡ 1 2

電流：

抵抗：

📖知識

☐221. 電力とジュール熱 100V 用 1000W の電熱器を 50V で使用したとき，1 分間に発生するジュール熱は何 J か。電熱器の抵抗は一定であるとして答えよ。

221. ➡ 1 2

📖知識

☐222. ジュール熱と水温の上昇 容器に入れられた 200g の水の中に，210Ω の抵抗をもつニクロム線を沈めて，1.0A の電流を流し，水温の上昇を測定した。水の比熱を 4.2J/(g·K)とする。また，ニクロム線で生じたジュール熱は，すべて水の温度上昇に使われ，水は蒸発しないものとする。

(1) ニクロム線から 1.0s 間に発生するジュール熱は何 J か。

(2) 電流を 3.0 分間流し続けたとき，水温は何 K 上昇するか。

222. ➡ 1

(1)

(2)

📖知識

☐223. 抵抗の接続と消費電力 図のように，20Ω の抵抗 R_1，30Ω の抵抗 R_2，100V の電源を接続した。R_1 と R_2 で消費される電力の和は何 W か。

(1)

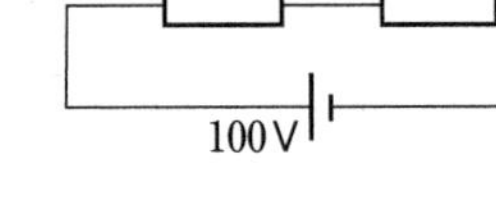

(2)

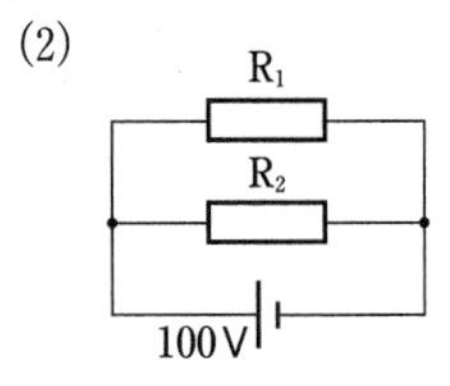

223. ➡ 2 例題 34

(1)

(2)

知識

224. 電子レンジによる加熱 ある食品のパッケージに「加熱時間は700W で 2 分」と記されていた。500W の電子レンジを用いて，同様に食品を加熱する場合は，何分何秒温めればよいだろうか。

224.

知識

225. 電力と抵抗の接続

図のように，4.0Ω の抵抗 R_1，12Ω の抵抗 R_2，3.0Ω の抵抗 R_3 と電源を接続した。次の各問に答えよ。

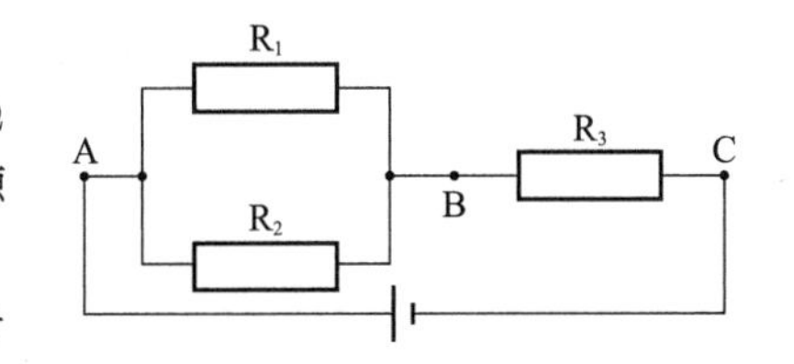

(1) AB 間，AC 間の合成抵抗はそれぞれ何Ωか。

(2) AC 間の消費電力が 96W であった。R_1 を流れる電流は何 A か。

225. ➡ 基本問題 223

(1) AB 間：

AC 間：

(2)

思考

226. 抵抗の接続と温度上昇 抵抗の大きさが同じ 3 つの抵抗を電池につなぎ，ビーカーに入れられた水を温める実験を行った。図 1 ～ 3 の 3 つの抵抗のつなぎ方についてそれぞれ実験を行い，水の温度変化 ΔT と経過時間 t との関係を調べたところ，図 4 のような，3 本の直線のグラフが得られた。図 1 ～ 3 のそれぞれの実験結果は，図 4 の(ア)～(ウ)のどれに対応しているか答えよ。ただし，それぞれの実験で用いた電池は，同じものであり，用いた水の質量も同じであった。

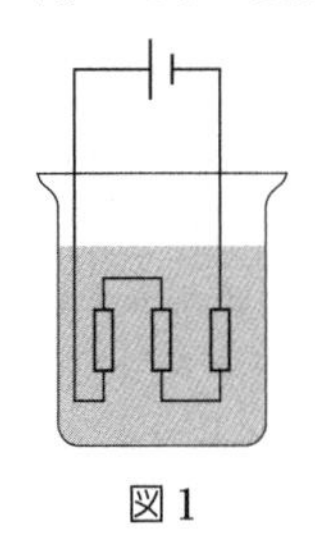
図 1

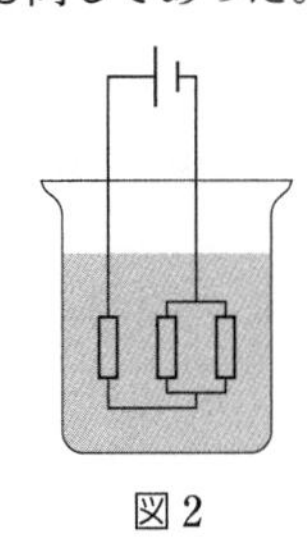
図 2

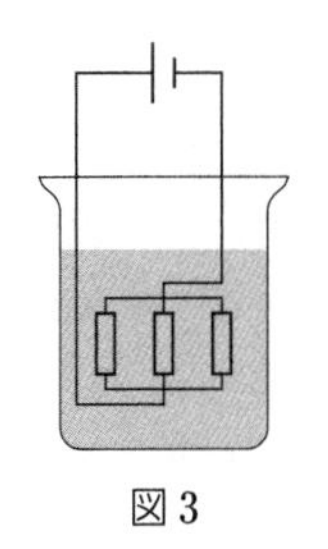
図 3

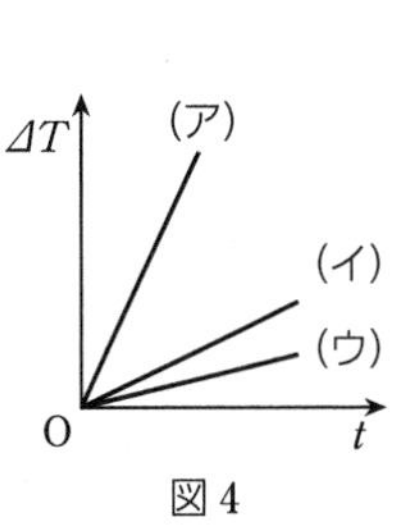

図 4

226. ➡ 例題 34

ヒント

3 つの抵抗の合成抵抗を考え，その大きさによって，グラフの傾きが異なる。

図 1：

図 2：

図 3：

25 磁場・モーターと発電機

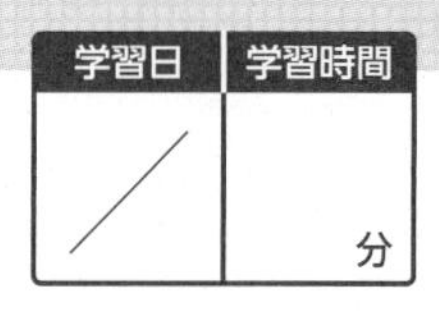

➡解答編 p.60～61

1 磁場と磁力線

●**磁気力**　磁極には，N極とS極があり，互いに力をおよぼしあう。異種の磁極間には引力，同種の磁極間には斥力がはたらく。

●**磁場**　磁極に磁気力をおよぼす空間。N極が磁場から受ける力の向きが磁場の向きであり，受ける力が大きいほど磁場が強い。

●**磁力線**　磁場の中で，磁針をそのN極が指す向きに移動させたときに描かれる線。

2 電流がつくる磁場

磁場の向きは，電流の向きに右ねじの進む向きをあわせるとき，右ねじのまわる向きである(右ねじの法則)。

●**直線電流**　電流を中心とする同心円状の磁場が生じる。磁場の強さは，電流が大きいほど，電流に近いほど強い。

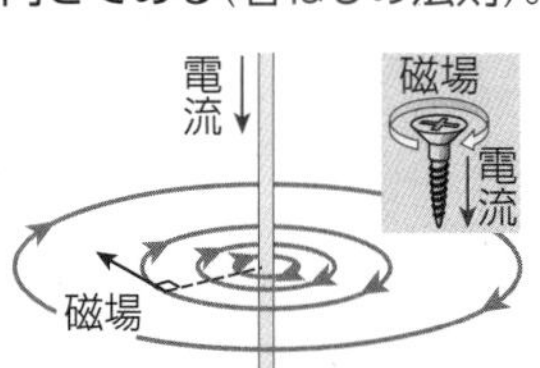

●**円形電流**　導線の各部分を流れる電流のまわりに磁場が生じる。円の中心の磁場の強さは，電流が大きいほど，円の半径が小さいほど強い。

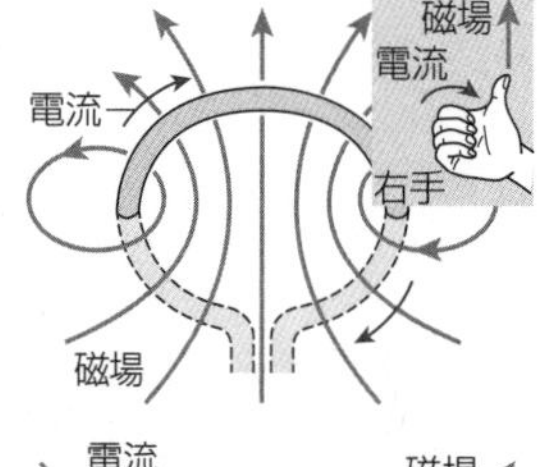

●**ソレノイドを流れる電流**　ソレノイドの内部に生じる磁場の向きは，コイルの軸に平行である。ソレノイドの内部の磁場の強さは，両端を除いてほぼ一様であり，ソレノイドの単位長さあたりの巻き数が多いほど，電流が大きいほど強い。

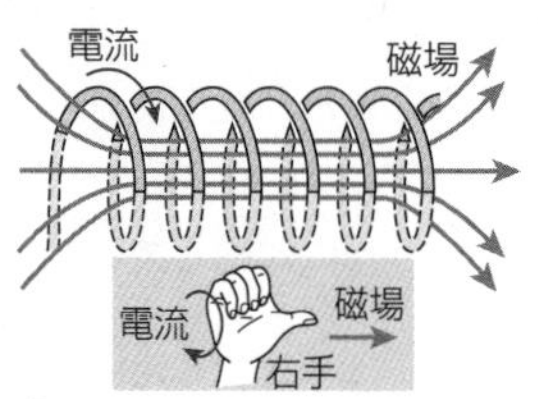

3 電流が磁場から受ける力

磁場の中の電流は，磁場と電流の両方に垂直な方向に力を受ける。この力を利用して，回転を得る装置をモーターという。

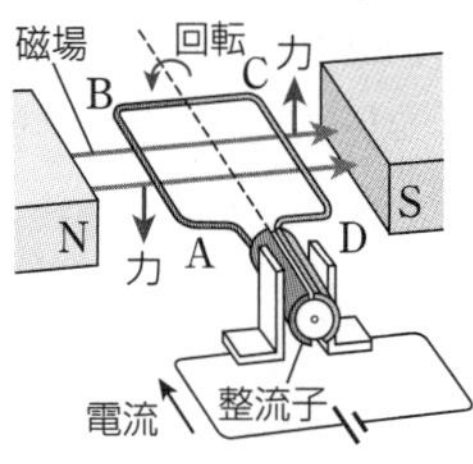

発展 フレミングの左手の法則

左手の中指，人差し指，親指を互いに垂直に開いて，中指を電流の向き，人差し指を磁場の向きにあわせると，親指の向きが力の向きを示す。

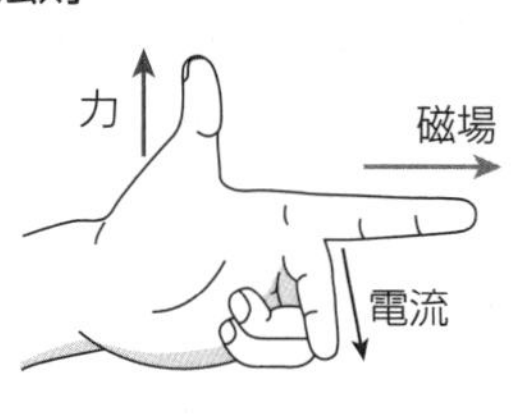

4 電磁誘導

コイルを貫く磁力線の数が変化したとき，コイルの両端に電圧が生じて電流が流れる現象。生じる電圧を誘導起電力，流れる電流を誘導電流という。誘導起電力の大きさは，磁力線の数の単位時間あたりの変化が大きくなるほど，また，コイルの巻き数が多くなるほど大きくなる。

発展 レンツの法則

誘導電流は，コイルを貫く磁力線の数の変化を妨げる向きに流れる。

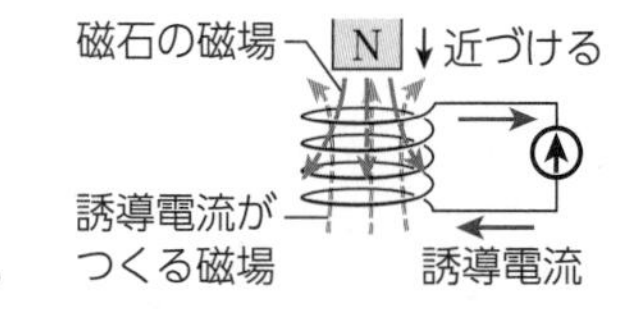

5 発電機

電磁誘導を利用したモーターと同じような構造の装置。図のような直流発電機のコイルを反時計まわりに回転させると，コイルを貫く磁力線の数が変化し，電磁誘導によって，コイルに電流が流れる。誘導電流の向きは，整流子のはたらきによって常に一定となる。

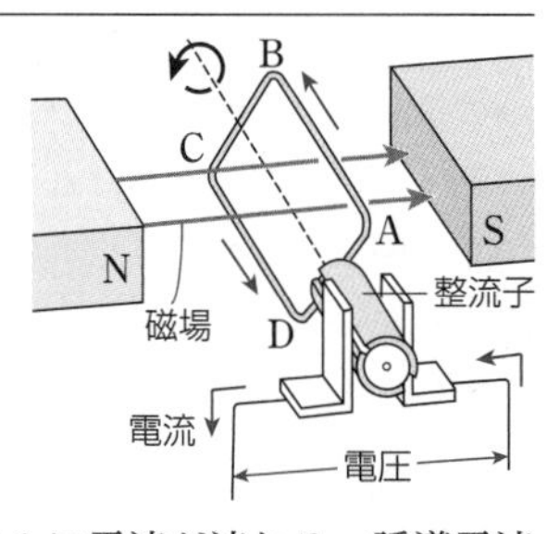

✔ チェック　次の各問に答えよ。

❶十分に長い直線状の導線に電流が流れている。電流に垂直な面上の点Aに，電流がつくる磁場の向きはア～エのどれか。　(⇨ 2)

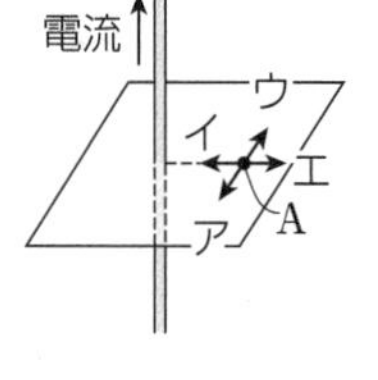

答

❷コイルと磁石を用いた電磁誘導の実験で，誘導起電力が大きくなるのは，次のどれか。　(⇨ 4)

(a)　コイルの巻き数を少なくする。

(b)　強力な磁石を用いる。

(c)　実験の操作で磁石をゆっくりと動かす。

答

チェック 解答　❶ウ　❷b

例題 35 直線電流がつくる磁場

図のように，十分に長い直線状の導線が鉛直方向に張られている。導線に電流を流していないとき，導線に垂直な水平面上の位置アにおいて，磁針は図のように静止していた。導線に鉛直上向きの十分に大きい電流を流し，磁針の位置をア～エと変えて，磁針の振れを調べる。次の各問に答えよ。

(1) 磁針をアの位置に置いたとき，磁針のN極はどちら向きに振れるか。

(2) 磁針を置く位置をイ～エと変えたとき，針が振れないのはどこか。

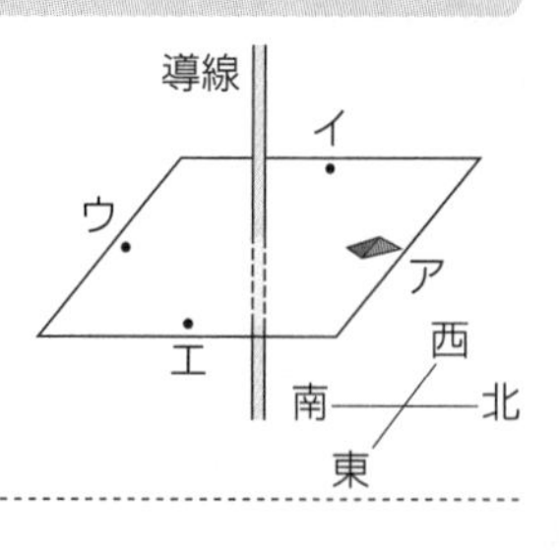

指針 (1) 直線電流のまわりには，同心円状の磁場が生じ，その向きは，右ねじの法則を用いて求められる。

(2) 針が振れない位置は，電流がつくる磁場の向きが北向きとなる位置である。

解説 (1) 右ねじの法則から，直線電流のまわりには図のような磁場が生じる。したがって，磁針のN極は**西向き**に振れる。

(2) 電流がつくる磁場が北向きとなる位置は，**エ**である。

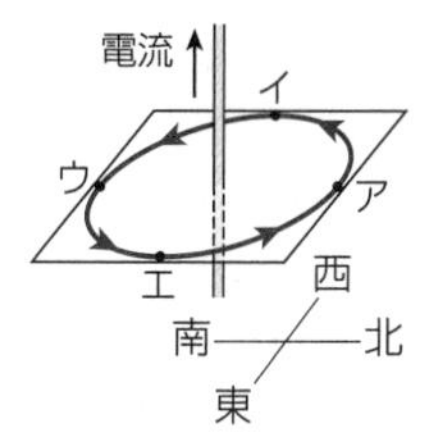

基本問題

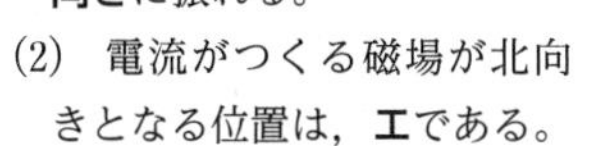

□**227. 円形電流がつくる磁場** 知識 円形の導線に電流が流れており，円の中心には図のような磁場が生じている。電流が流れている向きはア，イのどちらか。

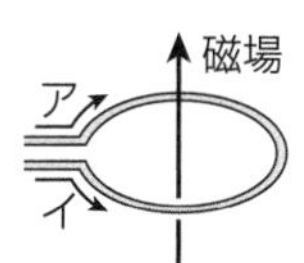

227. ➡2

□**228. ソレノイドを流れる電流がつくる磁場** 知識 図のように，磁石，ソレノイド，電池が配置されている。磁石とソレノイドの中心軸は一致している。スイッチを入れてソレノイドに電流を流すと，ソレノイドと磁石は力をおよぼしあう。この力は，引力，斥力のどちらか。

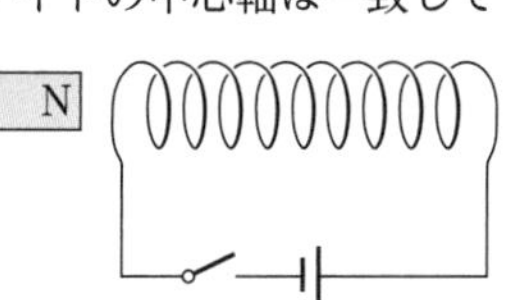

228. ➡2 3

□**229. レンツの法則** 発展 知識 次のような操作をしたとき，誘導電流の向きはa，bのどちらか。

(1) N極を遠ざける (2) コイルを遠ざける (3) スイッチを切る

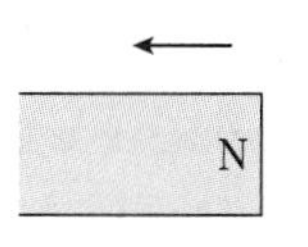

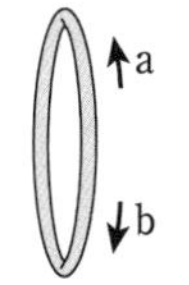

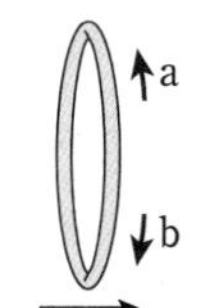

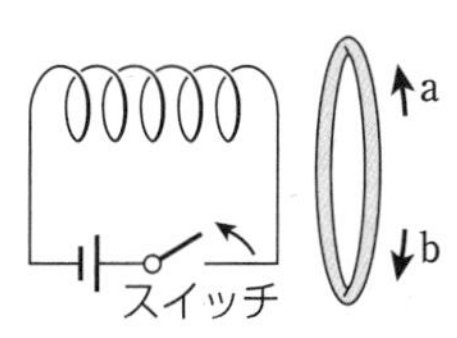

229. ➡4

(1)

(2)

(3)

□**230. 直流モーター** 発展 知識 図は直流モーターの原理を示している。

(1) 図1において，コイルの辺abが受ける力は，上向き，下向きのどちらか。

(2) コイルが半回転して，図2のようになったとき，辺abが受ける力は，上向き，下向きのどちらか。

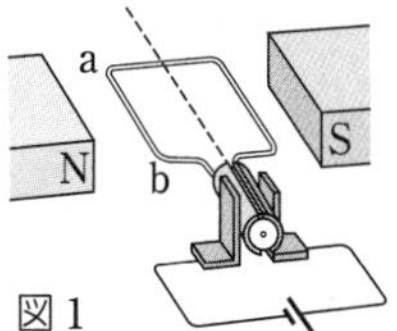

図1

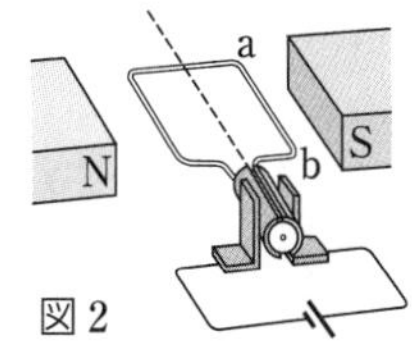

図2

230. ➡3

(1)

(2)

26 交流と電磁波

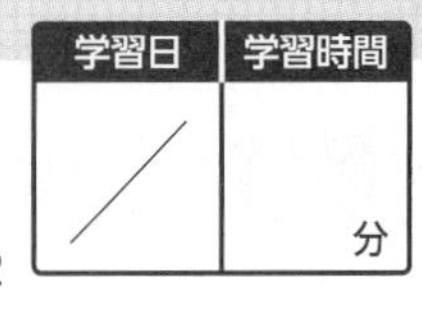

➡解答編 p.61～62

1 直流と交流

●**直流**　一定の電圧を直流電圧，一定の向きの電流を直流電流という。

●**交流**　一定の周期で正と負が交互に入れ替わり，大きさも一定の周期で変化する電圧を交流電圧，大きさと向きが周期的に変化する電流を交流電流という。

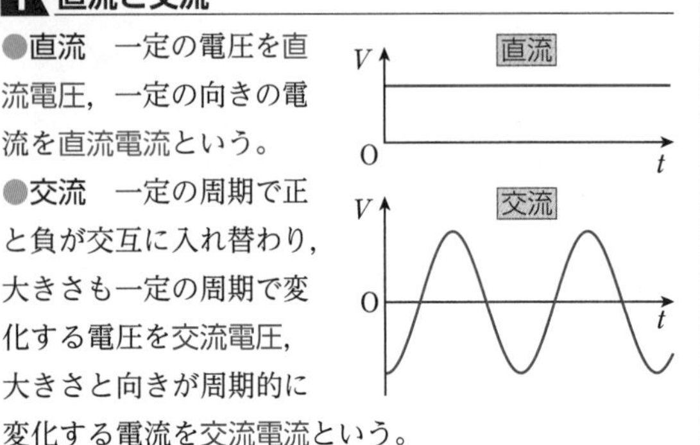

2 交流の発生

交流発電機では，電磁誘導を利用して交流電圧を発生させる。

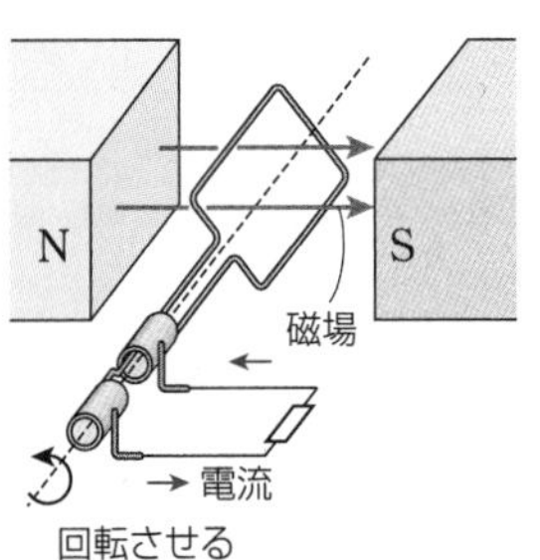

周期…電圧(電流)が変化し始めてからもとの状態にもどるまでの時間。

周波数…1 s 間あたりの，電圧(電流)の変化の繰り返しの回数。単位はヘルツ(記号 Hz)。

実効値…消費電力を直流の場合と同じように計算することのできる値。

3 変圧器

交流電圧を変換する装置で，鉄心に 2 つのコイルを巻いたもの。一次コイル，二次コイルの巻数を N_1，N_2，一次コイル，二次コイルの交流電圧(実効値)を V_{1e}〔V〕，V_{2e}〔V〕とすると，

$$\frac{V_{1e}}{V_{2e}}=\frac{N_1}{N_2} \quad \cdots①$$

●**電力**　エネルギーの損失がなければ，一次コイル側の電力と二次コイル側の電力は等しい。

4 送電

電力を遠くまで輸送するとき，送電線の抵抗で発生するジュール熱による損失を小さくするため，変圧器を用いて送電するときの電圧を高くしている。

5 交流から直流への変換

交流を直流に変換することを整流という。ダイオードなどの素子は，電流を一方の向きにだけ流すはたらき(整流作用)をもつ。

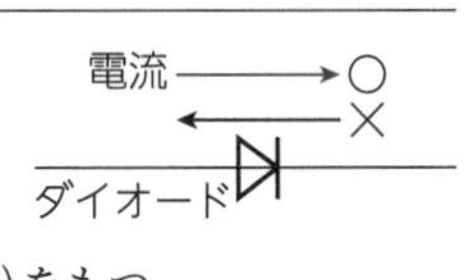

6 電磁波とその分類

磁気的な変化が電気的な変化を，電気的な変化が磁気的な変化を生み出して，電気と磁気の周期的な変化(振動)が波として空間を伝わる。これを電磁波という。真空中における電磁波の速さは，光と同様に，3.0×10^8 m/s である。

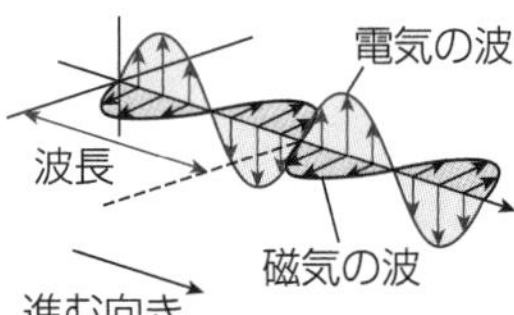

電磁波が 1 秒間に繰り返す振動の回数が電磁波の周波数であり，単位はヘルツ(記号 Hz)。電磁波の周波数 f〔Hz〕と波長 λ〔m〕の間には，電磁波の速さを c〔m/s〕とすると，次の関係が成り立つ。

$$c=f\lambda \quad \cdots②$$

●**電磁波の分類**　電磁波は，周波数(または波長)によって性質が異なる。周波数の小さい順(波長の長い順)に，電波，赤外線，可視光線，紫外線，X線，γ線などに分類される。電磁波は，その性質に応じてさまざまなものに利用されている。

✓ チェック　次の各問に答えよ。

❶周波数 50 Hz の交流電圧の周期は何 s か。（⇨ 2）

答

❷二次コイルの巻数が一次コイルの巻数の 2 倍の変圧器では，二次コイルに生じる電圧は，一次コイルに加える電圧の何倍になるか。（⇨ 3）

答

❸図のような回路で，電流はア，イのどちら向きに流れるか。（⇨ 5）

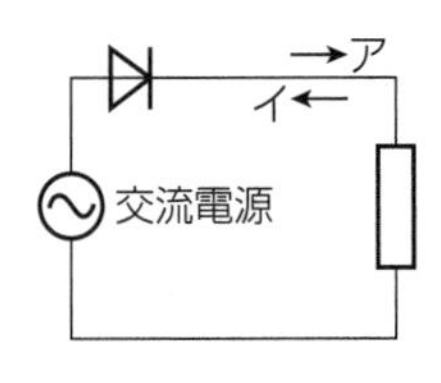

答

❹波長 1.5 m の電磁波の周波数は何 Hz か。ただし，電磁波の速さを 3.0×10^8 m/s とする。（⇨ 6）

答

チェック 解答　❶$2.0\times10^{-2}$ s　❷2 倍　❸ア　❹$2.0\times10^8$ Hz

例題 36 変圧器

➡基本問題 232

一次コイルの巻数が 50 回，二次コイルの巻数が1.0×10^3回の変圧器がある。一次コイルに 1.0×10^2V の交流電圧を加えたとする。次の各問に答えよ。

(1) 二次コイルに生じる交流電圧は何 V か。

(2) エネルギーの損失がないとすると，二次コイルを流れる交流電流 I_2 は，一次コイルを流れる交流電流 I_1 の何倍か。

指針 (1) 変圧器のコイルの巻数と電圧との関係を示す式，「$\dfrac{V_{1e}}{V_{2e}}=\dfrac{N_1}{N_2}$」を用いる。

(2) エネルギーの損失がないので，一次コイル側と二次コイル側の電力は保存される。

解説 (1) 二次コイルの両端に生じる交流電圧を V_{2e}[V]とすると，

$$\frac{1.0\times10^2}{V_{2e}}=\frac{50}{1.0\times10^3} \qquad V_{2e}=\mathbf{2.0\times10^3}\textbf{V}$$

(2) 一次コイル側，二次コイル側のそれぞれで消費される電力は等しいので，「$P=VI$」の式を用いて，

$$V_{1e}I_1=V_{2e}I_2 \qquad 1.0\times10^2\times I_1=2.0\times10^3\times I_2$$

$$\frac{I_2}{I_1}=\frac{1.0\times10^2}{2.0\times10^3}=\mathbf{5.0\times10^{-2}}\textbf{倍}$$

基本問題

知識

231. 直流と交流 次の文の(　)に適切な語句を入れよ。

電池から得られる電圧は，直流電圧であり，流れる電流は，常に一定の向きである。このような電流を(　ア　)電流という。一方，家庭用コンセントから得られる電圧は，一定の周期で正と負が入れ替わり，その大きさも変化する。これを交流電圧といい，周期的に電流の向きと大きさが変化する電流は，(　イ　)電流とよばれる。電圧(または電流)の 1 s 間あたりの変化の繰り返しの回数を(　ウ　)といい，単位には(　エ　)(記号 Hz)が用いられる。

231. ➡1

(ア)　　(イ)

(ウ)　　(エ)

知識

232. 変圧器 変圧器について，次の各問に答えよ。

(1) 1.0×10^2V の交流電圧を 2.0×10^3V に変えたい。一次コイルの巻数が 4.0×10^2 回のとき，二次コイルの巻数を何回にすればよいか。

(2) (1)のとき，一次コイルを流れる電流の大きさが 5.0A であった。二次コイルを流れる電流の大きさは何 A か。ただし，電力の損失はないものとする。

232. ➡3 例題 36

(1)

(2)

知識

233. 電磁波の波長 電磁波は，光と同様に，3.0×10^8m/s の速さで伝わる。2.5×10^9Hz のマイクロ波の波長は何 m か。

233. ➡6

知識

234. 電磁波の分類 次に示す(ア)～(エ)の電磁波の性質として適切なものは，(a)～(d)のどれか。記号を用いて答えよ。

(ア) 電波　(イ) 赤外線　(ウ) 紫外線　(エ) X線・γ線

(a) 物体を温める作用があり，熱線ともよばれる。

(b) 透過力が強く，物体の内部や結晶構造の解析に用いられる。

(c) ラジオ放送やテレビ放送などに用いられる。

(d) 物質の化学変化を進めるはたらきが強い。

234. ➡6

(ア)　　(イ)

(ウ)　　(エ)

27 エネルギーとその利用

学習日	学習時間
/	分

➡解答編 p.62〜63

1 太陽のエネルギー

太陽がもつエネルギーは，光などの電磁波として放射される。地球が太陽から受けるエネルギー(太陽のエネルギー)は，種々のエネルギーに変換される。

●**太陽エネルギーの利用**　直接的に利用する方法には，太陽熱温水器，太陽電池がある。間接的に利用する方法には，水力発電，風力発電がある。

●**化石燃料の利用**　石油や石炭，天然ガスは，植物の光合成を通じて太陽のエネルギーを取りこんだ，太古の生物の遺骸がその起源と考えられており，化石燃料とよばれる。

2 原子と原子核

原子の種類(元素)は，陽子の数によって決まり，その数を原子番号という。原子核を構成する陽子と中性子を総称して核子といい，核子の数を質量数という。

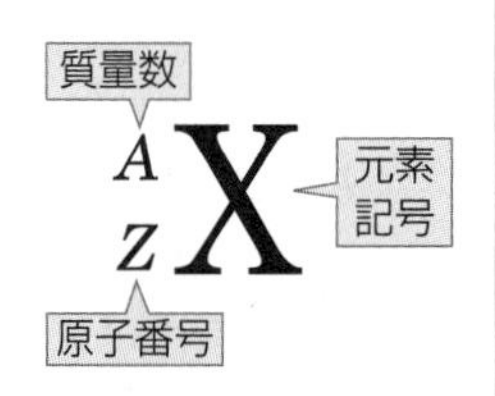

●**同位体**　同一元素の原子で，質量数が異なる原子核をもつ原子を，互いに同位体(アイソトープ)であるという。

3 原子核の崩壊と放射線

ウラン $^{238}_{92}\mathrm{U}$ やラジウム $^{226}_{88}\mathrm{Ra}$ などの不安定な原子核は，放射線(エネルギーの高い粒子や電磁波)を放射して安定な状態の原子核へと変化する。このような変化を放射性崩壊，または崩壊(壊変)という。放射性崩壊をおこす同位体は放射性同位体(ラジオアイソトープ)とよばれる。

放射能…物質が自然に放射線を放出する性質。

●**放射線**　原子核の放射性崩壊には，α崩壊，β崩壊，γ崩壊があり，それぞれα線，β線，γ線とよばれる放射線が放出される。

放射線	実体	電離作用	透過力
α線	$^{4}_{2}\mathrm{He}$の原子核	大	小
β線	電子	中	中
γ線・X線	電磁波	小	大
中性子線	中性子	小	大

放射能の強さの単位には，ベクレル(記号 Bq)，放射線の量の単位には，グレイ(記号 Gy)やシーベルト(記号 Sv)などが用いられる。

4 半減期

原子核の数がもとの数の半分になるまでの時間。

発展　はじめにあった原子核の数を N_0，半減期をTとして，時間 t が経過したとき，崩壊せずに残る原子核の数Nは，

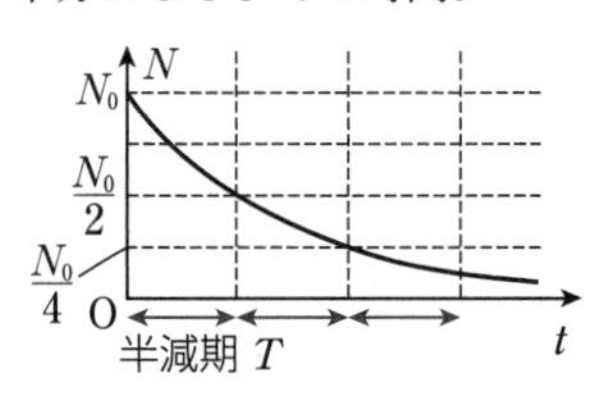

$$N=N_0\left(\frac{1}{2}\right)^{\frac{t}{T}} \quad \cdots①$$

5 原子力とその利用

原子核が別の原子核に変化する反応を核反応という。核反応では，エネルギーの放出や吸収がおこる。

●**核分裂**　1つの原子核が複数の原子核に分裂する変化。核分裂が連続的におこる反応を連鎖反応，連鎖反応が一定の割合で継続する状態を臨界という。

●**核融合**　原子核どうしが結合して，エネルギーが放出される変化。

✔ チェック　次の各問に答えよ。

❶次の文の(　　)に適切な語句を入れよ。
石油，石炭，天然ガスは，植物の光合成を通じて(ア　　　)のエネルギーを取りこんだ，太古の生物の遺骸がその起源と考えられている。これらは，(イ　　　　)とよばれる。 (⇨ **1**)

❷ラジウム $^{226}_{88}\mathrm{Ra}$の質量数と陽子の数はそれぞれいくらか。 (⇨ **2**)

答：質量数　　　　陽子の数

❸次の原子核のうち，同位体の組を答えよ。 (⇨ **2**)
$^{14}_{6}\mathrm{C}$　$^{14}_{7}\mathrm{N}$　$^{12}_{6}\mathrm{C}$

答

❹α崩壊とβ崩壊で放出される放射線の実体はそれぞれ何か。 (⇨ **3**)

答：α崩壊　　　　β崩壊

チェック解答　❶(ア)太陽，(イ)化石燃料　❷質量数 226，陽子の数 88個　❸$^{14}_{6}\mathrm{C}$と$^{12}_{6}\mathrm{C}$　❹α：$^{4}_{2}\mathrm{He}$の原子核，β：電子

例題 37 原子番号と質量数

➡ 基本問題 236

原子番号 92，質量数 238 のウランの原子核を，元素記号を用いて表せ。ただし，原子番号と質量数もあわせて示せ。また，陽子と中性子の数をそれぞれ求めよ。

指針 質量数 A，原子番号 Z，元素記号Xの原子や原子核は，$^{A}_{Z}\mathrm{X}$ と示される。また，陽子の数は原子番号に等しく，質量数は陽子の数と中性子の数の和に等しい。

解説 ウランの元素記号はUなので，$^{238}_{92}\mathrm{U}$ と表される。ウラン $^{238}_{92}\mathrm{U}$ の陽子の数は原子番号に等しく，**92個**である。また，中性子の数をNとすると，

(質量数)＝(陽子の数)＋(中性子の数)

$238=92+N \qquad N=238-92=$**146個**

基本問題

知識

235. 太陽エネルギー 次の(ア)～(エ)は，いずれも太陽のエネルギーを利用している。直接的な利用と，間接的な利用とに分類せよ。

(ア) 太陽電池　(イ) 水力発電　(ウ) 風力発電　(エ) 太陽熱温水器

235. ➡ 1

直接：

間接：

知識

236. 陽子と中性子の数 次に示された原子を構成する陽子と中性子の数をそれぞれ求めよ。

(1) 酸素 $^{16}_{8}\mathrm{O}$　(2) 鉛 $^{207}_{82}\mathrm{Pb}$

236. ➡ 2 例題 37

(1) 陽子　中性子

(2) 陽子　中性子

知識

237. 放射線 次に示す①～④の放射線について，以下の各問に答えよ。

①α線　②β線　③γ線・X線　④中性子線

(1) ③，④の放射線の実体はそれぞれ何か。a～dから選び，記号で答えよ。

(a) 中性子　(b) 電磁波　(c) ヘリウム $^{4}_{2}\mathrm{He}$ の原子核　(d) 電子

(2) 図は，①～④の放射線が物質を透過するようすである。ア～エに相当する放射線を，それぞれ①～④から選び，記号で答えよ。

237. ➡ 3

(1) ③　④

(2) ア：　イ：

ウ：　エ：

知識

238. 核分裂とエネルギー 質量 1 g のウラン $^{235}_{92}\mathrm{U}$ が核分裂したとき，8.3×10^{10} J のエネルギーが放出される。一方，1 L の石油を燃焼させたときに生じるエネルギーは，4.2×10^{7} J である。1 g のウラン $^{235}_{92}\mathrm{U}$ によって生じるエネルギーは，何 L の石油の燃焼で生じるエネルギーに相当するか。

238. ➡ 5

発展 知識

239. 半減期 ナトリウム $^{24}_{11}\mathrm{Na}$ の原子核の半減期は，15 時間である。ある時刻から 45 時間が経過したとき，$^{24}_{11}\mathrm{Na}$ の原子核の数は，もとの数の何倍になるか。分数で答えよ。

239. ➡ 4

第Ⅳ章 章末問題

思考

240. 抵抗と電気エネルギー

材質と長さは同じで，断面積だけが異なる円柱状の抵抗A，Bがある。各抵抗の電圧と電流の関係を測定すると，図のようなグラフが得られた。

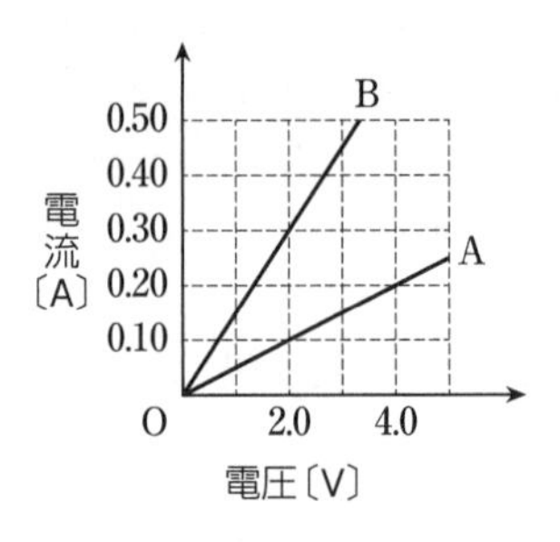

(1) 抵抗A，Bはそれぞれ何Ωか。

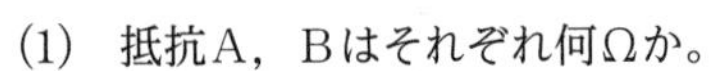

(2) Bの断面積は，Aの断面積の何倍か。

(3) AとBを並列につなぎ，直流電源に接続したときの，Bの消費電力はAの消費電力の何倍か。

240.

(1) 抵抗A：

抵抗B：

(2)

(3)

思考

241. 電球の明るさ

同じ電源に接続したときに，消費される電力の異なる2つの電球A，Bがある。これらの電球を，図1のように，並列に接続して電源につなぐと，電球Aの方が明るかった。次の各問に答えよ。なお，消費電力が大きいほど，電球は明るく点灯するものとする。

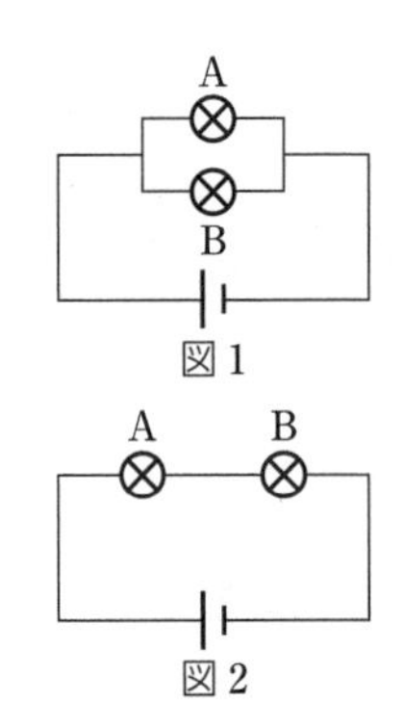

図1

図2

(1) 抵抗が大きいのは，電球A，Bのどちらか。

(2) 図2のように，2つの電球を直列に接続して電源につなぐと，電球A，Bのどちらが明るいか。

(3) 電球Bを，より抵抗値の大きい抵抗器に置き換えたとき，図1，2のそれぞれでAの明るさはどのように変化するか。「明るくなる」「暗くなる」「変わらない」のうちから選んで答えよ。

241.

(1)

(2)

(3) 図1：

図2：

思考

242. 電磁誘導

コイルと検流計を導線でつなぎ，棒磁石を用いて電磁誘導の実験を行う。以下の会話は，そのときの生徒どうしの会話である。

生徒A：棒磁石のN極をコイルの上側から近づけ，コイルの少し上で止めたとき，コイルに流れる電流 I〔A〕と時間 t〔s〕との関係は，図のようになったね。N極をS極にかえるとどうなるかな。

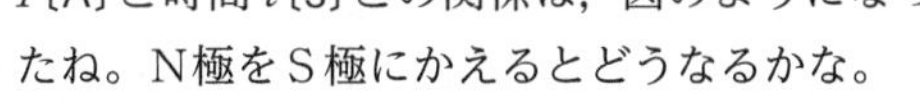

生徒B：磁極が逆になるから，（ア）と予測できるね。

生徒A：その予測は正しそうだね。なら，棒磁石のN極を下向きにして落下させ，コイルの中を通したとき，得られるグラフを予測してみよう。

生徒B：N極をコイルの上側から近づける操作と，S極をコイルの下側から遠ざける操作を組みあわせたものと考えると，（イ）となりそうだね。

(1) （ア）にあてはまるグラフを以下の選択肢から一つ選べ。

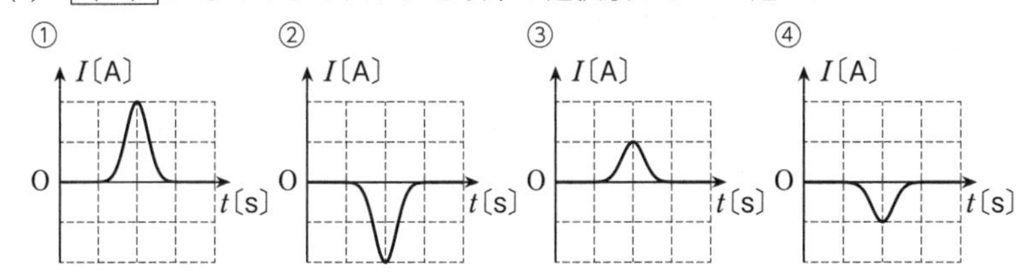

(2) （イ）にあてはまるグラフを以下の選択肢から一つ選べ。

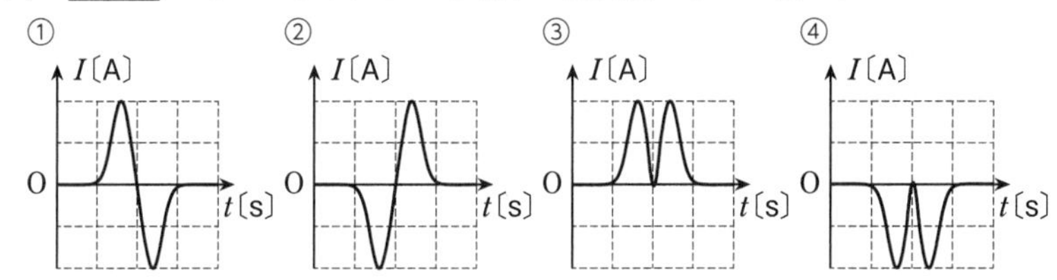

思考

243. 送電

発電所から一定の電力 P〔W〕を送電することを考える。次の各問に答えよ。

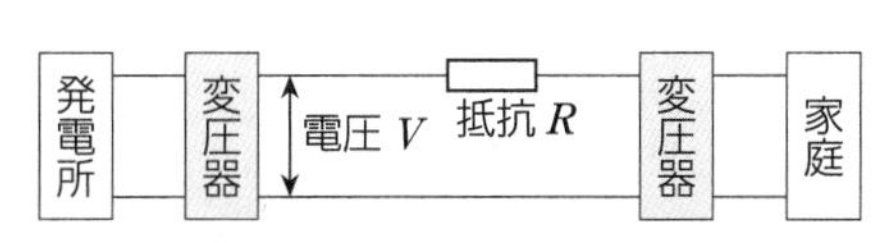

(1) 送電するときの電圧を V〔V〕，送電線の抵抗を R〔Ω〕とする。送電線で生じる電力の損失はいくらか。

(2) 送電するときの電圧を10倍にしたとき，送電線で生じる電力の損失は何倍になるか答えよ。

(3) 家庭に送られる電気は交流である。その理由に直流にはみられない交流の特徴があげられる。どのようなものか説明せよ。

242.
(1)
(2)

243.
(1)
(2)

(3)

略解

1 (1) 10^6　(2) 10^{-1}　(3) 10^{15}
(4) 10^{12}
2 (1) 2桁　(2) 3桁　(3) 2桁
(4) 3桁
3 (1) 5.0000×10^3　(2) 5×10^{-5}
(3) 3.65×10^2　(4) 1.40×10^{-3}
4 (1) 8.7　(2) 6.4　(3) 8.7
(4) 0.667
5 (1) 9.4　(2) 7.07　(3) 5.6
6 (1) 7.2×10^4m　(2) 2.5km
7 (1) 18km/h　(2) 25m/s
8 (1) 移動距離　(2) 略
9 移動距離：120m
変位：南向きに20m
10 (1) 6.0m/s　(2) 4.0m/s
11 (1) 4.8m/s　(2) 0m/s
12 (1) 2.4m/s　(2) 略
13 (1) 向き：正
理由：$t=0$sにおける接線の傾きが正であるため
(2) (イ)
(3) $t=0\sim5.0$s：2.0m/s
$t=0\sim10.0$s：1.30m/s
14 (1) 流れの向きと逆向きに5.0m/s
(2) 16s
15 (1) 10s　(2) 1.4×10^2m
16 (1) 西向きに10m/s
(2) 西向きに25m/s
17 (1) 東向きに5.0m/s　(2) 12s
18 (1) $t=0\sim3.0$s：㋐
$t=3.0\sim5.0$s：㋐
(2) 0m/s
19 (1) 15s　(2) 38m
20 (イ)
21 6.9m/s
22 (1) 南東向きに5.6m/s
(2) 5.0m/s　(3) イ
23 (1)(2) 略　(3) 4.0m/s²
24 (1) 3.0m/s²　(2) −2.0m/s²
25 (1) 0.80m/s²　(2) 80m
26 (1) 4.0s後　(2) 12m
27 (1) 10s　(2) 5.0m/s
28 (1) 3.0m/s²　(2) 14m/s
29 (1) 4.0m/s²　(2) −6.0m/s²
(3) 48m
30 (1) 4.0m/s　(2) 略　(3) 60m
31 ① (イ)　② (ウ)　③ (ア)
④ (エ)
32 (1) 60m　(2) 4.8m/s²
(3) 24m/s
33 (1) 左向きに4.0m/s²
(2) 時間：3.0s後，位置：18m
(3) 6.0s後
34 (1) 15m/s　(2) 略
35 (1) 39m/s　(2) 78m
36 (1) 1.4s　(2) 14m/s
37 $y-t$グラフ：(イ)
$v-t$グラフ：(ア)
38 (1) 4.9m/s　(2) 25m/s
39 (1) 1.4s　(2) 10m
40 (1) 時間：2.0s，速さ：20m/s
(2) 最高点までの高さ
41 (1) 1.0s　(2) 3.0s
42 (1) 鉛直上向きに14m/s
(2) 3.5×10^2m
43 (1) A：$4.9T^2$，B：$14T-4.9T^2$
(2) 時間：1.4s，高さ：10.0m
(3) 略
44 (1) 2.9s　(2) 80m　(3) 39m/s
45 (1) 0.50s　(2) 1.0s　(3) 8.5m
46 (エ)
47 略
48 重さ(地球)：98N，
質量(月)：10kg，重さ(月)：16N
49 (1) 6.0N　(2) 0.15m
50 (1) ばね定数　(2) A　(3) $\frac{1}{2}$倍
51 (1) 2.0N　(2) 4.0N　(3) 5.0N
52 (1) x：17N，y：10N
(2) x：5.0N，y：8.7N
(3) x：14N，y：14N
53 (1) x：−4.0N，y：3.0N
(2) 5.0N
54 (1) 0.98N　(2) 0.50m
55 (1) 糸1：9.8N，糸2：9.8N
(2) 糸1：14N，糸2：9.8N
56 略
57 (1)(2) 略　(3) 30N
58 (イ)
59 (1) 0.10m
(2) 伸び：大きくなる
理由：物体が受ける斜面に平行な力の成分は大きくなり，ばねの伸びは大きくなる
60 $\frac{mg}{\sqrt{3}}$[N]
61 (1) 9.8N　(2) 20N　(3) 0.45m
62 (ア)
63 (1) Aが受ける力：20N
Bが受ける力：20N
(2) A：0.20m，B：0.10m
64 $m_A=2m_B$
65 (1) x：17N，y：10N
(2) x：28N，y：28N
(3) x：20N，y：35N
(4) x：−17N，y：10N
66 (1) x：40N，y：69N
(2) x：28N，y：28N
67 (1) $\sin\theta=\frac{1}{2}$，$\cos\theta=\frac{\sqrt{3}}{2}$
$\tan\theta=\frac{1}{\sqrt{3}}$
(2) $\sin\theta=\frac{1}{\sqrt{2}}$，$\cos\theta=\frac{1}{\sqrt{2}}$
$\tan\theta=1$
(3) $\sin\theta=\frac{3}{5}$，$\cos\theta=\frac{4}{5}$
$\tan\theta=\frac{3}{4}$
(4) $\sin\theta=\frac{5}{13}$，$\cos\theta=\frac{12}{13}$
$\tan\theta=\frac{5}{12}$
68 (1) x：−7.1N，y：7.1N
(2) x：7.1N，y：7.1N
69 略
70 略
71 (ア) ○ (イ) ○ (ウ) × (エ) ×
72 (1) 1.0m/s²　(2) 略
(3) $a-t$グラフ：(ア)，
$x-t$グラフ：(ウ)
73 (1) 2.0N　(2) 1.0m/s²
(3) 0.50m/s²
74 運動の向きに1.0N
75 -1.0×10^3N
76 (1) $50\times a=N-50\times9.8$
(2) ①$5.9\times10^2$N　②$4.9\times10^2$N
③$4.4\times10^2$N
77 (1) $\frac{g}{2}$[m/s²]　(2) $\frac{\sqrt{3}}{2}mg$[N]

78 (1) $ma=\frac{\sqrt{3}}{2}F$

(2) $\frac{\sqrt{3}F}{2m}$ [m/s²]

79 (1) 斜面下向きに 4.9m/s²

(2) 1.0s 後 (3) 2.5m

80 (1) A：$4.0\times a=28-T$

B：$3.0\times a=T$

(2) a：4.0m/s², T：12N

81 (1) A：$2ma=T$

B：$ma=mg-T$

(2) a：$\frac{g}{3}$ [m/s²], T：$\frac{2mg}{3}$ [N]

82 (1) A：$5.5\times a=5.5\times 9.8-T$

B：$4.5\times a=T-4.5\times 9.8$

(2) a：0.98m/s², T：49N

83 (1) (ウ) (2) (エ)

84 (1) 3.0m/s², 左向き (2) 9.6N

85 (1) 9.8m/s², 鉛直上向き

(2) 2.8m/s², 鉛直下向き

86 (1) 6.9m/s²

(2) 4.9m/s², 斜面下向き

87 (1) ①A：$2.0\times a=18-f$

B：$4.0\times a=f$

②a：3.0m/s², f：12N

(2) ①A：$2.0\times a=T$

B：$4.0\times a=24-T$

②a：4.0m/s², T：8.0N

88 (1) 左向きに 20N (2) 29N

89 0.75

90 0.38

91 (1) 4.0N (2) 0.41 (3) 0.31

92 (1) 左向きに 2.0m/s²

(2) 0.20

93 略

94 (ア)

95 (1) $mg\sin\theta$ [N] (2) $\tan\theta_0$

(3) 変わらない, 理由：θ_0 は μ によって決まるため

96 (1) 斜面下向きに $\frac{\mu' mg}{\sqrt{2}}$ [N]

(2) $\frac{v_0^2}{\sqrt{2}g(1+\mu')}$ [m]

97 (1) $a_1=-\mu' g$ [m/s²]

$a_2=\frac{\mu' mg}{M}$ [m/s²] (2) (ウ)

98 (1) A：左向き, B：右向き

(2) A：$2Ma=F-f$, B：$Ma=f$

(3) $\frac{3}{2}Mg$

99 $\frac{4}{5}\rho Vg$ [N]

100 (1) 4.9N (2) 0.15m

101 (ウ)

102 (1) $ma=mg-f$ (2) mg [N]

103 (1) mgh [J] (2) $-mgh$ [J]

104 (1) 力の大きさ：4.9×10^2 N,

長さ：20m

(2) 9.8×10^3 J (3) 9.8×10^3 J

105 (1) 20W (2) 2.4m

106 (1) 98J (2) 0J (3) −34J

107 (イ)と(エ)

108 (1) P_1：mgv_0, P_2：$-mgv_0$

(2) 値：大きい

理由：Bの速度は常に v_0 より大きく, 同じ量の仕事を v_0 で落下するときよりも短時間でされるため

109 運動エネルギー：5.0×10^4 J,

倍率：4.0倍

110 4.0m/s

111 (1) -1.0×10^4 J (2) 1.0×10^5 N

112 (1) 98J (2) 20N

113 (1) 2.9×10^2 J (2) 0J

(3) -4.4×10^2 J

114 弾性力による位置エネルギー：0.25J,

倍率：4.0倍

115 0.49J

116 mgh

117 (1) 略 (2) 2.5×10^{-2} J

(3) 3.0倍

118 (1) $\frac{mg}{x_0}$ [N/m]

(2) 重力：$-mgx_0$ [J]

弾性力：$\frac{1}{2}mgx_0$ [J]

(3) 重力：$-3mgx_0$ [J]

弾性力：$\frac{9}{2}mgx_0$ [J]

119 力学的エネルギー：2.0×10^2 J,

速さ：14m/s

120 (1) 14J (2) 24.5m

121 (1) 0J (2) $\sqrt{2gh}$ [m/s]

122 (1) $\frac{1}{2}kd^2$ [J]

(2) $\sqrt{\frac{k}{m}}d$ [m/s]

123 (1) 3.9J (2) 0.40m (3) (イ)

124 (1) $\frac{L}{2}$ [m] (2) $\sqrt{gL}$ [m/s]

125 (1) -2.0×10^2 J (2) 9.8N

126 (1) −49J (2) 5.0m

127 (1) 2.8m/s (2) ウ

128 (1) 2.0J (2) 0.20m

129 (1) $\sqrt{\frac{k}{2m}}d$ [m/s]

(2) $\frac{k}{4mg}d^2$ [m] (3) $\frac{d}{\sqrt{2}}$ [m]

130 (1) $\frac{mg}{k}$ (2) 0 (3) $\sqrt{\frac{m}{k}}g$

(4) $\frac{2mg}{k}$

131 方法1では保存力のみが仕事をして力学的エネルギーは保存されるが, 方法2では手からの垂直抗力が負の仕事をし, 力学的エネルギーが減少するから

132 (1) 0J (2) 1.4m/s

133 (1) $\frac{1}{2}m(v_0^2-v^2)+mgh$ [J]

(2) $\frac{\sqrt{3}}{3}\left(\frac{v_0^2-v^2}{2gh}+1\right)$

134 (1) $-\frac{1}{2}kx^2$ [J] (2) $\frac{kx}{2mg}$

135 (1) $-\frac{3}{7}mgh$ (2) $\frac{1}{3}L$ (3) (イ)

136 (1) (イ) (2) (ア)

137 (1) 浮力 (2) $mg-W$ (3) mg

138 (1) 台車：$\frac{F-\mu' mg}{M}$,

小物体：$\mu' g$

(2) (エ)

139 (1) 仕事：4.9×10^2 J, 仕事率：50W

(2) (エ)

140 (1) 309K (2) −78℃

141 (1) 45J/K (2) 18K

142 (1) 6.7×10^2 J/K (2) 15K

143 6.0×10^2 g

144 (1) 40℃

(2) 外部に熱を放出するため

145 36℃

146 6.9×10^4 J

147 1.7cm

148 0.12J/(g·K)

149 (1) 固体, 液体

(2) $\frac{Q}{100m}$ [J/(g·K)] (3) 水

150 7.1℃

151 (1) −20J (2) 30J

152 7.1×10^{-2} ℃

153 $\frac{Q}{1-e}$〔J〕
154 (1) 6.0×10^7J
(2) (ア), (イ), (エ)
155 (1) 2.0×10^3J (2) 2.3℃
156 (1) 2.0×10^9J (2) 6.0×10^4kg
157 (1) 6.7×10^3J (2) 1.1×10^3J/K
(3) 0.43J/(g・K)
158 (1) 50g (2) 38 (3) 3.3×10^2J
159 1.2m
160 (1) 0.20s (2) 3.0m (3) 短くなる
161 (1) 1.2m (2) 3.0m/s
(3) 0.40s (4) 2.5Hz
162 略
163 (1) A, C (2) B (3) D
164 (1) 0.10m (2) 0.40s
(3) 1.6m
165 略
166 略
167 (1) 同位相：d, 逆位相：b
(2) 同位相：d, 逆位相：b
168 (ア) 垂直 (イ) 固体
(ウ) 平行 (エ) 疎密波
169 略
170 (1) D (2) H (3) B, F
(4) D
171 略
172 (1) 5.0m/s (2) 4.0m
173 (ア)
174 8.0cm
175 略
176 略
177 (1) 2.0cm
(2) 0, 4.0, 8.0, 12.0cm
(3) 2.0, 6.0, 10.0cm
178 略
179 略
180 (1) 自由端：0cm, 2.0cm, 4.0cm
固定端：1.0cm, 3.0cm, 5.0cm
(2) 自由端：0cm, 1.0cm, 2.0cm
固定端：0.50cm, 1.5cm, 2.5cm
181 略
182 (1) $\frac{2}{3}L$ (2) $\frac{L}{6t}$
183 略
184 略
185 略
186 略
187 (1) 1.7×10^{-2}m (2) 17m
188 (1) 音の高さ (2) 音色
(3) 音の大きさ
189 30m
190 7.0×10^2m
191 (1) 0.5s (2) 443Hz
192 略
193 (イ)
194 波長：2.0m, 振動数：20Hz
195 波長：1.0m, 振動数：50Hz
196 (1) 400Hz：8.0×10^2m/s,
800Hz：8.0×10^2m/s,
1000Hz：8.0×10^2m/s
(2) (ア)
197 (1) 波長：0.60m, 振動数：50Hz
(2) 1.2m (3) 大きいもの
198 (1) 0.80m (2) 48m/s
(3) 腹の数：4, 振動数：80Hz
199 60m/s
200 略
201 波長：0.68m,
振動数：5.0×10^2Hz
202 波長：1.7m,
振動数：2.0×10^2Hz
203 (1) 50cm (2) 6.8×10^2Hz
(3) 3倍振動
204 (1) 波長：40.0cm,
速さ：3.4×10^2m/s
(2) 1.0cm (3) ③
205 (1) 波長：0.50m,
振動数：6.8×10^2Hz
(2) 2個 (3) 長い
206 (1) 1.0m/s (2) 略
207 (ア) 880 (イ) 2.64×10^3
208 (1) A, 振動数：1.7×10^2Hz
(2) A, 振動数：5.1×10^2Hz
209 (1) 340.5m/s (2) 540Hz
210 (ア) 斥(反発) (イ) 引
(ウ) 負 (エ) 正
211 (1) B (2) 2.5×10^8個
212 電気量：2.4C
電子の数：1.5×10^{19}個
213 (1) 25Ω (2) 略
214 (1) 2.0A (2) 30Ω (3) 90V
215 1.5倍
216 (1) 10Ω
(2) R_1：0.40A, R_3：0.20A
(3) R_1：4.0V, R_2：2.0V,
R_3：6.0V
217 (1) $\rho\frac{L}{7S}$〔Ω〕 (2) B
218 (1) 0.30A (2) 0.20A
(3) 0.30A (4) 1.6A
(5) 1.6A (6) 0.10A
219 (1) 6.0×10^2W
(2) 3.6×10^5J, 0.10kWh
220 電流：5.0A, 抵抗：20Ω
221 1.5×10^4J
222 (1) 2.1×10^2J (2) 45K
223 (1) 2.0×10^2W (2) 8.3×10^2W
224 2分48秒
225 (1) AB間：3.0Ω
AC間：6.0Ω
(2) 3.0A
226 図1：(ウ), 図2：(イ),
図3：(ア)
227 イ
228 斥力
229 (1) b (2) b (3) a
230 (1) ab：上向き
(2) ab：下向き
231 (ア) 直流 (イ) 交流
(ウ) 周波数 (エ) ヘルツ
232 (1) 8.0×10^3回 (2) 0.25A
233 0.12m
234 (ア) c (イ) a
(ウ) d (エ) b
235 直接：ア, エ 間接：イ, ウ
236 (1) 陽子：8個, 中性子：8個
(2) 陽子：82個, 中性子：125個
237 (1) ③：b, ④：a
(2) ア：①, イ：②,
ウ：③, エ：④
238 2.0×10^3L
239 $\frac{1}{8}$倍
240 (1) 抵抗A：20Ω,
抵抗B：6.7Ω
(2) 3.0倍 (3) 3.0倍
241 (1) B (2) B
(3) 図1：変わらない,
図2：暗くなる
242 (1) ② (2) ①
243 (1) $\frac{RP^2}{V^2}$〔W〕 (2) $\frac{1}{100}$倍
(3) 変圧が容易であるため

新課程版　プログレス物理基礎

2022年１月10日　初版　　第１刷発行
2025年１月10日　初版　　第４刷発行

編　者　第一学習社編集部
発行者　松本 洋介
発行所　株式会社 第一学習社

広島：広島市西区横川新町７番14号　〒733-8521　☎ 082-234-6800
東京：東京都文京区本駒込５丁目16番７号　〒113-0021　☎ 03-5834-2530
大阪：吹田市広芝町８番24号　〒564-0052　☎ 06-6380-1391

札　幌 ☎ 011-811-1848　仙台 ☎ 022-271-5313　新　潟 ☎ 025-290-6077
つくば ☎ 029-853-1080　横浜 ☎ 045-953-6191　名古屋 ☎ 052-769-1339
神　戸 ☎ 078-937-0255　広島 ☎ 082-222-8565　福　岡 ☎ 092-771-1651

訂正情報配信サイト　47140-04
利用に際しては，一般に，通信料が発生します。

https://dg-w.jp/f/6c562

47140-04

■落丁，乱丁本はおとりかえいたします。

ホームページ
https://www.daiichi-g.co.jp/

ISBN978-4-8040-4714-0

よく用いられる平方根の覚え方

$\sqrt{2}=1.41421356\cdots\cdots$（一夜一夜に人見ごろ）

$\sqrt{3}=1.7320508\cdots\cdots$（人並みにおごれや）

$\sqrt{5}=2.2360679\cdots\cdots$（富士山麓，オウム鳴く）

$\sqrt{6}=2.44949\cdots\cdots$（似よ，よくよく）←正確には 2.4494897……

$\sqrt{7}=2.64575\cdots\cdots$（菜に虫いない）

$\sqrt{10}=3.1622\cdots\cdots$（人丸は三色に並ぶ）

物理量の英語表記

物理量を表す記号（速度を表す v など）は，英語の頭文字に由来するものが多い。

	物理量	記号	英語表記	単位	
				記号	名称
運動とエネルギー	長さ	L	length	m	メートル
	高さ	h	height	m	メートル
	時間	t	time	s	秒
	体積	V	volume	m^3	立方メートル
	速度	v	velocity	m/s	メートル毎秒
	加速度	a	acceleration	m/s^2	メートル毎秒毎秒
	重力加速度	g	gravitational acceleration	m/s^2	メートル毎秒毎秒
	力	F	force	N	ニュートン
	質量	m	mass	kg	キログラム
	重さ	W	weight	N	ニュートン
	垂直抗力	N	normal reaction	N	ニュートン
	摩擦力	f	frictional force	N	ニュートン
	張力	T	tensile force	N	ニュートン
	圧力	p	pressure	Pa	パスカル
	仕事	W	work	J	ジュール
	仕事率	P	power	W	ワット
	運動エネルギー	K	kinetic energy	J	ジュール
熱	温度	t	temperature	K	ケルビン
	熱量	Q	amount of heat	J	ジュール
	熱容量	C	heat capacity	J/K	ジュール毎ケルビン
	比熱	c	specific heat	J/(g·K)	ジュール毎グラム毎ケルビン
	熱効率	e	thermal efficiency	—	—
波動	振幅	A	amplitude	m	メートル
	振動数	f	frequency	Hz	ヘルツ
電気	電気素量	e	elementary electric charge	C	クーロン
	電流	I	electric current	A	アンペア
	電圧	V	voltage	V	ボルト
	電気抵抗	R	resistance	Ω	オーム
	電力	P	electric power	W	ワット

「物理基礎」の用語

高校物理で使われる用語には，物理的な状態を表す意味が含まれている。中には，日常で使う意味とは異なるものも含まれている。次の表には，「物理基礎」科目に関連する用語を取り上げた。それぞれの用語には，原則として，表に示された物理的な状態を表す意味が含まれている。

用語	意味	例文とその解説
Aに対するBの相対速度	Aから見たBの速度 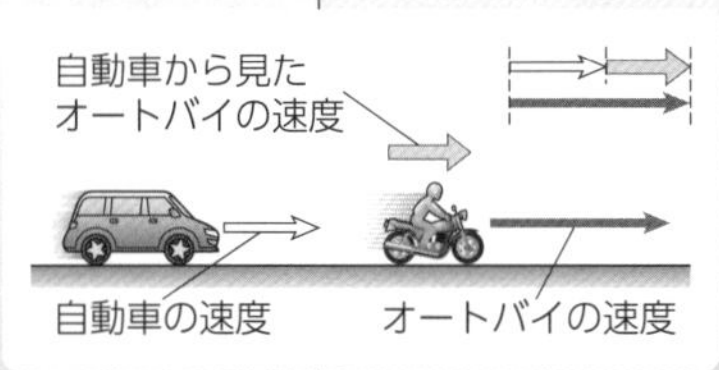	**【例文】** 「自動車に対するオートバイの相対速度を求めよ。」 ⇨自動車から見たオートバイの速度を求めよ。 **解説** 相対速度は次のように表される。 (相対速度)＝(相手の速度)－(観測者の速度) どの物体が観測者に該当するのかを考えればよく，この場合は，(相対速度)＝(オートバイの速度)－(自動車の速度)である。「～に対する」の表現を「～から見た」と置き換えると，観測者を把握しやすい。
静かに	初速度を与えないように	**【例文】** 「橋の上から小球を静かに落とした。」 ⇨橋の上から小球を初速度 0 で落とした。 **解説** 日常では，音の大きさに関する意味で用いられることが多いが，物理では，物体の初速度が 0 であることを示している。 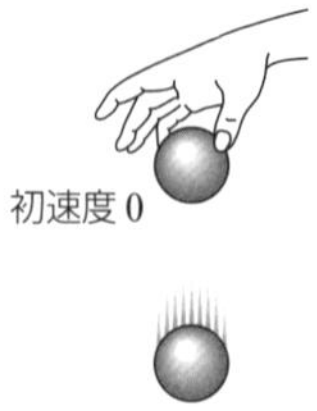
軽い	質量が無視できる	**【例文】** 「おもりを軽い糸でつるし，…」 ⇨おもりを質量が無視できる糸でつるし，… **解説** 糸の質量は無視できるので，おもりの質量のみを考えればよい。
なめらかな	摩擦が無視できる状態	**【例文】** 「なめらかな水平面上に物体を置き，…」 ⇨摩擦が無視できる水平面上に物体を置き，… **解説** 摩擦力を考慮する必要がない。 物体が面から受ける力は，垂直抗力のみである。 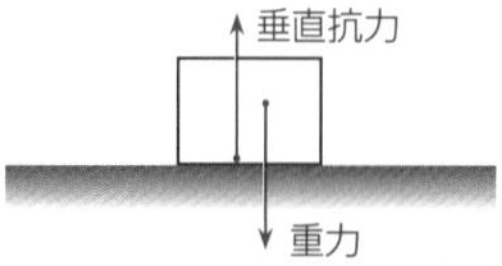
粗い	摩擦のある状態	**【例文】** 「粗い水平面上に物体を置き，…」 ⇨摩擦のある水平面上に物体を置き，… **解説** 物体は，面から垂直抗力と摩擦力を受けるので，それらを考慮して物体の運動を考える必要がある。 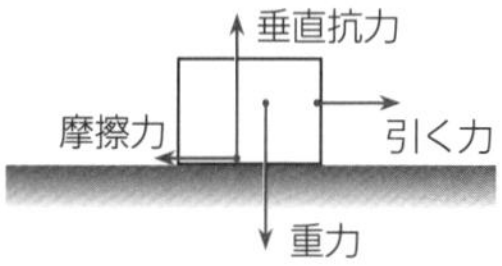
ゆっくりと	速度，加速度が無視できる状態で(物体が受ける力はつりあっている)	**【例文】** 「水平面上の物体を水平方向に引いて，ゆっくりと移動させた。」 ⇨水平面上の物体を水平方向に引いて，速度，加速度が無視できる状態で移動させた。 **解説** 物体の受ける力がつりあったままの状態で，物体を移動させたことを意味する。